Wissenschaftliche Taschenbücher WTB

Mathematik · Physik

Entwurf passiver Analogvierpole

WTB Wissenschaftliche Taschenbücher

Eine Auswahl lieferbarer Bände:

JOACHIM AUTH / DIETMAR GENZOW
KLAUS H. HERRMANN
Photoelektrische Erscheinungen

HANS BANDEMER
ANDREAS BELLMANN
WOLFHARDT JUNG / KLAUS RICHTER
Optimale Versuchsplanung

FRANK BEICHELT
Prophylaktische Erneuerung von Systemen

JOACHIM BELLACH / PETER FRANKEN
ELKE WARMUTH / WALTER WARMUTH
Maß, Integral und bedingter Erwartungswert

WOLFRAM BRAUER
HANS-WALDEMAR STREITWOLF
Theoretische Grundlagen der Halbleiterphysik

SIEGFRIED BREHMER
Einführung in die Maßtheorie

SIEGFRIED BREHMER
Hilbert-Räume und Spektralmaße

JOHN CUNNINGHAM
Vektoren

GEORG DAUTCOURT
Relativistische Astrophysik

K. CH. DELOKAROV
Relativitätstheorie und Materialismus

WERNER DÜCK
Diskrete Optimierung

HANNELORE FISCHER
JOACHIM PIEHLER
Modellsysteme der Operationsforschung

HERBERT GOERING
Asymptotische Methoden zur Lösung von Differentialgleichungen

HERBERT GOERING
Elementare Methoden zur Lösung von Differentialgleichungsproblemen

EDUARD HERLT / NIKOLAUS SALIÉ
Spezielle Relativitätstheorie

HELMUT HESS
Der elektrische Durchschlag in Gasen

V. I. KARPMAN
Nichtlineare Wellen in dispersiven Medien

ULRICH KAUSMANN
KLAUS LOMMATZSCH
FRANTIŠEK NOŽIČKA
Lineare parametrische Optimierung

A. R. KESSEL
Akustische Kernresonanz

KONRAD KREHER
Festkörperphysik

DIETER KRESS
Theoretische Grundlagen der Signal- und Informationsübertragung

DIETER LEUSCHNER
Grundbegriffe der Thermodynamik

V. S. LETOCHOW
Laserspektroskopie

DIERCK-EKKEHARD LIEBSCHER
Relativitätstheorie mit Zirkel und Lineal

WOLFGANG MEILING
Digitalrechner in der elektronischen Meßtechnik
Teil 1: Meßmethodik
Teil 2: Gerätetechnik und Anwendungen

L. I. MIROSCHNITSCHENKO
Kosmische Strahlen im interplanetaren Raum

PETER PAUFLER
GUSTAV E. R. SCHULZE
Physikalische Grundlagen mechanischer Festkörpereigenschaften
Teil I und II

ULRICH RÖSEBERG
Quantenmechanik und Philosophie

ALBRECHT ROST
Messung dielektrischer Stoffeigenschaften

J. V. SAČKOV
Wahrscheinlichkeit und Struktur

E. M. SAWIZKI
Perspektiven der Metallforschung

WOLFGANG SCHÄFER
Theoretische Grundlagen der Stabilität technischer Systeme

ERNST SCHMUTZER
Symmetrien und Erhaltungssätze der Physik

VOLKMAR SCHURICHT
Kernexplosionen für friedliche Zwecke

NORBERT SIEBER
HANS-PETER LEIDHOLD
Einführung in die Datenverarbeitung

GERHARD WUNSCH
Zellulare Systeme

Festkörperphysik
Entwicklungstendenzen und Anwendungsmöglichkeiten

Die Schöpfer der physikalischen Optik
Eine Artikelsammlung

HANS-GEORG SCHÖPF
Von Kirchhoff bis Planck

HORST MELCHER
Albert Einstein wider Vorurteile und Denkgewohnheiten

RENATE WAHSNER
Mensch und Kosmos
Die copernicanische Wende

HELMUT FRIEMEL / JOSEF BROCK
Grundlagen der Immunologie

EBERHARD HOFMANN
Funktionelle Biochemie des Menschen
Band 1 und 2

LOTHAR JÄGER
Grundlagen der Klinischen Immunologie

KARLHEINZ LOHS
DIETER MARTINETZ
Entgiftung — Mittel, Methoden und Probleme

JOACHIM NITSCHMANN
Entwicklung bei Mensch und Tier

STEPHAN SCHNITZLER
Pharmakologische Aspekte von Immunreaktionen

DIETER SPAAR
HELMUT KLEINHEMPEL
HANS JOACHIM MÜLLER
KLAUS NAUMANN
Bakteriosen der Kulturpflanzen

EBERHARD TEUSCHER
Pharmakognosie
Teil I–III

MICHAEL THEILE
SIEGFRIED SCHERNECK
Zellgenetik

HEINRICH BREMER
KLAUS-PETER WENDLANDT
Heterogene Katalyse

PETER BIRNER
HANS-JÖRG HOFMANN
CORNELIUS WEISS
MO-theoretische Methoden in der organischen Chemie

GÜNTHER EPPERT
Einführung in die Schnelle Flüssigchromatographie

GERHARD GEISELER / HEINZ SEIDEL
Die Wasserstoffbrückenbindung

HELMUT HRAPIA
Einführung in die Chromatographie

HANS LUPPA
Grundlagen der Histochemie
Teil I und II

DIETER ONKEN
Antibiotika – Chemie und Anwendung

BURKART PHILIPP
GERHARD REINISCH
Grundlagen der makromolekularen Chemie

HORST REMANE / RAINER HERZSCHUH
Massenspektrometrie in der organischen Chemie

ADOLF ZSCHUNKE
Kernmagnetische Resonanzspektroskopie in der organischen Chemie

Vorschau auf die nächsten Bände:

HEINRICH ARNOLD
Physikalische Chemie der Halbleiter

WERNER DÖPKE
Dynamische Aspekte der Stereochemie organischer Verbindungen

GOTTFRIED FRITZSCHE
Entwurf aktiver Analogsysteme
Netzwerke III

FALKO H. HERRMANN
MARINA HERRMANN
Das Hämoglobin des Menschen

GERHARD JACKISCH
Johann Heinrich Lamberts „Cosmologische Briefe" mit Beiträgen zur Frühgeschichte der Kosmologie

HASSO MEINERT
Fluorchemie

Das Neutron
Eine Artikelsammlung

VOLKER NOLLAU
Semi-Markovsche Prozesse

ROBERT ROMPE
HANS-JÜRGEN TREDER
Über Physik – Studien zu ihrer Stellung in Wissenschaft und Gesellschaft

RAINER SINZ
Chronopsychophysiologie, Chronobiologie und Chronomedizin

HUBERTUS STOLZ
Supraleitung

WTB

BAND 209

Gottfried Fritzsche

Entwurf passiver Analogvierpole

Netzwerke II

Mit 68 Abbildungen und 40 Tafeln

AKADEMIE-VERLAG · BERLIN

Reihe MATHEMATIK UND PHYSIK

Herausgeber:
Prof. Dr. phil. habil. W. Holzmüller, Leipzig
Prof. Dr. phil. habil. A. Lösche, Leipzig
Prof. Dr. phil. habil. H. Reichardt, Berlin
Prof. Dr. rer. nat. habil. H.-J. Treder, Potsdam

Verfasser:
Prof. Dr. Gottfried Fritzsche
Hochschule für Verkehrswesen „Friedrich List"
Dresden

1979
Erschienen im Akademie-Verlag,
DDR-108 Berlin, Leipziger Straße 3—4
Lektor: Dipl.-Phys. Gisela Lagowitz

Lizenznummer: 202 · 100/416/79
Gesamtherstellung: VEB Druckhaus „Maxim Gorki", 74 Altenburg
Bestellnummer: 762 369 4 (7209) · LSV 3534
Printed in GDR
DDR 12,50 M

Vorwort

In diesem Band wird der Netzwerkentwurf als Querschnittsaufgabe der Elektrotechnik, die insbesondere Bedeutung in der Informationstechnik, der Regelungstechnik und der elektronischen Meßtechnik hat, aufbauend auf den Ergebnissen des WTB-Bandes Netzwerke, Band I: Grundlagen und Entwurf passiver Analogzweipole, fortgesetzt. Inhaltlich wird der Entwurf passiver Analogvierpole besprochen. Durchgängig kommt die Methode der Betriebsgrößentheorie zur Anwendung, die von einer Vorschrift im Zeit- oder Frequenzbereich ausgeht. Basierend auf zulässigen Funktionen werden Approximationsansätze erläutert, und es wird entsprechend der praktischen Bedeutung das Realisierungsproblem für *LC*-, *RC*- und *RLC*-Vierpole anwendungsbereit abgehandelt. Die wichtige Klasse der Hochfrequenzbandfilter wird mit ihren Besonderheiten separat beschrieben.

Die vorliegende Darstellung will sowohl überblicksmäßig in das Fachgebiet einführen als auch leitfadenmäßig wesentliche Resultate bereitstellen. Trotz des begrenzten Umfangs hofft der Verfasser, praxisorientiertes Wissen zu vermitteln und Hinweise zum Können aufzuzeigen. Mit Strichzeichnungen, Tafeln — vorzugsweise in der Form von Arbeitsblättern — und Wertungen wird nicht gespart, damit der Lernende und der in der Praxis tätige Wissenschaftler effektiv gültige Prinzipien erkennt und einzusetzen vermag.

Das Buch wendet sich an Studenten der elektrotechnischen und der mathematisch-physikalischen Fachrichtungen. Es dürfte neben den Vorlesungen und als

Repetitorium nützlich sein. Auch Absolventen, die schon längere Zeit in der Praxis tätig sind, können sich damit rasch einen Überblick verschaffen und Kenntnisse auffrischen. Gewinn wird es ferner dem Leser bringen, der Fundamentalmethoden in gespeicherter Form für die Lösung praktischer Aufgaben und Anwendungen sucht.

Besonderen Dank sage ich wiederum Frau B. Lode für die Reinschrift und Frau Dipl.-Phys. G. Lagowitz als Lektorin für die förderliche und gute Zusammenarbeit.

Dresden, August 1977 Gottfried Fritzsche

Inhalt

0. Einleitung und Einordnung

In Fortführung der Ausführungen in Bd. I besprechen wir nachstehend Wirkprinzipien und Entwurfsrichtlinien für die Aufgabe

Gegeben:				Gesucht:
Vierpol- Charakteristiken	→	Vierpol- Funktionen	→	Vierpol (Struktur und Bemessung)

Wie schon aus Abschnitt I, 3.3.1. bekannt, gelten auch hier die Entwurfsstufen

— Zulässige Funktionen
— Approximation und
— Realisierung.

Auf diese Weise können auf Grund von Vorschriften, die sich hauptsächlich auf das Übertragungsverhalten konzentrieren, bestmögliche Ausführungen für Vierpolschaltungen gefunden werden. Im vorgegebenen Rahmen werden wir uns auf eine typische Auswahl beschränken. Im Mittelpunkt stehen Selektionsvierpole oder *Filter*, weil diese besondere praktische Bedeutung haben. Das angepaßte Modell hierfür ist der Reaktanz- oder *LC*-Vierpol, weil er in natürlicher Weise in Aussicht stellt, daß Durchlaß- und Sperrforderungen effektiv verwirklicht werden. Die Frage der Toleranzfestigkeit wird zunächst durch anschauliche Interpretation geklärt. Im Filterfall ist es offenbar, daß *kopplungsfreie Kettenvierpole* besonders praktikabel sind, da insbesondere die vorgeschriebene Sperrwirkung durch „fortgesetzte Spannungs- bzw. Strom-Teilung“ verifiziert wird und kleine

Änderungen von den Sollwerten dieses Wirkprinzip aufrechterhalten. Die — grundsätzlich empfindlicheren — Brückenschaltungen haben, abgesehen von Sonderfällen (z. B. als Quarzfilter), deshalb nur als *RLC*- bzw. als *LCü*-Allpässe Bedeutung.

Dazu werden in den Hauptabschnitten Gesetzmäßigkeiten hergeleitet und so aufbereitet, daß unmittelbar praktische Aufgaben gelöst werden können. Als bewährtes Darstellungsprinzip werden im einzelnen erarbeitete Resultate in Tafeln geordnet, damit sie für die Anwendungen bereitstehen. Wie bereits in Bd. I sind zahlreiche Beispiele eingestreut. Zunächst zugeschnitten auf Teilprobleme und später auch ganze Entwurfsaufgaben umfassend (wie u. a. in Beispiel 3.15, 4.1, 4.2, 6.1 und 7.1) wird der Stoff an durchgerechneten Anwendungsbeispielen erläutert. Dabei wird empfohlen, daß der Leser immer die grundsätzlichen Entwurfsstufen (ausführlich dargestellt für passive Analogvierpole, in den Hauptabschnitten 1 bis 3) vor Augen hat. Aufeinander aufbauend sind diese Bearbeitungsschritte durchzuführen. Obwohl im Detail zunächst Tief- und Allpaßvarianten bevorzugt wurden, bedeutet das keine tiefgreifende Einschränkung.

Spezielle Netzwerke mit Hochpaß-, Bandpaß- und Bandsperren-Verhalten können wir daraus nach den Transformationsregeln in Hauptabschnitt 4 rationell gewinnen.

Ähnlich ist es mit Äquivalenztransformationen, die speziell zu günstigeren Aufbauten (demonstriert wird der Fall gleichgroßer Induktivitätswerte in einem Dreikreisfilter im Beispiel 5.1) führen oder gewollte Impedanztransformationen erlauben.

Die kurzen Ausführungen über Hochfrequenz-Bandfilter zeigen, wie ohmsche Verluste in die Berechnung einbezogen werden können. Nach wie vor haben diese Schaltungen bei selektiven Übertragungs- und Meßaufgaben Bedeutung. Als Ausblick ist der Hinweis über den Entwurf von Mehrpolen (Frequenzweichen) zu werten.

Für viele Ansätze in der Netzwerktheorie ist es charakteristisch, wie es der Ingenieur versteht, physikalisch-technische Nebenbedingungen mit den gültigen mathematischen „Ordnungsprinzipien“ in Einklang zu bringen. Dieses schöpferische Nachdenken und Praktizieren wird auch bei den in weiteren Bänden zu besprechenden aktiven Analog- bzw. digitalen Netzwerken eine wichtige Rolle spielen.

1. Zulässige Vierpolfunktionen

1.1. *Realisierbarkeitssätze für verschiedene Vierpolklassen*

Eigenschaften von RLCü-Vierpolen

Ausgangspunkt sei ein Vierpol mit endlich vielen R, L, C und $ü$ (= idealen Übertragern), wie in Abb. 1.1 skizziert, der bekanntlich durch seine Vierpolgleichungen vollständig beschrieben werden kann.

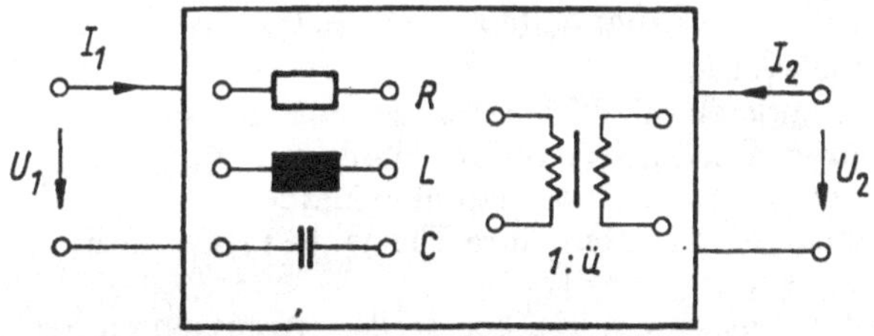

Abb. 1.1. Vierpolmodell bestehend aus endlich vielen R, L, C und $ü$

Für die (nicht notwendig existierende) quadratische Widerstandsmatrix gilt wegen der Übertragungssymmetrie stets

$$Z_{12}(p) = Z_{21}(p). \tag{1.1}$$

Damit gilt

$$U_1 I_1^* + U_2 I_2^* = Z_{11}(p)\, I_1 I_1^* + Z_{12}(p)\,(I_1 I_2^* + I_1^* I_2) + Z_{22}(p)\, I_2 I_2^*. \tag{1.2}$$

Bei unterstellten reellen Stromerregungen $I_1 = x_1$ und $I_2 = x_2$ muß außer den $Z_{\mu\mu}(p)$ auch die rechte Seite von (1.2)

$$Z_{11}(p)\, x_1^2 + 2 Z_{12}(p)\, x_1 x_2 + Z_{22}(p)\, x_2^2 \tag{1.2a}$$

für beliebige x_1 und x_2 Zweipolfunktion sein. Dementsprechend müssen die Residuen $r_{\mu\mu}$ der $Z_{\mu\mu}$ für $p = j\omega_1$

$(0 < \omega_1 < \infty)$ und der Summenausdruck

$$r_{11}x_1^2 + 2r_{12}x_1x_2 + r_{22}x_2^2 \tag{1.3}$$

positiv reell oder Null sein.

$$r_{11} \geqq 0, \qquad r_{22} \geqq 0, \tag{1.3a}$$

$$r_{11}r_{22} - r_{12}^2 \geqq 0. \tag{1.3b}$$

(1.3b) kann erfüllt sein, ohne daß $Z_{12}(p)$ Zweipolfunktion ist. Für $p = j\omega$ in (1.2a) gilt mit Re $Z_{\mu\nu}(j\omega) = R_{\mu\nu}(\omega)$ entsprechend

$$R_{11}(\omega) \geqq 0, \qquad R_{22}(\omega) \geqq 0, \tag{1.4a}$$

$$R_{11}(\omega)\, R_{22}(\omega) - R_{12}^2 \geqq 0 \tag{1.4b}$$

für alle ω-Werte.

Unter anderem heißt das: $Z_{12}(p)$ muß in jeder auf der imaginären Achse gelegenen Nullstelle von $Z_{\mu\mu}(p)$ $(\mu = 1$ oder 2) imaginär sein. Da man eine Matrix

– rational nennt, wenn ihre Elemente rationale Funktionen sind,
– reell nennt, wenn sie bei reellen Argumenten reell wird,
– symmetrisch nennt, wenn (1.1) erfüllt ist,
– positiv nennt, wenn die Hilfsfunktion nach (1.2a) $= 0$ wird und vom Pol p_ν der Matrix spricht, wenn mindestens ein Matrixelement an dieser Stelle unendlich wird, gilt zusammenfassend

Satz 1.1:

Notwendig und hinreichend für zulässige Funktionen eines realisierbaren *RLCü*-Vierpols ist eine rationale, reelle, quadratische, symmetrische und *positive* Widerstands-Matrix $\boldsymbol{Z}(p)$, d. h. im einzelnen

1. Die Realteile erfüllen die Bedingung (1.4a, b) für alle ω.

2. $\boldsymbol{Z}(p) = \begin{pmatrix} Z_{11}(p) & Z_{12}(p) \\ Z_{21}(p) & Z_{22}(p) \end{pmatrix}$ hat in der offenen RHE Re $p > 0$ keine Pole.

3. Alle Pole von $\boldsymbol{Z}(p)$ auf der imaginären Achse (einschl. $p = \infty$) sind einfach und die zugehörigen Residuen erfüllen (1.3a, b).

Soweit sie existieren, müssen Widerstands- und Leitwertmatrizen diese Realisierbarkeitsbedingungen erfüllen, die sich — wegen der in Band I gezeigten — Verwandtschaft auch auf andere Vierpolmatrizen übertragen lassen. Bemerkenswerte Folgerungen können wir u. U. aus Sonderfällen ziehen.

Da bei der Vierpolsynthese die Übertragungsfunktionen im Mittelpunkt stehen, ist es nützlich, dafür Realisierbarkeitsbedingungen zu formulieren. Dazu genügt es, (bei eingerechneten Quell- und Lastwiderständen) *spezielle Übertragungsfunktionen im Vorwärtsbetrieb* zu beachten.

Nach Tafel I.2.8 gilt

$$\begin{aligned} T_{UL} &= \left.\frac{U_2}{U_1}\right|_{I_2=0} = \frac{Z_{12}(p)}{Z_{11}(p)} = -\frac{Y_{12}(p)}{Y_{22}(p)}; \\ Z_{\ddot{U}L} &= \left.\frac{U_2}{I_1}\right|_{I_2=0} = Z_{12}(p), \\ T_{IK} &= \left.\frac{I_2}{I_1}\right|_{U_2=0} = \frac{Y_{12}(p)}{Y_{11}(p)} = -\frac{Z_{11}(p)}{Z_{22}(p)}; \\ Y_{\ddot{U}K} &= \left.\frac{I_2}{U_1}\right|_{U_2=0} = Y_{12}(p). \end{aligned} \tag{1.5}$$

Wir stellen direkte Verknüpfungen mit Widerstands- bzw. Leitwertparametern fest.

Satz 1.2:

Zulässige Übertragungsfunktionen sind

1. Rationale reelle Funktionen, die in der RHE $\operatorname{Re} p > 0$ keine Pole haben.

2. Alle Pole auf der $j\omega$-Achse sind einfach und ihre Residuen sind bei T_{UL} oder T_{IK} imaginär, bei $Z_{\ddot{U}L}$ und $Y_{\ddot{U}K}$ reell und im Sonderfall $p = 0$ oder ∞ sind T_{UL} und T_{IK} frei von Polen.

3. Für Übertragungsnullstellen existieren keine Einschränkungen.

Eigenschaften von LCü-Vierpolen

Wenn eine Widerstandsmatrix existiert, gilt folgendes: Da $Z_{\mu\mu}(p)$ Zweipolreaktanzfunktionen sind, muß wegen (1.4b) auch $\operatorname{Re} Z_{\mu\nu}(j\omega) \geqq 0$ sein. Das ermöglicht die Schreibweise

$$Z_{12}(p) + Z_{12}(-p) = 0, \tag{1.6}$$

aus der hervorgeht, daß $Z_{12}(p)$ eine *ungerade Funktion* sein muß, die auf der imaginären Achse nur einfache Pole besitzt. (Zugleich muß an diesen Stellen $Z_{11}(p)$ und $Z_{22}(p)$ unendlich werden.) Eingedenk dieser Eigenschaften gilt zusammenfassend

Satz 1.3:

Die Widerstandsparameter eines *LCü*-Vierpols sind zulässige Funktionen, wenn die Partialbruchdarstellungen

$$Z_{11}(p) = \frac{a_0}{p} + \sum_{\nu}^{k} \frac{a_\nu p}{p^2 + \omega_\nu^2} + a_\infty p$$

$$Z_{12}(p) = \frac{b_0}{p} + \sum_{\nu}^{k} \frac{b_\nu p}{p^2 + \omega_\nu^2} + b_\infty p$$

$$Z_{22}(p) = \frac{c_0}{p} + \sum_{\nu}^{k} \frac{c_\nu p}{p^2 + \omega_\nu^2} + c_\infty p$$

mit

$\omega_\nu > 0$, $a_\nu \geqq 0$, $a_\nu c_\nu - b_\nu^2 \geqq 0$, $c_\nu \geqq 0$ für $\nu = 0, 1, 2, \ldots, k, \infty$ existieren.

$Z_{12}(p)$ muß keine Reaktanzzweipolfunktion sein.

W. Cauer [C 1] hat aus der ebengenannten Darstellungsform eine allgemeine Realisierungsmethode hergeleitet, die auf sog. Partialbruch-Reaktanzvierpole führt. Sie haben jedoch als nichtkanonische Schaltungen mit idealen Übertragern keine praktische Bedeutung erlangt.

Gleichwertig mit Satz 1.3 ist der von H. Piloty [P 10] formulierte

Satz 1.4:

Die zulässige Kettenmatrix eines Reaktanzvierpols erfordert

1. rationale reelle $A_{\mu\nu}(p)$, wobei $A_{11}(p)$ und $A_{22}(p)$ gerade und $A_{12}(p)$ und $A_{21}(p)$ ungerade Funktionen sind,
2. daß die Determinante $\Delta A = 1$ wird und
3. daß mindestens drei der vier Quotienten

$$\frac{A_{12}}{A_{11}}, \frac{A_{12}}{A_{22}}, \frac{A_{21}}{A_{11}}, \quad \text{und} \quad \frac{A_{21}}{A_{22}}$$

Reaktanzzweipolfunktionen sind.

Eigenschaften von RCü-Vierpolen

Wenn eine Widerstandsmatrix existiert, gilt folgendes. Da $Z_{11}(p)$ und $Z_{22}(p)$ zulässige *RC*-Zweipolfunktionen sein müssen, können wir analog zum *LCü*-Fall nachstehenden Satz formulieren.

Satz 1.5:

Die Widerstandsparameter eines *RCü*-Vierpols sind zulässige Funktionen, wenn die Partialbruchdarstellungen

$$Z_{11}(p) = \frac{a_0}{p} + \sum_{\nu=1}^{k} \frac{a_\nu}{p+\sigma_\nu} + a_\infty$$

$$Z_{12}(p) = \frac{b_0}{p} + \sum_{\nu=1}^{k} \frac{b}{p+\sigma_\nu} + b_\infty$$

$$Z_{22}(p) = \frac{c_0}{p} + \sum_{\nu=1}^{k} \frac{c_\nu}{p+\sigma_\nu} + c_\infty$$

mit $\sigma_1 > 0, \quad \sigma_2 > 0, \ldots, \sigma_n > 0, \quad \sigma_i \neq \sigma_j \quad (i \neq j)$,

$a_\nu \geqq 0, \; a_\nu c_\nu - b_\nu^2 \geqq 0, \; c_\nu \geqq 0$ für $\nu = 0, 1, \ldots, k, \infty$

existieren.

Es ist bemerkenswert, daß dieser Satz nur erfüllt ist, wenn $Z_{12}(p)$ nur dort Pole hat, wo $Z_{11}(p)$ *und* $Z_{22}(p)$ Pole haben. Ebenso wie beim Reaktanzvierpol sind Partialbruch-

RCü-Vierpole [U 1] herleitbar. Daraus läßt sich insbesondere zeigen, daß die schärfere Forderung

$$a_\nu \geqq b_\nu \quad \text{und} \quad c_\nu \geqq b_\nu \geqq 0 \quad \text{für} \quad \nu = 0, 1, \ldots, k, \infty \tag{1.7}$$

in Satz 1.5 zu *RC-Vierpolen* (ohne Übertrager) führt.

Eigenschaften von kopplungsfreien Kettenvierpolen

Solche Strukturen sind dadurch gekennzeichnet, daß sie aus „Teilvierpolen“ (in Abb. 1.2 skizziert) aufgebaut sind, die in Kette geschaltet werden.

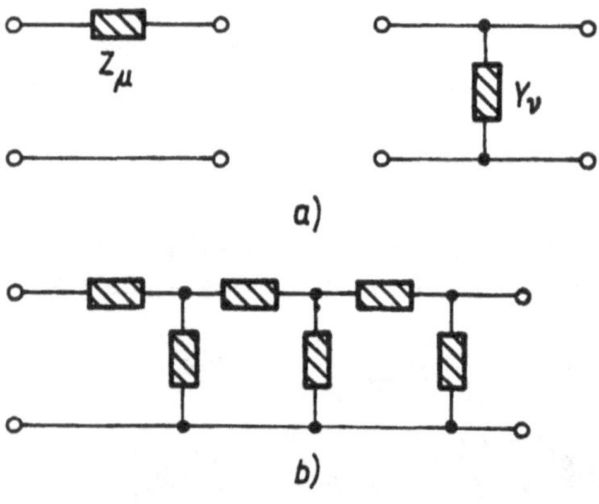

Abb. 1.2. Zum Aufbau von Abzweig- oder Kettenvierpolen
a) Längswiderstände Z_μ und Querleitwerte Y_ν
b) Beispiel für einen Vierpol mit drei Z_μ und drei Y_ν

Die Teilvierpole haben Kettenmatrizen der Art

$$\boldsymbol{A}_\nu(p) = \begin{pmatrix} 1 & 0 \\ Y_\nu(p) & 1 \end{pmatrix} \quad \text{oder} \quad \boldsymbol{A}_\mu(p) = \begin{pmatrix} 1 & Z_\mu(p) \\ 0 & 1 \end{pmatrix}. \tag{1.8}$$

Die Kettenmatrix der gesamten Übertragungsfunktion entsteht bekanntlich durch Multiplikation der Einzelmatrizen, und es werden dabei nur Additionen und Multiplikationen mit 1, $Y_\nu(p)$ und $Z_\mu(p)$ wirksam. Sowohl die einzelnen Teilkettenmatrizen als auch die gesamte Kettenmatrix haben keine Pole in der offenen RHE. Deshalb können auch die Übertragungsfunktionen nach (1.5), d. h.

$$T_{UL} = \frac{1}{A_{11}(p)}, \quad T_{IK} = \frac{-1}{A_{22}(p)}, \quad Z_{\ddot{U}L} = \frac{-1}{A_{12}(p)}, \qquad Y_{\ddot{U}K} = \frac{1}{A_{21}(p)} \tag{1.9}$$

keine Übertragungsnullstellen in der offenen RHE haben. Zusammen mit den Erkenntnissen aus Abschnitt 1.2. formulieren wir

Satz 1.6:

Kopplungsfreie Kettenvierpole sind stets Übertragungssysteme minimaler Phase.

Wie sofort einzusehen ist, erzeugen *LC*-Zweipole eingesetzt als Quer- oder Längszweige in Abzweigschaltungen insbesondere rein imaginäre Übertragungsnullstellen.

Eigenschaften von RLC-Abzweigschaltungen mit durchgehender (Kurzschluß-)Erdverbindung

Grundlage der Betrachtungen ist Abb. 1.3. Mit Hilfe der Maschenstromanalyse (nach Tafel I.2.3) können wir allgemein schreiben

$$Z_{11}(p) = \frac{a_0 + a_1 p + \cdots + a_m p^m}{\Delta}, \qquad Z_{12}(p) = \frac{b_0 + b_1 p + \cdots + b_m p^m}{\Delta}, \qquad Z_{22}(p) = \frac{c_0 + b_1 p + \cdots + c_m p^m}{\Delta}, \tag{1.10}$$

wobei Δ die ungekürzte Systemdeterminante mit nur positiven Koeffizienten darstellt. Aus dem Vergleich mit dem T-Ersatzvierpol gemäß Abb. 1.3 folgt

$$Z(p) = Z_{11}(p) - Z_{12}(p)$$
$$= \frac{(a_0 - b_0) + (a_1 - b_1)\,p + \cdots + (a_m - b_m)\,p^m}{\Delta},$$

$$Z(p) = Z_{12}(p) = \frac{b_0 + b_1 p + \cdots + b_m p^m}{\Delta}, \tag{1.11}$$

$$Z(p) = Z_{22}(p) - Z_{12}(p)$$
$$= \frac{(c_0 - b_0) + (c_1 - b_1)\,p + \cdots + (c_m - b_m)\,p^m}{\Delta}.$$

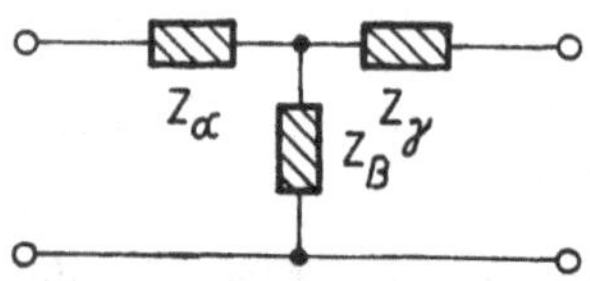

Abb. 1.3. Allgemeine T-Ersatzschaltung, auf die jeder *RLCÜ*-Kettenvierpol mit durchgehender Erde reduziert werden kann

Auch hierfür sind keine negativen Zählerkoeffizienten zulässig, d. h., es gelten zusätzlich die zuerst von A. FIALKOW und I. GERST [F 10] aufgestellten Bedingungen:

$$b_\mu \geqq 0, \quad a_\mu \geqq b_\mu, \quad c_\mu \geqq b_\mu \quad \text{für} \quad \mu = 0, 1, 2, \ldots, m. \tag{1.12}$$

Ohne Beweis sei ergänzt, daß für jeden kopplungsfreien Vierpol

$$|b_\mu| \leqq a_\mu \text{ und } |b_\mu| \leqq c_\mu \text{ für } \mu = 0, 1, 2, \ldots, m \tag{1.13}$$

gilt. In Tafel 1.1 sind zusammenfassend in verbaler Form die Eigenschaften und Aufbauregeln für passive Abzweig- oder Kettenvierpole aufgeschrieben.

Tafel 1.1
Aufbauregeln für passive Kettenvierpole

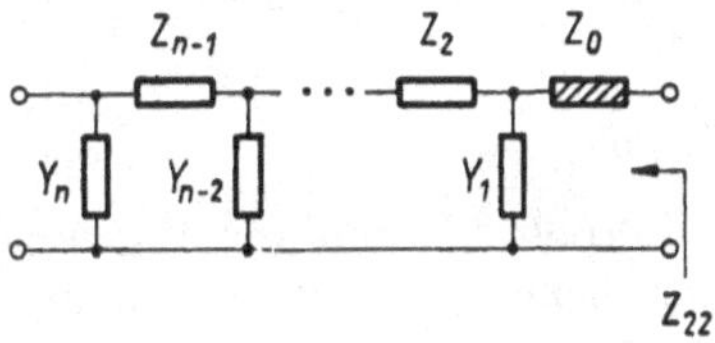

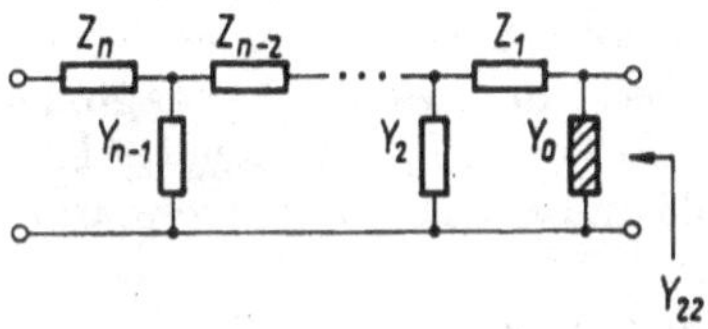

- Transformation in eine realisierbare äquivalente T-, π- oder X-Schaltung ist stets möglich
- alle Koeffizienten $\begin{Bmatrix} Z_{11}, & Z_{12} = & Z_{21}, Z_{22} \\ Y_{11}, & -Y_{12} = & -Y_{21}, Y_{22} \end{Bmatrix}$ sind positiv
- Zählerkoeffizienten von $Z_{21}\,(-Y_{21}) \leqq$ entsprechende Koeffizienten von $Z_{11}\,(Y_{11})$ und $Z_{22}\,(Y_{22})$
- Nullstellen von Z_{21} = Übertragungs-Nullstellen = *Sperrstellen*
Aufbauregeln für mögliche Schaltungen[1])
- Wenn Z_{21} und Z_{22} ($-Y_{21}$ und Y_{22}) vorgegeben sind, muß
  - der extrem linke Zweig ein Parallelzweig (Längszweig) sein und
  - alle Pole der Längszweigwiderstände Z_i und der Querzweigleitwerte Y_j sind Sperrstellen (Ausnahme: Mögliche Z_0- bzw. Y_0-Pole erzeugen keine Sperrstellen)
- Praktischer Sachverhalt: Ein Satz von Sperrstellen (gegeben durch Z_{21} bzw. $-Y_{21}$) ist bekannt. In Verbindung mit den ebenfalls bekannten Z_{22} bzw. Y_{22} lassen sich *mögliche Strukturen* aufzeichnen und berechnen. Zweckmäßig werden unterschieden
  - TP-, HP- und BP-Schaltungen einschl. der zugehörigen Polynomformen (die sich als Sonderfälle einordnen)
  - BS-Schaltungen (mit Besonderheiten)

[1]) Bei der Realisierung existiert mindestens eine Struktur mit nur positiven Schaltelementen. Durch gekoppelte Anordnungen ist u. U. eine Eliminierung negativer Schaltelementewerte möglich. Erdsymmetrische Abzweigschaltungen lassen sich als „Sonderfall“ daraus immer ableiten.

1.2. Zusammenhänge zwischen speziellen Übertragungsfunktionen und zulässigen Vierpolparametern

Einseitig belastete LCü-Vierpole

Für einseitig belastete Vierpole können wir allgemein die in Tafel 1.2 aufgeschriebenen „Übertragungsfunktionen" definieren. Gleichzeitig sind die Zusammenhänge mit den Vierpolparametern notiert. Damit haben wir die Möglichkeit, z. B. Ergebnisse für einen Übertragungsleitwert $Y_{\ddot{U}}(p)$ multivalent als $T_U(p)$, $T_{UL}(p)$, $Y_{\ddot{U}K}(p)$ bzw. bei Umkehrung des Vierpols und einem Quellwiderstand 1 als T_{I0} zu nutzen.

Mit der allgemeinen Bezeichnung

$$T(p) = \frac{U_2(p)}{U_1(p)} \quad \text{oder} \quad \frac{I_2(p)}{I_1(p)} \tag{1.14}$$

gelten nach Abschnitt 1.2. für den in Tafel 1.3 oben skizzierten Fall die ebenfalls an gleicher Stelle genannten Realisierbarkeitsbedingungen.

Aus der Wirkleistungsbilanz $P_1 = P_2$ lesen wir die anschließend aufgeführten Beziehungen zu den Realteildarstellungen der primären Immittanzfunktionen ab.

Für die eigentliche Vierpolrealisierung sind die Zusammenhänge zwischen $Z_1(p)$ und den Vierpolparametern besonders vorteilhaft. Offenbar gilt mit

$$Z_1(p) = \frac{A_g + A_u}{B_g + B_u} = \frac{(Z_{11}Z_{22} - Z_{12}^2) + Z_{11}}{Z_{22} + 1}$$

$$= Z_{11}\,\frac{\dfrac{1}{Y_{22}} + 1}{Z_{22} + 1} \tag{1.15}$$

oder ausgewertet durch Koeffizientenvergleich im

$$\text{Fall A:}\; Z_{11} = \frac{A_g}{B_u},\quad Z_{22} = \frac{B_g}{B_u},\quad Y_{22} = \frac{A_g}{A_u} \tag{1.15a}$$

Tafel 1.2
Übertragungsfunktionen bei einseitiger Last. (Zusammenspiel und Beschreibung durch Vierpolparameter)

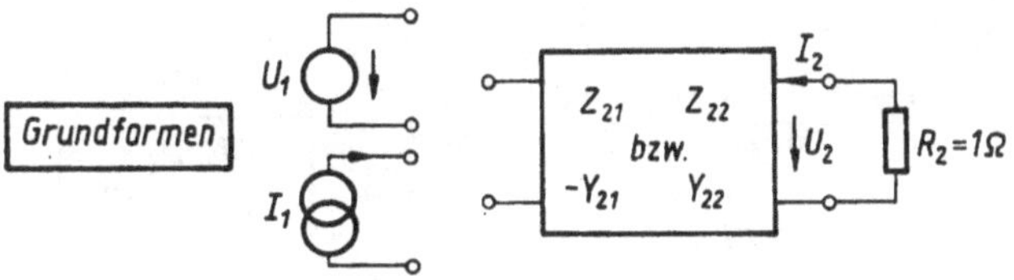

$$T_U = \frac{U_2}{U_1} = \frac{-Y_{21}}{1+Y_{22}}, \quad Y_U = \frac{I_2}{U_1} = \frac{Y_{21}}{1+Y_{22}}$$

$$T_{UL} = \left.\frac{U_2}{U_1}\right|_{R_2=\infty} = \frac{-Y_{21}}{Y_{22}} = \frac{1}{A_{11}}, \quad Y_{UK} = \left.\frac{I_2}{U_1}\right|_{R_2=0} = Y_{21}$$

$$T_I = \frac{I_2}{I_1} = \frac{-Z_{21}}{1+Z_{22}} \quad Z_U = \frac{U_2}{I_1} = \frac{Z_{21}}{1+Z_{22}}$$

$$T_{IK} = \left.\frac{I_2}{I_1}\right|_{R_2=0} = \frac{-Z_{21}}{Z_{22}} = -\frac{1}{A_{22}}, \quad Z_{UL} = \left.\frac{U_2}{I_1}\right|_{R_2=\infty} = Z_{21}$$

Äquivalente Formen (bei VP-Umkehrung)

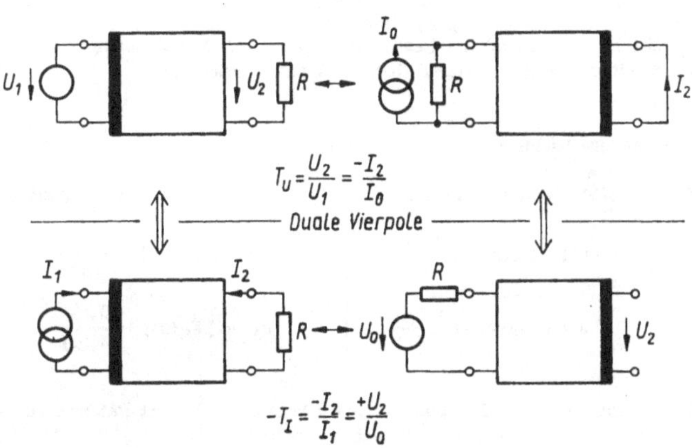

Tafel 1.3
LC-Übertragungsfunktionen bei einseitiger Last (Realisierungsbedingungen, Bestimmungsgleichungen für Vierpolparameter)

Bedingungen:

$$T(p) = \frac{F(p)}{G(p)} = \frac{F(p)}{G_g(p) + G_u(p)}\ ^{1)}$$

$$= \frac{U_2(p)}{U_1(p)} \quad \text{bzw.} \quad \frac{I_2(p)}{I_1(p)}$$

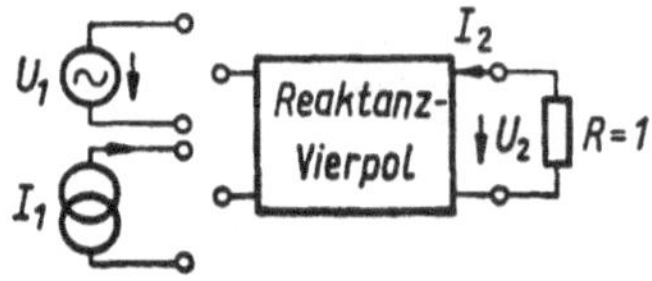

Bedingungen:

1. $F(p)$ = gerades oder ungerades Polynom von p mit reellen Koeffizienten
2. $G(p)$ = HURWITZ-Polynom
3. Grad von $G(p) \geqq$ Grad von $F(p)$

Physikalische Deutung

Wegen $P_1 = P_2$ gilt insbesondere

$$|U_1|^2 \operatorname{Re} Y_1(j\omega) = |U_2|^2 \qquad \Big| \qquad |I_1|^2 \operatorname{Re} Z_1(j\omega) = |I_2|^2$$

oder

$$|T_U|^2 = \left|\frac{U_2}{U_1}\right|^2 = \operatorname{Re} Y_1(j\omega) \qquad \Big| \qquad |T_I|^2 = \left|\frac{I_2}{I_1}\right|^2 = \operatorname{Re} Z_1(j\omega)$$

oder

Mit T_U bzw. T_I ist der Realteil der „primären" Immittanzfunktion und damit auch $Z_1(p)$ – wegen Abschnitt I.2.7. – bekannt.

Bestimmungsgleichungen für Vierpolparameter

$F(p) = F_g(p)$ = gerade Funktion	$F(p) = F_u(p)$ = ungerade Funktion
$-Z_{12}(p)\,[-Y_{12}(p)] = \dfrac{F_g(p)}{G_u(p)}$	$-Z_{12}(p)\,[-Y_{12}(p)] = \dfrac{F_u(p)}{G_g(p)}$
$Z_{22}(p)\,[Y_{22}(p)] = \dfrac{G_g(p)}{G_u(p)}$	$Z_{22}(p)\,[Y_{22}(p)] = \dfrac{G_u(p)}{G_g(p)}$

[1]) $F(p)$ und $G(p)$ sind Polynome, deren höchster Koeffizient mit eins angenommen wird. (Diese Form läßt sich immer herstellen.)

und im

$$\text{Fall B:}\quad Z_{11} = \frac{A_u}{B_g},\quad Z_{22} = \frac{B_u}{B_g},\quad Y_{22} = \frac{A_u}{A_g}. \qquad (1.15\text{b})$$

Außerdem gilt im

$$\text{Fall A:}\quad \frac{Z_{11}}{Y_{22}} = \frac{A_u}{B_u} \text{ mit } Z_{12} = \frac{\sqrt{A_g B_g - A_u B_u}}{B_u} \qquad (1.15\text{c})$$

und im

$$\text{Fall B:}\quad \frac{Z_{11}}{Y_{22}} = \frac{A_g}{B_g} \text{ mit } Z_{12} = \frac{\sqrt{A_u B_u - A_g B_g}}{B_g}. \qquad (1.15\text{d})$$

Damit $Z_1(p)$ eine rationale positive Funktion wird, müssen alle Nullstellen von Z_{12} von *gerader* Ordnung sein. Durch

$$Z_1(p) = \frac{A_g + A_u}{B_g + B_u}\,\frac{P_g + P_u}{P_g + P_u}, \qquad (1.16)$$

also durch Erweiterung mit einem Hurwitz-Polynom $P = P_g + P_u$, kann das stets erreicht werden. Ein praktisches Zeichen dafür ist die *rationale* Zählerdarstellung von (1.15c und d) bzw. noch einfacher das Auftreten einer quadratischen Form im *erweiterten* Zähler von $Z_1(p)$. Daraus leiten sich die von S. Darlinton [D 10] erstmals genannten allgemeinen Realisierungen von Zweipolfunktionen durch *LCü*-Vierpole mit einem ohmschen Abschlußwiderstand ab. Für die Realisierung als Vierpolübertragungsfunktion sind Zusammenhänge der Art

|| Vierpolparameter $= f$ (der Polynome $F(p)$ und $G(p)$)

von besonderer Wichtigkeit. Da Z_{12} grundsätzlich eine *ungerade* Funktion und Z_{22} eine *Reaktanzzweipolfunktion* sein muß, erhalten wir bei einer Fallunterscheidung $F(p) =$ gerade Funktion und $F(p) =$ ungerade Funktion z. B. aus dem Koeffizientenvergleich von

$$Z_{\ddot{U}} = \frac{U_2}{I_1} = \frac{K\big(F_g(p) + F_u(p)\big)}{G_g(p) + G_u(p)} = \frac{Z_{12}}{1 + Z_{22}} \qquad (1.17)$$

die in Tafel 1.3 explizit aufgeschriebenen Bestimmungsgleichungen. In eckigen Klammern sind die gültigen Leitwertparameter notiert, die bei Stromeinspeisung infrage kommen.

Beispiel 1.1

Berechnung von Vierpolparametern aus Übertragungsfunktionen, die zu einseitig belasteten Vierpolen gehören.

Gegeben: $T(p) = \dfrac{Kp^{\nu}}{p^3 + 2p^2 + 2p + 1}$ mit den Varianten $\nu = 0, 1, 2$ und 3.

Gesucht: In tabellarischer Form

1. Art der Übertragungsfunktion (hinsichtlich des Frequenzganges der Dämpfung),
2. Y_{12} und Y_{22} bei $T(p) = \dfrac{U_2}{U_1}$ mit $U_0 = U_1$ und $R = 1$,
3. Z_{12} und Y_{22} bei $T(p) = \dfrac{I_2}{I_1}$ mit $I_0 = I_1$ und $R = 1$.

Lösung:

Zu 1. Aus dem vorgegebenen $T(p)$ lesen wir ab bei
$\nu = 0$ eine Tiefpaßfunktion mit drei Sperrstellen bei $\omega = \infty$,
$\nu = 1$ eine Bandpaßfunktion mit einer Sperrstelle bei $\omega = 0$ und zwei Sperrstellen bei $\omega = \infty$,
$\nu = 2$ eine Bandpaßfunktion mit zwei Sperrstellen bei $\omega = 0$ und einer Sperrstelle bei $\omega = \infty$,
$\nu = 3$ eine Hochpaßfunktion mit drei Sperrstellen bei $\omega = 0$.

Zu 2. Nach Tafel 1.3 gilt in den Fällen $F(p) =$ gerade Funktion, d. h. bei $\nu = 0$ und $\nu = 2$,

$$-Y_{12} = \frac{KF_g}{G_u} \quad \text{und} \quad Y_{22} = \frac{G_g}{G_u}.$$

und in den Fällen $F(p) =$ ungerade Funktion, d. h. bei $\nu = 1$ und $\nu = 3$

$$-Y_{12} \doteq \frac{KF_u}{G_g} \quad \text{und} \quad Y_{22} = \frac{G_u}{G_g}.$$

eingesetzt folgen damit die in Tafel 1.4 notierten Resultate.

Tafel 1.4
Beispiele für Übertragungsfunktionen bei einseitiger Last einschließlich zugehöriger Vierpolparameter

ν	Ü-Funktion $T(p)$	Art	$T(p) = \frac{U_2}{U_1} = \frac{-Y_{12}}{1 + Y_{22}}$		$T(p) = \frac{I_2}{I_1} = \frac{-Z_{12}}{1 + Z_{22}}$
0	$\frac{K}{p^3 + 2p^2 + 2p + 1}$	TP	$-Y_{12} = \frac{K}{p^3 + 2p}$	=	$-Z_{12}$
			$Y_{22} = \frac{2p^2 + 1}{p^3 + 2p}$	=	Z_{22}
1	$\frac{Kp}{p^3 + 2p^2 + 2p + 1}$	BP	$-Y_{12} = \frac{Kp}{2p^2 + 1}$	=	$-Z_{12}$
			$Y_{22} = \frac{p^3 + 2p}{2p^2 + 1}$	=	Z_{22}
2	$\frac{Kp^2}{p^3 + 2p^2 + 2p + 1}$	BP	$-Y_{12} = \frac{Kp^2}{p^3 + 2p}$	=	$-Z_{12}$
			$Y_{22} = \frac{2p^2 + 1}{p^3 + 2p}$	=	Z_{22}
3	$\frac{Kp^3}{p^3 + 2p^2 + 2p + 1}$	HP	$-Y_{12} = \frac{Kp^3}{2p^2 + 1}$	=	$-Z_{12}$
			$Y_{22} = \frac{p^3 + 2p}{2p^2 + 1}$	=	Z_{22}

Zu 3. Entsprechendes gilt für $T(p) = \frac{I_2}{I_1}$. *Formal* sind die Resultate für $Y_{\mu\nu}$ und $Z_{\mu\nu}$ völlig übereinstimmend.

Zweiseitig belastete LCü-Vierpole

Für zweiseitig belastete *LCü*-Vierpole sind die in Tafel 1.5 notierten Kenngrößen wesentlich. Die Zusammenstellung umfaßt unsere Erfahrungen aus den Tafeln I.1.5, I.1.6 und dem Beispiel I.2.11. Im folgenden legen wir ein

Tafel 1.5
Betriebsgrößen des zweiseitig belasteten Reaktanzvierpols

Grundmodell	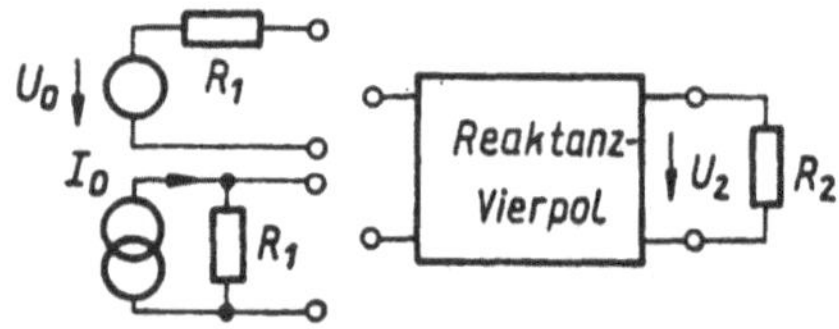
Betriebsübertragungsfaktor vorwärts	$S_{21}(p) = \frac{2U_2(p)}{U_0(p)} \sqrt{\frac{R_1}{R_2}} = S_{12}(p) = T_B(p)$
Betriebsreflexionsfaktor vorwärts	$S_{11}(p) = \frac{Z_1(p) - R_1}{Z_1(p) + R_1}$
Betriebsdämpfung	$A_B(\omega) = -10 \lg \lvert S_{21}\rvert^2 = -20 \lg \left\lvert \frac{2U_2}{U_0} \right\rvert \sqrt{\frac{R_1}{R_2}}$
Drosselung	$\lvert S_{21}\rvert^2 = \frac{1}{1 + \lvert D\rvert^2}$
Echodämpfung	$A_E(\omega) = -10 \lg \varrho^2$ mit $\varrho = \lvert S_{11}\rvert$
Übertragene Leistung	$\frac{\lvert U_2\rvert^2}{R_2} = (1 - \varrho^2) \frac{\lvert U_0\rvert^2}{4R_1}$
Reflektierte Leistung	$\lvert V_{1e}\rvert^2 = \varrho^2 \frac{\lvert U_0\rvert^2}{4R_1}$

Weitere Zusammenhänge

1. $\lvert S_{11}\rvert^2 + \lvert S_{12}\rvert^2 = 1$ oder $10^{-0.1A_E} + 10^{-0.1A_B} = 1$
2. Bei $S_{21}(p) = 1$, d. h. bestmöglicher Leistungsübertragung, ist wegen $2U_2 \sqrt{R_1} = U_0 \sqrt{R_2}$ als Vierpol nur ein idealer Übertrager $1 : ü = \sqrt{\frac{R_2}{R_1}}$ wirksam.

normiertes Modell (Tafel 1.6) mit $R_1 = R_2 = 1$ zugrunde. Die Annahme gleichgroßer Widerstände bedeutet keine wesentliche Einschränkung, da durch einen idealen Übertrager eine beliebige Widerstandsanpassung — ausgenommen 0 und ∞ — erreicht werden kann. Mitunter ist es sogar möglich, diesen Übertrager in den Vierpol ein-

Tafel 1.6
LC-Übertragungsfunktionen bei zweiseitiger Last (Realisierbarkeitsbedingungen, Bestimmungsgleichungen für Vierpolparameter)

Bedingungen für S_{21}:

1. $F(p)$ = gerades oder ungerades Polynom mit reellen Koeffizienten
2. $G(p)$ = HURWITZ-Polynom
3. Grad von $G(p) \geqq$ Grad von $F(p)$
4. $|S_{21}(j\omega)| \leqq 1$

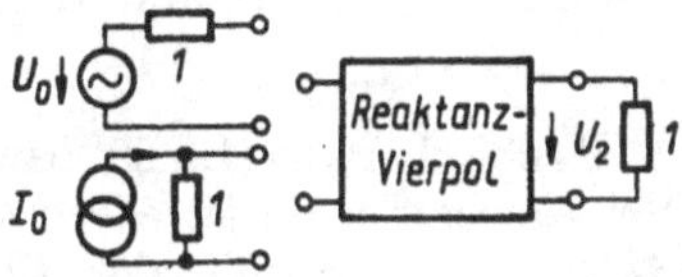

$$S_{21}(p) = \frac{2U_2}{U_0} = \frac{KF(p)}{G(p)} = \frac{KF(p)}{G_g(p) + G_u(p}$$

Zusammenhang mit der Drosselung

$$D(p) = \frac{H(p)}{KF(p)} = \frac{H_g(p) + H_u(p)}{KF_g(p) + F_u(p)}$$

Bedingungen:

1. wie zuvor
2. $H(p)$ = Polynom mit reellen Koeffizienten

$F(p)$, $H(p)$ und $G(p)$ sind Polynome, deren höchster Koeffizient gleich 1 ist, d. h. Vorfaktoren werden durch K ausgedrückt.
Bestimmungsgleichung für $G(p)$

$$G(p)\,G(-p) = H(p)\,H(-p) + K^2F(p)\,F(-p)$$

Bei mehreren Zerlegungsmöglichkeiten für $H(p)\,H(-p)$ können die Betriebsreflexionsfaktoren gemäß

$$S_{11}(p) = \frac{H(p)}{G(p)} \quad \text{und} \quad S_{22}(p) = \frac{-H(-p)}{G(p)}\,\frac{F(p)}{F(-p)}$$

beeinflußt werden.
Bestimmungsgleichungen für Vierpolparameter

$F(p) = F_g(p)$ = gerade Funktion

$$Z_{11} = \frac{G_g \pm H_g}{G_u \mp H_u}, \quad Y_{11} = \frac{G_g \mp H_g}{G_u \pm H_u}$$

$$Z_{12} = \frac{KF_g}{G_u \mp H_u}, \quad -Y_{12} = \frac{KF_g}{G_u \pm H_u}$$

$$Z_{22} = \frac{G_g \pm H_g}{G_u \mp H_u}, \quad Y_{22} = \frac{G_g \pm H_g}{G_u \pm H_u}$$

$F(p) = F_u(p)$ = ungerade Funktion

$$Z_{11} = \frac{G_u \pm H_u}{G_g \mp H_g}, \quad Y_{11} = \frac{G_u \mp H_u}{G_g \pm H_g}$$

$$Z_{12} = \frac{KF_u}{G_g \mp H_g}, \quad -Y_{12} = \frac{KF_u}{G_g \pm H_g}$$

$$Z_{22} = \frac{G_u \pm H_u}{G_g \mp H_g}, \quad Y_{22} = \frac{G_u \pm H_u}{G_g \pm H_g}$$

zurechnen, so daß er dann nicht mehr als gesondertes Schaltelement in Erscheinung tritt. Grundsätzlich können wir die Realisierbarkeitsbedingungen von Tafel 1.3 übernehmen, die zusätzlich durch die Vorschrift

$$|S_{21}(j\omega)| \leqq 1 \tag{1.18}$$

(z. B. ablesbar aus (I.2.20) bzw. Tafel 1.5) zu ergänzen ist. Bei Anwendungen ist es vorteilhaft, zunächst nicht mit $S_{21}(p)$, sondern mit der Charakteristischen Funktion (= *Drosselung*) $D(p)$ zu rechnen. Nach den Erkenntnissen in Beispiel I.2.12 sind die Polynomdarstellungen für $S_{21}(p)$ und $D(p)$ einschließlich der Bestimmungsgleichung für $G(p)$ ebenfalls in Tafel 1.6 notiert. $F(p)$ ist voraussetzungsgemäß (Abschn. 1.1.) eine gerade oder ungerade Funktion, während $H(p)$ i. a. nur ein Polynom mit reellen Koeffizienten sein muß. Wegen (I.2.24) und (I.2.25) gilt stets

$$S_{11}(p) = \frac{H(p)}{G(p)} \quad \text{und} \quad S_{22}(p) = \frac{-H(-p)}{G(p)} \frac{F(p)}{F(-p)}, \tag{1.19}$$

d. h. durch bestimmte Aufspaltung von $H(p)\,H(-p)$ können die Betriebsreflexionsfaktoren beeinflußt werden.

Durch Vergleich der Betriebsgrößen mit z. B. den Kettenparametern, d. h. mit Ansätzen der Art

$$\frac{G_g + G_u}{KF} = \frac{A_{11} + A_{12} + A_{21} + A_{22}}{2}$$

und (wenn wir beide Vorzeichen von D berücksichtigen)

$$\pm\frac{H}{KF} = \pm\frac{H_g + H_u}{KF} = \frac{A_{11} - H_{22} + A_{12} - A_{21}}{2}$$

erhalten wir durch Summen- und Differenzbildung Bestimmungsgleichungen für die Kettenparameter, die umgerechnet in Widerstandsparameter auf die in Tafel 1.6 aufgeschriebenen Gleichungen $Z_{\mu\nu} = f(G_g, G_u, H_g, H_u, KF_g, KF_u)$ führen.

Bei Vierpolen mit ausgeprägten Durchlaß- und Sperrbereichen bei reellen ω ist es natürlich, alle Nullstellen von $D(p)$ auf die imaginäre Achse zu legen, d. h. $H(p)$ muß eine ungerade oder eine gerade Funktion sein. Da der Nenner hier ebenfalls stets eine ungerade oder gerade Funktion ist, trifft das auch für $D(p)$ selbst zu. Insbesondere gilt in diesem *Filter*fall nach (1.19) für

$D(p)$ ungerade $\triangleq S_{11} = S_{22}$ oder der Reaktanzvierpol ist *symmetrisch* und für (1.19a)

$D(p)$ gerade $\triangleq S_{11} = -S_{22}$ oder der Reaktanzvierpol ist *antimetrisch*. (1.19b)

(1.19a) ist identisch z. B. mit

$$Z_1 = Z_2 \quad \text{oder} \quad A_{11} = A_{22} \tag{1.19c}$$

und (1.19b) heißt auch

$$Z_1 \cdot Z_2 = 1 \quad \text{oder} \quad A_{12} = A_{21}. \tag{1.19d}$$

Der Leser wolle beachten, daß alle Varianten von (1.19) auf den Fall $R_1 = R_2 = 1$ zugeschnitten sind.

Beispiel 1.2

Vertrautwerden mit Betriebsgrößen

Gegeben: Drosselung $D(\omega) = \omega^3$ eines Reaktanzvierpols mit $R_1 = R_2 = 1$.

Gesucht:

1. **Betriebsdämpfung $A_B(\omega)$ und Echodämpfung $A_E(\omega)$**
2. **Übertragene und am Eingang reflektierte Leistung**
3. **Betriebsübertragungsfaktor $T_B(p)$**
4. **Vierpolparameter $Z_{\mu\nu}$ der realisierenden Schaltung**

Lösung: Nach Tafel 1.5 und Tafel 1.6 finden wir

Zu 1. $A_B(\omega) = 10 \lg (1 + D^2(\omega)) = -10 \lg |S_{21}|^2$ $= 10 \lg (1 + \omega^6)$ in dB. Unter Beachtung von $|S_{11}|^2 = 1 - |S_{21}|^2$ $= 1 - \dfrac{1}{1+\omega^6} = \dfrac{\omega^6}{1+\omega^6}$ wird $A_E(\omega) = -10 \lg |S_{11}|^2$ $= 10 \lg \left(1 + \dfrac{1}{\omega^6}\right)$ in dB.

Zu 2. $\frac{|U_2|^2}{R_2} = |U_2|^2 = (1 - |S_{11}|^2)\frac{|U_0|^2}{4R_1} = \frac{1}{1+\omega^6}\frac{|U_0|^2}{4}$ und $|V_{1a}|^2 = |S_{11}|^2 \frac{|U_0|^2}{4R_1} = \frac{\omega^6}{1+\omega^6}\frac{|U_0|^2}{4}$.

Zu 3. Aus $D(p) = D(\omega)\Big|_{\omega=\frac{p}{j}} = -p^3 = \frac{H(p)}{KF(p)}$ folgt, eingesetzt mit $KF(p) = 1 = KF(-p)$, $G(p)\,G(-p) = H(p) \times H(-p) + K^2F(p)\,F(-p) = -p^6 + 1$.

Aus den Nullstellen $p_\nu = e^{j\frac{2\pi}{6}\nu}$, oder ausführlich

$$p_1 = 1, \quad p_2 = +\frac{1}{2} + j\frac{1}{2}\sqrt{3}, \quad p_3 = -\frac{1}{2} + j\frac{1}{2}\sqrt{3},$$

$$p_4 = -1, \quad p_5 = -\frac{1}{2} - j\frac{1}{2}\sqrt{3}, \quad p_6 = +\frac{1}{2} - j\frac{1}{2}\sqrt{3},$$

erhalten wir für das zugehörige H-Polynom $(p - p_3)(p - p_4) \times (p - p_5) = p^3 + 2p^2 + 2p + 1 = G(p)$, und für das zugehörige Anti-H-Polynom $(p - p_1)(p - p_2)(p - p_6) = -p^3 + 2p^2 - 2p + 1 = G(-p)$. Damit ist auch

$$T_B(p) = \frac{KF(p)}{G(p)} = \frac{1}{p^3 + 2p^2 + 2p + 1}$$

bekannt.

Zu 4. Im Beispielfall ist $F(p) = 1$ eine gerade Funktion H_g ist identisch Null. Da das negative H_u gerade den höchsten Koeffizienten von G_u auslöschen würde, ist hier nur das Minuszeichen im Nenner der Bestimmungsgleichung für $Z_{\mu\nu}$ (nach Tafel 1.6) brauchbar. Somit finden wir

$$Z_{11} = \frac{G_g}{G_u + H_u} = \frac{2p^2 + 1}{2p^3 + 2p} = Z_{22},$$

$$Z_{12} = \frac{KF_g}{G_u + H_u} = \frac{1}{2p^3 + 2p} = Z_{21}.$$

Während die Übertragungssymmetrie ($Z_{12} = Z_{21}$) bei einem Reaktanzvierpol immer vorliegt, bedeutet $Z_{11} = Z_{22}$, daß zusätzlich Widerstandssymmetrie gegeben ist. (In diesem einfachen Beispiel bedeutet das zugleich Aufbausymmetrie.)

Sonderfall: Symmetrische Brücken-*LCü*-Vierpole mit $R_1 = R_2 = 1$. Die Grundausführungen zeigt Abb. 1.4. Zwangsläufig sind es übertragungs- *und* widerstands-

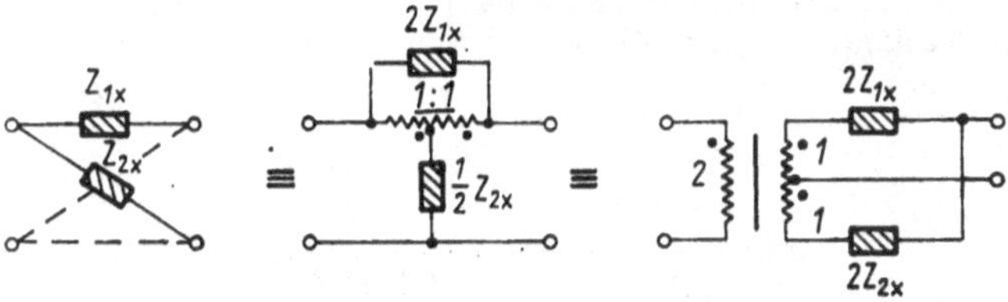

Abb. 1.4. Symmetrische Kreuzschaltung mit zwei äquivalenten Formen

symmetrische Vierpole, die besonders einfache theoretische Zusammenhänge aufweisen.

Zunächst gilt allgemein

$$\begin{aligned} Z_{1x} &= Z_{11} - Z_{12}, \\ Z_{2x} &= Z_{11} + Z_{12}, \end{aligned} \tag{1.20}$$

wie man durch eine Analyserechnung leicht nachweisen kann. Dadurch können wir unmittelbar die Resultate von Tafel 1.6 nutzen und erhalten durch Differenz- bzw. Summenbildung direkt die Brückenwiderstände $Z_{\nu x}$. Im einzelnen gilt bei

$$F = F_g: \quad (\text{und } H_g = 0) \qquad Z_{1x} = \frac{G_g - KF_g}{G_u \mp H_u}, \quad Z_{2x} = \frac{G_g + KF_g}{G_g \mp H_u}, \tag{1.21a}$$

und bei

$$F = F_u: \quad (\text{und } H_u = 0) \qquad Z_{1x} = \frac{G_u - KF_u}{G_g \mp H_g}, \quad Z_{2x} = \frac{G_u + KF_u}{G_g \mp H_g}. \tag{1.21b}$$

Beispiel 1.3

Berechnung von Reaktanz-Brückenwiderständen aus Betriebsgrößen

Gegeben: $H(p) = -p^3$, $KF(p) = 1$, $G(p) = p^3 + 2p^2 + 2p + 1$ (als Zahlenwerte von Beispiel 1.2).

Gesucht: $Z_{\nu x}$ der realisierenden Kreuzschaltung ($\nu = 1$ und 2).

Lösung: Da offenbar im Nenner der Gleichungen (1.21a) nur die Variante mit dem Minuszeichen brauchbar ist, erhalten wir

$$Z_{1x} = \frac{2p^2 + 1 - 1}{p^3 + 2p^2 - (-p^3)} = \frac{p}{p^2 + 1},$$

$$Z_{2x} = \frac{2p^2 + 1 + 1}{p^3 + 2p^2 - (-p^3)} = \frac{1}{p},$$

d. h. problemlos zu deutende Ausdrücke (die Terme stellen einen LC-Parallelkreis in den Längszweigen und eine Kapazität in den Diagonalzweigen dar). Durch Vertauschen von Z_{1x} mit Z_{2x} entsteht der duale Vierpol mit gleichem $T_B(p)$ (und dualen Betriebswiderständen).

Der Leser wolle erkennen, daß zur zahlenmäßigen Auswertung der Bestimmungsgleichung für $G(p)$ gemäß (I.2.27)

$$G(p)\, G(-p) = H(p)\, H(-p) + K^2 F(p)\, F(-p) \quad (1.22)$$

sowohl für symmetrische als auch für antimetrische *Filter* nur eine *Gleichung n-ten Grades* zu lösen ist. Im ersten Fall gilt nämlich

$$\begin{aligned} G(p)\, G(-p) &= \pm(K^2F^2 - H^2) \\ &= \pm(KF + H)\,(KF - H) \end{aligned} \quad (1.22\text{a})$$

(oberes Vorzeichen bei geradem F und ungeradem H, unteres Vorzeichen für ungerades F und gerades H) und im zweiten Fall

$$G(p)\, G(-p) = H^2 + K^2F^2 \quad (1.22\text{b})$$

(H und F gerade). Damit ist $G(p)$ durch das aus $(KF + H) = 0$ bzw. aus $H^2 + K^2F^2 = 0$ mit der Substitution $p^2 = z$ herleitbare HURWITZ-Polynom berechenbar.

Tafel 1.7
***RC*-Übertragungsfunktionen bei einseitiger Last (Realisierbarkeitsbedingungen, Bestimmungsgleichungen für Vierpolparameter)**

Bedingungen

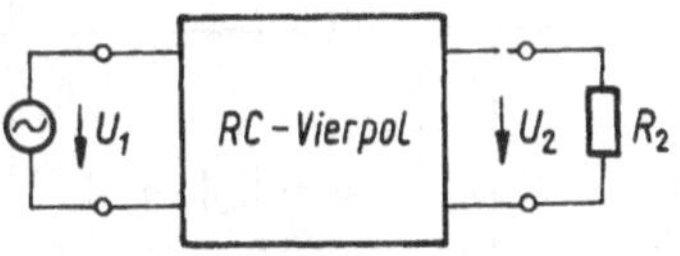

$$T_U = \frac{U_2}{U_1} = \frac{KF(p)^{1)}}{G(p)} = \frac{-Y_{12}}{Y_{22} + \frac{1}{R_2}}$$

1. $F(p)$ = Polynom mit reellen Koeffizienten
2. $G(p)$ = HURWITZ-Polynom mit nur *reellen* und *einfachen* Nullstellen
3. Grad von $G(p) \leqq$ Grad von $F(p)$
4. $T_U \leqq 1$

Praktische Hinweise

1. R_2 genügend groß wählen
   (Grenzfall: $R_2 \to \infty$ bringt besondere Vereinfachung)
2. Nur über zwei Vierpolparameter wird verfügt (d. h. Y_{11} wird z. B. hingenommen).
3. Über K wird und kann zunächst nichts ausgesagt werden. Nach der Realisierung wird es durch Analyse bestimmt, wenn nicht zufällig einfachere Bestimmungen möglich sind (z. B. im TP-Fall durch Studium des Verhaltens bei $\omega = 0$).
4. Im Regelfall existieren unendlich viele Möglichkeiten für die Wahl zulässiger Y_{12} bzw. Y_{22}, weil die *gemeinsame* Nennerfunktion nur ein Y_{22RC} garantieren muß. (Aus Erfahrung ist bekannt, daß durch geometrisch-symmetrische PN-Verteilung auf der reellen Achse minimale Schaltelementeunterschiede zu erwarten sind.)

Bestimmungsgleichungen für Vierpolparameter

$$\left.\begin{aligned} Y_{22}(p) &= \frac{G(p)}{N(p)} = Y_{22\mathrm{RC}} \\ Y_{12}(p) &= \frac{KF(p)}{N(p)} \end{aligned}\right\}$$ mit $N(p)$ = spezielles HURWITZ-Polynom mit nur reellen und einfachen Nullstellen

[1]) $F(p)$ und $G(p)$ sind Polynome, deren höchster Koeffizient mit eins angenommen wird. (Diese Form läßt sich immer herstellen.)

Tafel 1.8
Synthese von R-Vierpolen (Anpassungs- und Dämpfungsglieder)

Vorschriften	$R_1, R_2 < R_1$	$R_1, R_2 > R_1$
Realisierendes Netzwerk	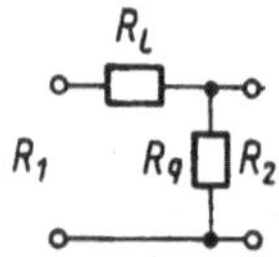	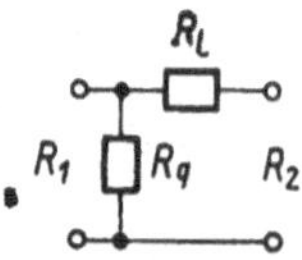
	Unsymmetrische Halbglieder	
Gesucht:	R_l, R_q	
Bemessungsgleichungen	$R_l = R_1 \sqrt{1 - \frac{R_2}{R_1}}$ $R_q = \frac{R_2}{\sqrt{1 - \frac{R_2}{R_1}}}$	$R_q = \frac{R_1}{\sqrt{1 - \frac{R_1}{R_2}}}$ $R_l = R_2 \sqrt{1 - \frac{R_1}{R_2}}$
Anwendungen und Bemerkungen	● Anpassung verschiedener (reeller) Widerstände ● Ein bestimmtes $A_0 = 20 \lg \frac{U_1}{U_2}$ muß hingenommen werden	

RC-Vierpole

Analog gelten für RC-Vierpole Bedingungen, praktische Empfehlungen und Bestimmungsgleichungen, wie in Tafel 1.7 notiert. Es ist eine Zweckmäßigkeitsfrage, von dem skizzierten einseitig belasteten Modell auszugehen. Es kann nützlich sein, auch noch R_2 in den Vierpol

<table>
<tr><td colspan="2">$Z,\, T_U = \frac{U_2}{U_1} = 10^{-\frac{A_0}{20}}$</td><td>$Z,\, T_U = T_B = 10^{\frac{A_0}{20}}$</td></tr>
<tr><td>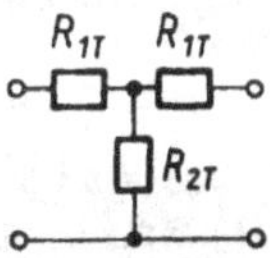</td><td>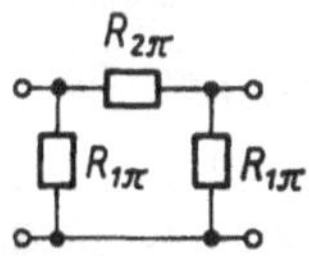</td><td>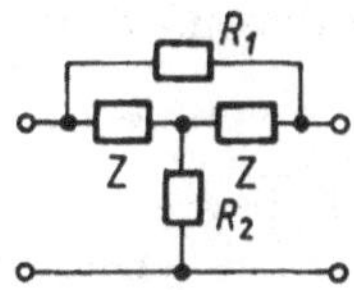</td></tr>
<tr><td colspan="2">Symmetrisches T- bzw. π-Glied</td><td>Überbrücktes T-Glied</td></tr>
<tr><td>$R_{1T},\, R_{2T}$</td><td>$R_{1\pi},\, R_{2\pi}$</td><td>$R_1,\, R_2$</td></tr>
<tr><td colspan="2">$R_{1T} = Z\,\frac{1 - T_U}{1 + T_U} = \frac{Z^2}{R_{1\pi}}$

$R_{2T} = Z\,\frac{2T_U}{1 - T_U^2} = \frac{Z^2}{R_{2\pi}}$</td><td>$R_1 = Z\,\frac{1 - T_U}{T_U} = \frac{Z^2}{R_2}$</td></tr>
</table>

● Realisierung vorgeschriebener Dämpfungswerte A_0 (bei $Z = R_1 = R_2$)

● Anpassungsverbesserung bei verschiedenen Widerständen gemäß

$$\frac{Z_1 - Z}{Z_1 + Z} = \frac{R_2 - Z}{R_2 + Z}\, e^{-2A_0}$$

● bei Eichleitungen sind nur R_1 und R_2 veränderlich

● A_0-Realisierung bei konstanten Betriebswiderständen

„einzurechnen", so daß unmittelbar über die zwei Vierpolparameter Y_{12} und Y_{22} verfügt werden kann.

R-Vierpole

Diese sehr simple Klasse hat als Dämpfungs- und Anpassungsvierpole eine bestimmte praktische Bedeutung. Wie schon in dem Band I für Zweipolsiebschaltungen demonstriert, ist hier ebenso eine direkte Bemessung auf Grund von „Vorschriften“ möglich. In Tafel 1.8 sind die verschiedenen Möglichkeiten tabellarisch aufgeführt. Wir unterscheiden

— strenge *Anpassungs(halb)glieder*

Bei diesen sind die Widerstände R_1 und R_2 vorgeschrieben.

— *symmetrische Dämpfungsglieder*

in T- bzw. π-Form, die auch für die Anpassungsverbesserung bei verschiedenen R_1 und R_2 verwendbar sind, und in überbrückter T-Form, die bei einstellbaren Dämpfungen (Eichleitungen) vorteilhaft sind.

Durch Umstellung der Analyseformeln können direkt die Bemessungsgleichungen, wie sie in Tafel 1.8 für den praktischen Gebrauch zusammengestellt sind, aufgeschrieben werden.

Ergänzungsliteratur

Bücher: [C 1], [F 1], [F 4], [G 1], [R 1], [U 1].

Originalaufsätze: [F 10], [B 11], [P 10].

2. Approximationen

2.1. *Approximationen bei Vorschriften im Zeitbereich*

Hier liegt die Aufgabe vor, einen Vierpol zu finden, der vorgegebene Zeitvorgänge (d. h. eine bestimmte Ursachenzeitfunktion und eine bestimmte Wirkungszeitfunktion) approximiert. Das Approximationsresultat muß eine zulässige rationale Netzwerkfunktion $T(p)$ sein, die nach in Abschn. 3 zu besprechenden Methoden zu realisieren ist.

Im einzelnen sind zwei wesentliche Teilaufgaben zu lösen:

1. Die Herleitung einer idealen „Impulsantwort“ $g_i(t)$ aus den Vorschriften für $f_1(t)$ und $f_2(t)$.

2. Die eigentliche Approximation von $g_i(t)$ durch ein zulässiges $g(t)$, womit auch die für die Realisierung notwendige Netzwerkfunktion

$$T(p) = \mathscr{L}\{g(t)\} \tag{2.1}$$

bekannt ist.

Punkt 1 läßt sich streng oder näherungsweise (z. B. mit der Impulsmethode [F 1] vergleichsweise einfach abarbeiten. Punkt 2 enthält dagegen das eigentliche Problem. Implizit sind hier die in Abschn. 1 detailliert beschriebenen „Realisierungsbedingungen“ zu beachten. Ein natürlicher Weg wäre es, wenn wir die Koeffizienten A_ν, σ_ν, ω_ν und φ_ν in der zulässigen Form (I.2.32) nach

$$g(t) = \sum_{\nu=1}^{\varrho} A_{r\nu}\, e^{\sigma_{r\nu} t} + \sum_{\nu=1}^{s} A_\nu\, e^{\sigma_\nu t} \sin(\omega_\nu t + \varphi_\nu) \tag{2.1a}$$

mit vorgeschriebenem linearen Zeitfehler aus dem beliebig vorgebbaren $g_i(t)$ gewinnen könnten (Problem der Entwicklung nach einer Exponentialsumme). Das ist allgemein nicht möglich. Als wirkungsvoll hat sich bei angenommenen Polen eine Approximation mit dem Gauss-Kriterium (mittlerer quadratischer Fehler wird zum Minimum) erwiesen [B 10]. Effektiv ist auch eine Periodifizierung (Fourier-Reihen-Entwicklung) die mit einem konstanten Dämpfungsfaktor $e^{\sigma_0 t}$ mit $\sigma_0 < 0$ und reell versehen, den periodischen Vorgang annähert. Typisch ist für alle diese Ansätze, daß im Prinzip „Zeitfehler $\Delta t = g(t) - g_i(t)$“ in Kauf genommen werden müssen, die wir nicht von Anfang an vorschreiben können.

Für das vertiefte Studium dieser Problematik muß hier auf Spezialliteratur [F 1], [G 1], [K 1], [K 10], [M 1], [U 1] verwiesen werden.

Bevor wir anhand von zwei ausgewählten Beispielen, Sachverhalte im einzelnen kennenlernen, sei der Zusammenhang Einschwingvorgang (oder Schaltvorgang) und Impulsantwort nochmals verdeutlicht. (Ein weitreichen-

Insgesamt gilt folgender Sachverhalt:

Gegeben: $g_i(t)$

Überführung in den Bild- oder Frequenzbereich $(T(p), T(j\omega))$	‖ Annäherung im Zeitbereich $(g(t))$
↓	↓
‖ Annäherung im Bild- oder Frequenzbereich	Überführung in den Bildbereich

Gesucht: Zulässige Bildfunktion $(T(p))$

Gegenüberstellung der Eigenschaften

Methode der Frequenznäherung	Methode der Zeitnäherung

Mathematische Hilfsmittel

Reihenentwicklungen, Kettenbruchdarstellungen Approximation der zugehörigen Frequenzgänge	Orthogonale Entwicklungen

Merkmale

Vergleichsweise wenig Rechenaufwand, Anwendung vertrauter Methoden, im Detail kann der Approximationsfehler nur durch Kontrollanalyse ermittelt werden.	Vergleichsweise großer Rechenaufwand, i. R. Beschränkung auf den minimalen quadratischen Fehler, obwohl der lineare oft interessanter ist.

der Überblick wurde bekanntlich bereits in Abschn. I.1 gegeben.) Die vorzugsweise praktisch vorkommende Aufgabe geht von den gegebenen Sende- und Empfangszeitfunktionen (Abb. 2.1)

$$f_1(t) = \mathcal{L}^{-1}\{F_1(p)\} \quad \text{und} \quad f_2(t) = \mathcal{L}^{-1}\{F_2(p)\} \tag{2.2a}$$

aus und die damit formal bestimmte Übertragungsfunktion heißt

$$T_i(p) = \mathcal{L}\{g(t)\} = \frac{\mathcal{L}\{f_2(t)\}}{\mathcal{L}\{f_1(t)\}} \tag{2.2b}$$

ist i. allg. nicht rational und keine zulässige Netzwerkfunktion. Wenn wir hier von den in Bd. I besprochenen

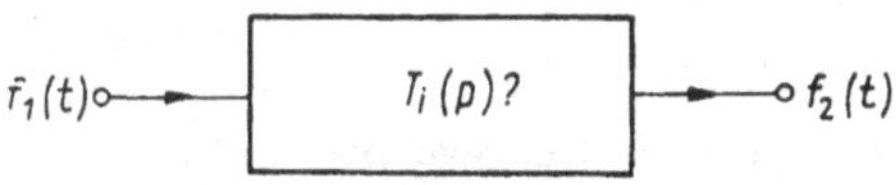

Abb. 2.1. Systemmodell bei vorgeschriebener Sende- und Empfangszeitfunktion

Reihenentwicklungen absehen, ist es im Vierpolfall zweckmäßig, die *Betragseigenschaft* bzw. die zugehörige Dämpfungsvorschrift in den Mittelpunkt zu rücken. Diese Charakteristiken fallen natürlich zunächst „ideal“ aus, und die eigentliche Approximationsaufgabe besteht in der Annäherung durch eine zulässige Kennlinie. Es ist üblich (in Anlehnung an den verbreiteten Filterfall, Näheres dazu s. Abschn. 2.2.1),

$$A_i(\omega) = -20 \lg |T_i(j\omega)| \tag{2.3}$$

als „Startfunktion“ für die Approximation zu benutzen. Aus der bildlichen Darstellung von (2.3) erkennen wir anschaulich die Frequenzverteilung und damit die Art des Netzwerkes. Tatsächlich werden wir in der Praxis auf zwei Hauptklassen, nämlich auf

— Tiefpässe (bzw. auf damit zu beschreibende geometrisch-symmetrische Bandpässe gemäß Abschn. 4) und auf
— frequenzunsymmetrische Bandpässe

treffen.

Zu ergänzen ist schließlich, daß zur verfeinerten Synthese von Zeitvorschriften nicht allein der Bezug auf die Dämpfungscharakteristik genügt, die zunächst minimalphasig approximiert und realisiert wird. Durch eine Phasenkorrektur (Möglichkeiten dazu werden wir in Abschn. 3.5 kennenlernen) kann die vorkommende Unabhängigkeit von Dämpfung und Phase in verlangter Weise angenähert werden.

Beispiel 2.1

Kennenlernen der $A_i(\omega)$-Berechnung aus Vorgaben für $f_1(t)$ und $f_2(t)$

Gegeben: Gleichstromschaltvorgang mit sinusförmigen Übergang (Abb. 2.2a).

Gesucht: Zugehöriges $A_i(\omega)$.

Lösung: Unmittelbar anschaulich gewinnen wir die zugehörige Impulsantwort aus der Differentiation von $f_2(t)$. Da ein lineares Übertragungssystem vorliegt, wird $f_2'(t) = g(t)$. Formelmäßig gilt

$f_2'(t) = g_i(t) = \frac{\pi}{2} \sin \pi t$ für $0 \leqq t \leqq 1$, sonst Null mit dem in Abb. 2.2b gezeichneten Verlauf.

Die Übertragungsfunktion dazu erhalten wir unter Beachtung der Korrespondenz

$$\sin \omega_0 t \cdot s(t) \leftrightarrow \frac{\omega_0}{p^2 + \omega_0^2}$$

gemäß Abb. 2.2c als

$$T_i(p) = \frac{\pi}{2} \frac{\pi}{p^2 + \pi^2} (1 + e^{-p}) \tag{2.4a}$$

oder mit $p = j\omega$ nach Trennung in Real- und Imaginärteil

$$T_i(j\omega) = \frac{\pi^2}{\pi^2 - \omega^2} \cos \frac{\omega}{2} \left[\cos \frac{\omega}{2} - j \sin \frac{\omega}{2}\right].$$

Die Betragscharakteristik heißt deshalb

$$|T_i(j\omega)| = \left|\frac{\pi^2}{\pi^2 - \omega^2} \cos \frac{\omega}{2}\right|$$

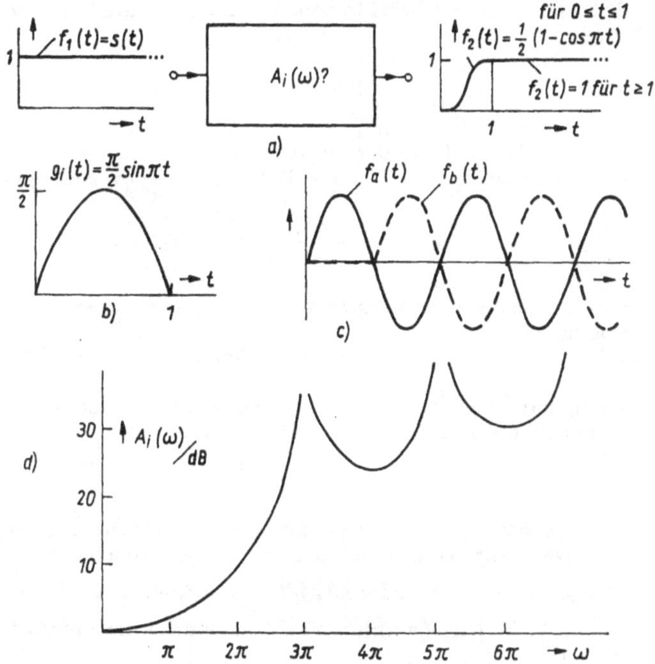

Abb. 2.2. **Beispiel zur Berechnung von $A_i(\omega)$ bei vorgeschriebenem Gleichstromschaltvorgang mit sinusförmigem Übergang**

a) Vorschriften
b) Ideale Impulsantwort
c) Erläuterung der Berechnung von $g_i(t)$ aus der Summe $f_a(t)$ und $f_b(t)$, deren Korrespondenzen bekannt sind
d) Verlauf von $A_i(\omega)$

und für die Dämpfung finden wir

$$A_i(\omega) = -20 \lg \left| \frac{1}{1 - \left(\frac{\omega}{\pi}\right)^2} \cos \frac{\omega}{2} \right| \qquad (2.4\,\mathrm{b})$$

mit dem in Abb. 2.2d skizzierten Verlauf.

Die ideale Phasencharakteristik ist frequenzlinear mit dem Gesetz

$$B_i(\omega) = \frac{\omega}{2}.$$

$A_i(\omega)$ ist eine im Sinne der Netzwerksynthese nicht zulässige Funktion. Durch Interpolation, z. B. mit der simplen Näherung

$$D(\omega) = \frac{C\omega(\omega^2 + a_1^2)}{\omega^2 - (3\pi)^2},$$

die an fünf diskreten Frequenzpunkten $\omega_\nu = 0{,}2\pi, 3\pi, 4\pi$ und ∞ streng mit

$$A_i(\omega_\nu) = 10 \lg \left(1 + D^2(\omega_\nu)\right) \tag{2.5}$$

übereinstimmt, gelingt eine Approximation der Sollkurve. $T(p)$ kann daraus mit (I.2.27) ermittelt werden.

Beispiel 2.2

Vertrautwerden mit der Impulsmethode zur Gewinnung von Frequenzcharakteristiken aus kausalen Zeitfunktionen

Gegeben: Allgemeiner Impuls $g_i(t)$ wie in Abb. 2.3a skizziert.

Gesucht: Betragscharakteristik $T(j\omega)$, welche die Vorschrift annähert.

Lösungshilfe: Durch wiederholte Differentiation einer aus Geradenstücken bestehenden Näherung für $g_i(t)$ wird eine bequem zu transformierende *Impulsfolge* $g''(t)$ hergestellt und aus dieser $T(j\omega)$ gewonnen.

Lösung:

Legen wir die in Abb. 2.3a eingetragenen Brechpunkte zugrunde (zur Vereinfachung sind „runde Zahlenwerte“ für die Brechpunkte gewählt worden), so erhalten wir

- nach einmaliger Differentiation der Näherungsfunktion Abb. 2.3b und
- nach zweimaliger Differentiation die Impulsfolge

$$f''(t) = \sum_{\nu=0}^{n} a_\nu \delta(t - t_\nu)$$

mit den Zahlenwerten

a_ν	3	-5	$\frac{9}{4}$	$-\frac{1}{4}$
t_ν	0	1	3	7

Zur Ausschaltung von Rechenfehlern sind die Kontrollbeziehungen

$$\sum_{\nu=0}^{n} a_\nu = 0 \quad \text{und} \quad \sum_{\nu=0}^{n} a_\nu t_\nu = 0$$

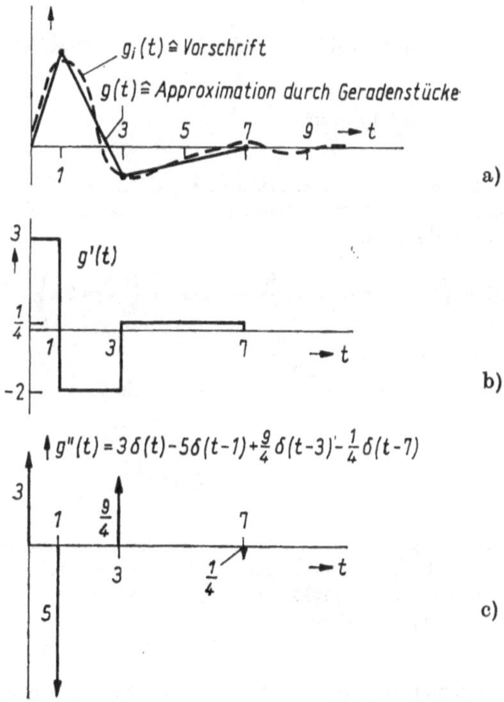

Abb. 2.3. Zur Erläuterung der Impulsmethode bei der Annäherung durch Geradenstücke

a) Vorschrift und Geradennäherung
b) Näherungsfunktion einmal differenziert
c) Näherungsfunktion zweimal differenziert (Impulsfolge)

sehr nützlich. Allgemein gilt nunmehr für die mit $g(t)$ verknüpfte Übertragungsfunktion

$$T(p) = \mathscr{L}^{-1}\{g(t)\} = \frac{\sum\limits_{\nu=0}^{n} a_\nu\, \mathrm{e}^{-pt_\nu}}{p^2}$$

und im Beispielfall

$$T(p) = \frac{1}{p^2}\left[3 - 5\,\mathrm{e}^{-p} + \frac{9}{4}\,\mathrm{e}^{-3p} - \frac{1}{4}\,\mathrm{e}^{-7p}\right].$$

Da wir grundsätzlich ein stabiles, realisierbares Netzwerk anstreben, ist immer

$$\int\limits_0^\infty |g(t)|\, \mathrm{d}t < \infty$$

erfüllt, und wir können $p = j\omega$ substituieren, d. h. den Übergang zu „meßbaren" FOURIER-Transformierten herstellen. Damit erhalten wir im Beispielfall

$$T_g(\omega) = \frac{1}{-\omega^2}\left(3 - 5\cos\omega + \frac{9}{4}\cos 3\omega - \frac{1}{4}\cos 7\omega\right)$$

bzw.

$$T_u(\omega) = \frac{1}{-\omega^2}\left(5\sin\omega - \frac{9}{4}\cos 3\omega + \frac{1}{4}\sin 7\omega\right)$$

bzw.

$$|T(j\omega)|^2 = \frac{1}{\omega^4}\left[T_g^2(\omega) + T_u^2(\omega)\right].$$

Da der vorgeschriebene Impuls im wesentlichen tiefe Frequenzanteile aufweist, wird $T(0)$ endlich. Am einfachsten ist es, die aus $|T(j\omega)|$ ableitbare Dämpfungsvorschrift aufzuzeichnen und wie in Beisp. 2.1 zu approximieren.

Ergänzung:

Diese von E. GUILLEMIN [G 1] stammende Berechnungsmethode kann ohne Komplikationen auf Parabelstücke 2. oder n-ter Ordnung als Approximationselemente ausgedehnt werden. Der Lösungsweg bleibt dabei prinzipiell erhalten. $g(t)$ ist lediglich 3- oder $(n+1)$mal zu differenzieren bis die gewünschte Impulsfolge entsteht.

Der Leser wolle bemerken, daß die Ergebnisfunktionen im Bild- bzw. Frequenzbereich i. allg. *nicht rational* sind. Deshalb ist eine weitere Näherung zur Gewinnung zulässiger Netzwerkfunktionen erforderlich.

2.2. *Approximationen bei Vorschriften im Frequenzbereich*

2.2.1. *Filterapproximationen*

Die Frequenzselektion ist eine zugleich einfache und wirksame Maßnahme zur stör- und verzerrungsarmen Übertragung. Speziell verstehen wir unter einem

> *Filter*[1]) (im engeren Sinne) ein Subsystem oder Netzwerk, das unerwünschte Frequenzen aussiebt.

Die Grundidee des Entwurfs solcher Anordnungen besteht darin, daß bestimmte idealisierte

Frequenzgänge (Dämpfung, Betrag) oder Toleranzfelder solcher Charakteristiken	} durch zulässige Übertragungsfunktionen $T(p)$

zu approximieren sind.

Grundtypen idealer Filterkurven und Beispiele für Betriebsanordnungen, d. h. die Einbettung des Vierpols zwischen Quelle und Last, zeigt Abb. 2.4. Durch entsprechenden Aufwand kann i. allg. eine genügend große Approximationsgüte erreicht werden. Die angestrebte Siebwirkung beruht auf „Resonanzerscheinungen", deshalb ist es natürlich, daß eine wirkungsvolle Filterschaltung (im wesentlichen) nur Reaktanzelemente enthält. Das schon mehrfach zitierte Reaktanzmodell spielt deshalb eine Vorzugsrolle. Wirklich realisierbare Dämpfungs-

[1]) Ein *Filter i. w. S.* ist ein Netzwerk, daß eine vorgeschriebene Operation zwischen Ein- und Ausgangsnutzsignal durchführt. Übergeordnet ist der Begriff *Optimalfilter* als eine Anordnung, die bestmöglich eine vorgeschriebene Nutzsignalverarbeitung bei *gleichzeitiger* Störsignalunterdrückung vornimmt.

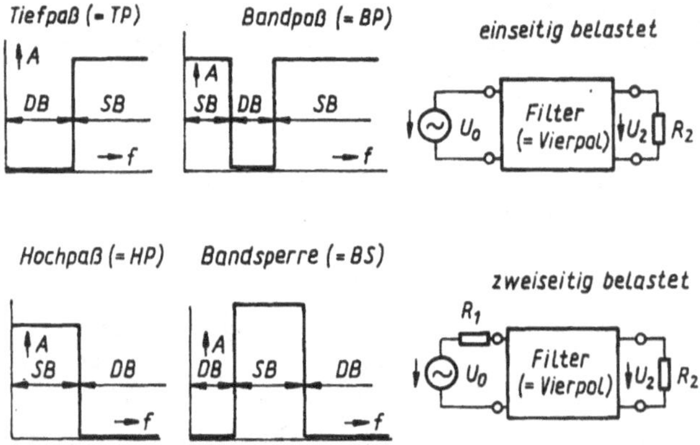

Abb. 2.4. Grundformen idealer Filtercharakteristiken und Beispiele für Betriebsanordnungen

kennlinien haben keinen beliebig steilen Übergang zwischen den Durchlaß- und Sperrbereichen und keine — im ganzen Durchlaßbereich — verschwindende Durchlaßdämpfung.

Auf Grund von Erfahrungen ist es sinnvoll, Filter mit *technischen Spulen und Kondensatoren* nach der *LC*- oder Reaktanztheorie zu berechnen, wenn die *Kennwerte* (Tafel 2.1)

|| Steilheitskennzahl $S < 50$

und

|| Relative Bandbreite (für BP und BS) $> (5 \cdots)10\%$

den genannten Grenzen genügen.

Werden diese Schranken verletzt, so müssen verlustärmere Schaltelemente (z. B. Quarze, mechanische Schwinger) eingesetzt werden oder bei (Hochfrequenz =) HF-Bandfiltern — wo nur die Bandbreitenbedingung nicht erfüllt ist — muß ein Entwurf mit verlustbehafteten Schaltelementen (Abschn. 6) erfolgen. Wenn wir noch aktive *RC*-Realisierungen mit einschließen (gepunktet

Tafel 2.1
Regeln für die Entscheidungsfindung betr. die Realisierungsart von Filterschaltungen

1. Kennwerte
Steilheitskennzahl
(für TP, HP, BP, BS)

$$S = \frac{f_{\pm\varkappa}}{|f_{nk} - f_{\pm\varkappa}|}$$

mit $f_{\pm\varkappa}$ = untere bzw. obere Durchlaßgrenze;
f_{nk} = nächstgelegene Sperrgrenze

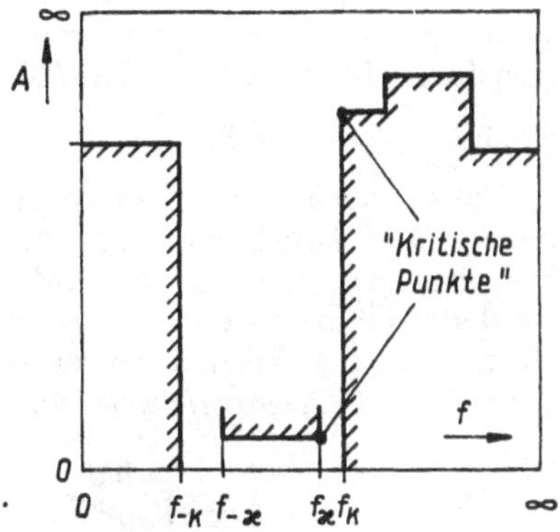

Bandbreitenkennzahl (gültig für BP und BS)

$$\delta_{BP}, \delta_{BS} = \frac{f_{\varkappa,k} - f_{-\varkappa,-k}}{\sqrt{f_{-\varkappa,-k}\, f_{\varkappa,k}}}$$

Schranken für	S	δ in %
LC-Filter	< 50	> (5⋯)10
Kristallfilter	> 50	0,01 ⋯ < 10
HF-Bandfilter	< 50	1⋯10

2.
Schematische Übersicht
$\delta = f(f)$
in Abhängigkeit von der Realisierungsart

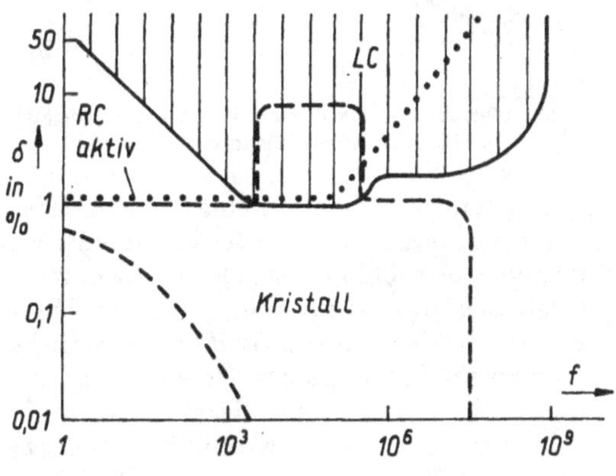

eingetragen), so erkennen wir, daß durch analoge Frequenzfilter ein beträchtliches Frequenzgebiet lückenlos erfaßt wird. (Der Leser wolle bemerken, daß speziell bei tiefen und mittleren Frequenzen die Domäne der integrationsfreundlichen aktiven Realisierungen liegt.)

2.2.1.1. *Standardfälle*

Wie wir noch zeigen werden (Abschn. 4), können unter bestimmten Umständen die Frequenzaufteilungen des HP, des BP und der BS auf den TP zurückgeführt werden. Wir beschränken uns deshalb vorerst auf diese Grundform und betrachten zunächst nur das sog. *Standard-Tiefpaß-Toleranzfeld* (Abb. 2.5). Die „Kennwerte"

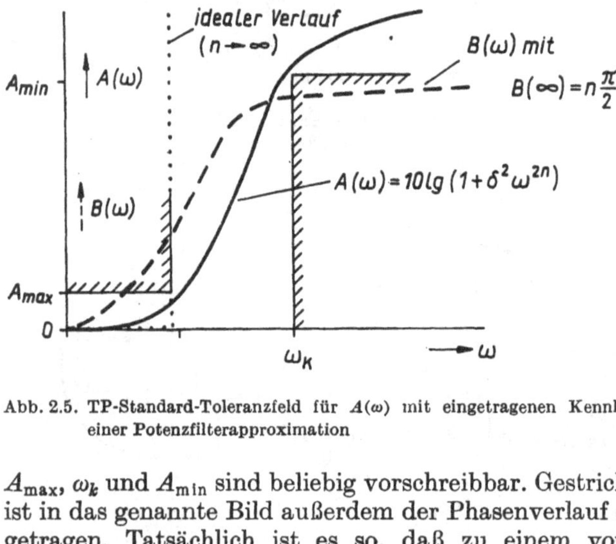

Abb. 2.5. TP-Standard-Toleranzfeld für $A(\omega)$ mit eingetragenen Kennlinien einer Potenzfilterapproximation

A_{max}, ω_k und A_{min} sind beliebig vorschreibbar. Gestrichelt ist in das genannte Bild außerdem der Phasenverlauf eingetragen. Tatsächlich ist es so, daß zu einem vorgeschriebenen $A(\omega)$ stets eine minimale Phase $B_{min}(\omega)$ gehört, weil beide Charakteristiken bei realisierbaren Funktionen zu einem komplexen Übertragungsmaß zusammenfaßbar sein müssen und damit strenge Verknüpfungsregeln existieren. Um Komplikationen zu vermeiden, beschränken wir uns hier nur auf die Approximationen *einer* Charakteristik (z. B. Dämpfung oder Phase) und nehmen die „konjugierte" Charakteristik hin.

1. Maximalflache Dämpfungs-Charakteristik oder

|| TP P n (ϱ oder) A_{max}[1])

Ansatz:

$$D(\omega) = \delta\omega^n = \text{Potenzfunktion} \tag{2.6}$$

mit δ = positive reelle Konstante und n = natürliche Zahl. Damit gilt nach Tafel 1.5

$$T(j\omega)\,T(-j\omega) = \frac{1}{1 + D^2(\omega)} = \frac{1}{1 + \delta^2\omega^{2n}} = 10^{-0,1A(\omega)}. \tag{2.6a}$$

Für die „Eckwerte" des Toleranzfeldes gilt offenbar bei dem gewählten Ansatz

$$\omega = 1: \quad 1 + \delta^2 = 10^{0,1A_{max}},$$

$$\omega = \omega_k: \quad 1 + \delta^2\omega_k^{2n} = 10^{0.1A_{min}}.$$

Aufgelöst nach dem zunächst unbekannten Grad n finden wir die nützliche Bestimmungsgleichung

$$n = \frac{\log\sqrt{\dfrac{10^{0,1A_{min}} - 1}{10^{0,1A_{max}} - 1}}}{\log\omega_k} \tag{2.7}$$

(n = nächsthöhere ganze Zahl), die in Tafel 2.2 als Nomogramm wiedergegeben ist. Dadurch ist es von Anfang an möglich, den benötigten Grad — und somit auch den Schaltelementeaufwand — zu berechnen. Der Leser wolle bemerken, daß für $n \to \infty$ theoretisch die ideale Filter-Charakteristik mit $\omega_k \to 1$ und $A_{min} \to \infty$ zustandekommt.

---

[1]) Kurzbezeichnung für TP = Tiefpaß, P = Potenzverhalten der Drosselung oder maximalflaches Verhalten der Dämpfung bei $\omega = 0$, n = Grad, ϱ = Betrag des Betriebsreflexionsfaktors in % oder A_{max} = maximale Dämpfung im Durchlaßbereich in dB; auch als BUTHERWORTH-Filter bekannt.

Die Netzwerkfunktion $T(p)$ erhalten wir aus der analytischen Fortsetzung von (2.6a). Mit $\omega = \frac{p}{j}$ gilt

$$\frac{1}{1 + \delta^2 \left(\frac{p}{j}\right)^{2n}} = T(p)\,T(-p). \tag{2.6b}$$

Tafel 2.2
Nomogramm zur Aufwandabschätzung bei TP P

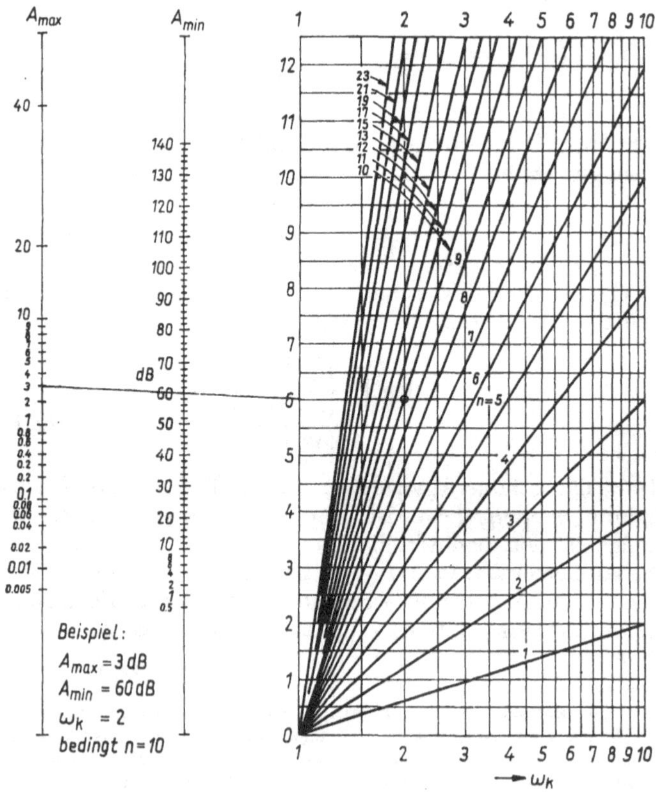

Die Pole davon, d. h.

$$p_{x\nu} = 1 \Big/ \sqrt[n]{\delta}\, e^{j\frac{2\nu+n-1}{n}\cdot\frac{\pi}{2}} \qquad (\nu = 1,2,\ldots,2n)$$

liegen alle auf einem Kreis mit dem Radius $1 \Big/ \sqrt[n]{\delta}$ und sie sind symmetrisch zur σ-Achse angeordnet. Für ungerade n liegt ein Pol von $T(p)$ auf der negativen reellen Achse, aber niemals können Pole auf der $j\omega$-Achse vorkommen. Allgemein gilt für die „*Kreisverteilung*" der Pole von $T(p)$

$$p_\nu = 1 \Big/ \sqrt[n]{\delta} \left[-\sin\frac{2\nu-1}{2n}\pi + j\cos\frac{2\nu-1}{2n}\pi\right] \tag{2.8}$$

$$(\nu = 1, 2, \ldots, n).$$

Ein Beispiel für einen PN-Plan mit $n = 5$ ist in Tafel 2.6 (links unten) angegeben. Für verschiedene Anwendungen ist neben dem PN-Plan die Darstellung von Faktoren 2. Grades in der Form

$$\left(\omega_{0\mu}^2 + \frac{\omega_{0\mu}}{Q_\mu}p + p^2\right) \tag{2.9a}$$

für Nullstellen bzw. in der Form

$$\frac{1}{\omega_{0\nu}^2 + \frac{\omega_{0\nu}}{Q_\nu}p + p^2} \tag{2.9b}$$

für Pole zweckmäßig, wobei

$\omega_{0\mu}$ = Nullstellenfrequenz, $\omega_{0\nu}$ = Polfrequenz,
Q_μ = Nullstellengüte, Q_ν = Polgüte

genannt werden. In Tafel 2.3 sind für $n = 1(1)\cdots 9$ und $A_{\max} = 3$ dB Nennerpolynome in der $\omega_{0\nu}$-Q_ν-Darstellung und in der Koeffizientenform aufgeschrieben. Für andere $A_{\max}$-Werte ist mit

$$\delta = \sqrt{10^{0,1A_{\max}} - 1} \tag{2.8a}$$

einfach eine „Maßstabsänderung" möglich.

Tafel 2.3
Übertragungsfunktionen für TP P (Parameter: $n = 1\,(1) \cdots 9$, $A_{max} = 3$ dB)

n	Nennerpolynome bei $a_0 = 1$
1	$(p + 1)$
2	$\left(p^2 + \frac{p}{\frac{1}{2}\sqrt{2}} + 1\right)$
3	$(p + 1)(p^2 + p + 1)$
4	$\left(p^2 + \frac{p}{0{,}5412} + 1\right)\left(p^2 + \frac{p}{1{,}3066} + 1\right)$
5	$(p + 1)\left(p^2 + \frac{p}{0{,}6180} + 1\right)\left(p^2 + \frac{p}{1{,}6181} + 1\right)$
6	$\left(p^2 + \frac{p}{0{,}5176} + 1\right)\left(p^2 + \frac{p}{\frac{1}{2}\sqrt{2}} + 1\right)\left(p^2 + \frac{p}{1{,}9320} + 1\right)$
7	$(p + 1)\left(p^2 + \frac{p}{0{,}5549} + 1\right)\left(p^2 + \frac{p}{0{,}8022} + 1\right)\left(p^2 + \frac{p}{2{,}2472} + 1\right)$
8	$\left(p^2 + \frac{p}{0{,}5096} + 1\right)\left(p^2 + \frac{p}{0{,}6013} + 1\right)\left(p^2 + \frac{p}{0{,}9001} + 1\right)\left(p^2 + \frac{p}{2{,}5667} + 1\right)$
9	$(p + 1)\left(p^2 + \frac{p}{0{,}5321} + 1\right)\left(p^2 + \frac{p}{0{,}6527} + 1\right)\left(p^2 + \frac{p}{1{,}0000} + 1\right)$
	$\times\left(p^2 + \frac{p}{2{,}8734} + 1\right)$

	Koeffizienten der Nennerpolynome be i$a_0 = 1$								
n	a_1	a_2	a_3	a_4	a_5	a_6	a_7	a_8	a_9
1	1								
2	$\sqrt{2}$	1							
3	2	2	1						
4	2,613	3,414	2,613	1					
5	3,236	5,236	5,236	3,236	1				
6	3,864	7,464	9,141	7,464	3,864	1			
7	4,494	10,103	14,606	14,606	10,103	4,494	1		
8	5,126	13,138	21,848	25,691	21,848	13,138	5,126	1	
9	5,759	16,582	31,163	41,986	41,986	31,163	16,582	5,759	1

Beispiel 2.3

Approximation eines TP-Standard-Toleranzfeldes durch TP P n.

Gegeben: Toleranzschema in Betragsquadratform, wie in Abb. 2.6a skizziert, mit $\delta = 0{,}3$, $\Delta = 25$ und $\omega_k = 2$.

Gesucht: Zugehöriges $A(\omega)$-Toleranzschema und das notwendige $D(\omega) = \delta\omega^n$ in zahlenmäßiger Form.

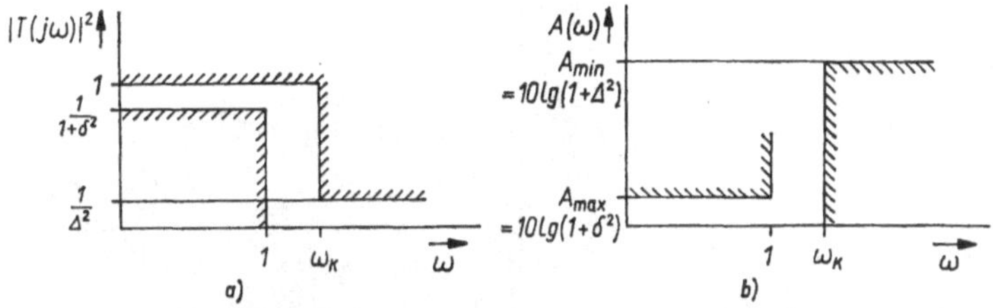

Abb. 2.6. Verschiedene Formen von Standard-Toleranzfeldern
a) Betragsquadratform
b) Gleichwertige $A(\omega)$-Form

Lösung:

Mit $|T(j\omega)|^2 = \dfrac{1}{1 + |D(\omega)|^2}$ gilt für

$$\omega = 1:\ |T(j\omega)|^2 = \frac{1}{1+\delta^2} \quad \text{oder} \quad D_{\max}\ (\text{im DB}) = \delta,$$

$$\omega = \omega_k:\ |T(j\omega_k)|^2 = \frac{1}{1+\Delta^2} \quad \text{oder} \quad D_{\min}\ (\text{im SB}) = \Delta.$$

Abb. 2.6b zeigt das zu Abb. 2.6a völlig gleichwertige $A(\omega)$-Toleranzfeld mit den Umrechnungsbeziehungen

$$\begin{aligned} A_{\max} &= 10 \lg (1 + \delta^2) \quad \text{für} \quad 0 \leqq \omega \leqq 1, \\ A_{\min} &= 10 \lg (1 + \Delta^2) \quad \text{für} \quad \omega_k \leqq \omega \leqq \infty. \end{aligned} \tag{2.10}$$

Zahlenmäßig gehört zu $\delta = 0{,}3$ und $\Delta = 25$

$$A_{\max} = 0{,}3743 \text{ dB} \quad \text{und} \quad A_{\min} = 27{,}9657 \text{ dB}.$$

Schließlich folgt daraus bei $\omega_k = 2$ lt. Nomogramm in Tafel 2.2 ein $n \geqq 7$, d. h. $D(\omega) = 0{,}3\omega^7$ oder $|T(j\omega)|^2 = \frac{1}{1 + 0{,}3^2\omega^{14}}$ ist eine zulässige (bei $\omega = 0$ maximalflache) Funktion für die Befriedigung der Vorschrift.

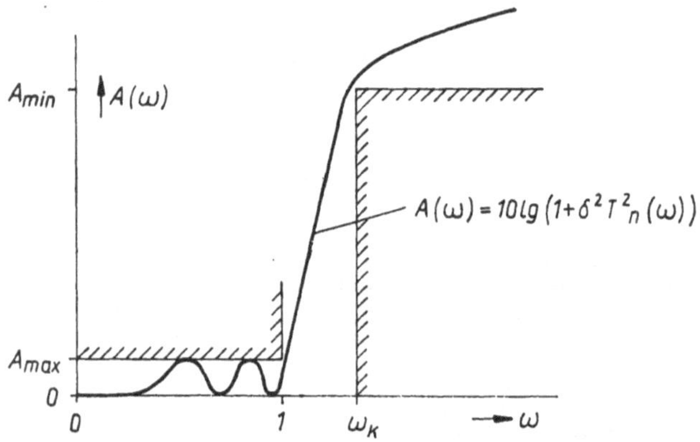

Abb. 2.7. TP-Standard-Toleranzfeld mit TP T_1

2. Dämpfungs-Charakteristik mit Tschebyscheff-Verhalten im Durchlaßbereich (T_1-Fall) oder

|| TP T_1 n (ϱ oder) A_{max}[1]).

Wird eine Dämpfungs-Charakteristik, wie in Abb. 2.7 skizziert, angestrebt, so gilt der Ansatz:

$$D(\omega) = \delta T_n(\omega) = \text{Tschebyscheff-Funktion},$$

wobei δ = eine positive reelle Konstante und $T_n(\omega)$ = Tschebyscheff-Polynome (aufgestellt von Tschebyscheff 1899) sind. Die Funktionen $T_n(\omega)$ sind definiert als Ausdrücke der Art

$$T_n(\omega) = \cos(n \cos^{-1} \omega). \tag{2.11a}$$

---

[1]) Kurzbezeichnung für den Filtertyp TP = Tiefpaß, T_1 = Tschebyscheff-Verhalten von $A(\omega)$ im Durchlaßbereich, n = Grad, ϱ = Betrag des Betriebsreflexionsfaktors in % oder A_{max} in dB.

Es läßt sich zeigen, daß diese transzendent formulierten Funktionen tatsächlich rationale Polynome in ω sind, wenn wir setzen

$$\omega = \cos z \quad \text{und demzufolge} \quad T_n(z) = \cos nz. \tag{2.11b}$$

Dann gilt wegen der Additionstheoreme

$$T_{n+1}(z) = \cos(n+1)z = \cos nz \cos z - \sin nz \sin z,$$

$$T_{n-1}(z) = \cos(n-1)z = \cos nz \cos z + \sin nz \sin z,$$

die Beziehung

$$T_{n+1}(z) + T_{n-1}(z) = 2\cos nz \cos z = 2T_n(z)\cos z,$$

oder umgestellt als Rekursionsformel (mit dem Argument ω)

$$T_{n+1}(\omega) = 2\omega T_n(\omega) - T_{n-1}(\omega), \tag{2.11c}$$

die vorteilhaft zur zahlenmäßigen Berechnung herangezogen werden kann, da nach der Definitionsgleichung $T_0(\omega) = 1$ und $T_1(\omega) = \omega$ bekannt sind. Zahlenmäßig gilt für $n = 2, \ldots, 5$

$$T_2(\omega) = 2\omega^2 - 1,$$

$$T_3(\omega) = 4\omega^3 - 3\omega,$$

$$T_4(\omega) = 8\omega^4 - 8\omega^2 + 1,$$

$$T_5(\omega) = 16\omega^5 - 20\omega^3 + 5\omega.$$

Für $|\omega| \geqq 1$ entsteht automatisch die Vorschrift

$$T_n(\omega) = \cosh(n \cosh^{-1}\omega), \tag{2.11d}$$

die — wie gewünscht — eine monotone Funktion darstellt. In Abb. 2.8 ist der Verlauf der $T_n(\omega)$-Funktionen für $n = 0, 1, 2, \ldots, 5$ für kleine ω-Werte gezeigt.

Während die Näherungskennlinien für $|\omega| \leqq 1$ „gleichmäßig" das „Toleranzband" $-1 \cdots 1$ approximieren, nehmen sie für $|\omega| > 1$ (ab T_2) rasch große Werte an.

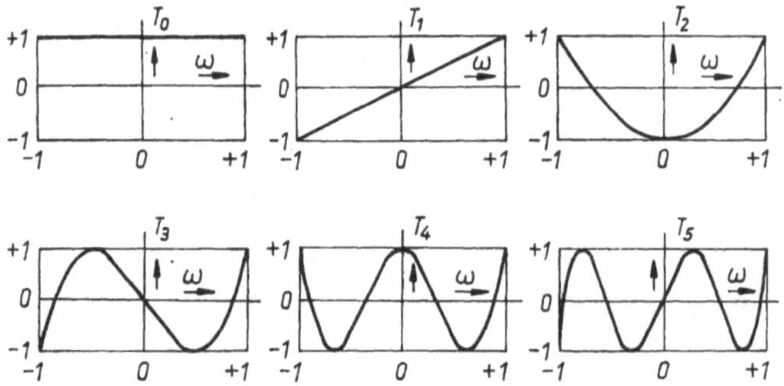

Abb. 2.8. Beispiele für $T_n(\omega)$-Charakteristiken

Diese Eigenschaften werden im Filterfall im Sinne einer gewünschten Selektion angestrebt und auch verwirklicht, wenn wir daran denken, daß in unserem Ansatz die Beziehung $T_n^2(\omega)$ eingeht. Zur Verdeutlichung zeigt Abb. 2.9 das Verhalten der T_3- bzw. T_5-Kennlinie. Von selbst ist durch das Quadrieren die Nebenbedingung $T_n^2(\omega) \geqq 0$ erfüllt.

Durch den Vorfaktor δ wird im Durchlaßbereich eine vorgeschriebene maximale Dämpfung festgelegt bzw.

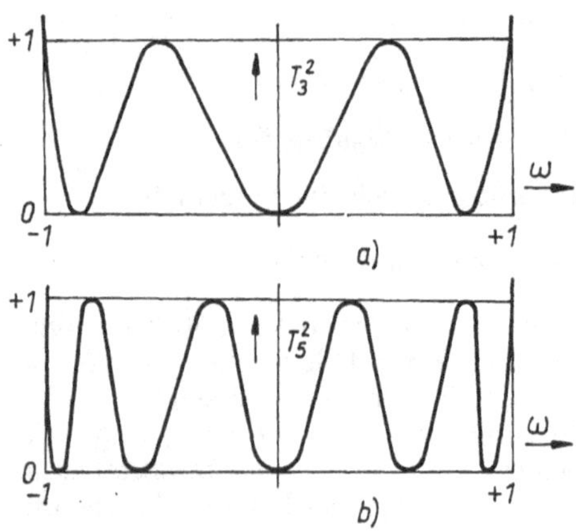

Abb. 2.9.
T_3^2- und T_5^2-Charakteristiken

umgekehrt bestimmt ein vorgegebenes A_{max} diesen Parameter.

Wiederum kann bei bekannten Toleranzschranken der Grad n berechnet werden. In Verbindung mit dem A-Schema lesen wir ab

$$\omega = 1: \qquad A_{max} = 10 \lg (1 + \delta^2),$$

$$\omega = \omega_k: \qquad A_{min} = 10 \lg (1 + \delta^2 \cosh^2 (n \cosh^{-1} \omega_k)),$$

woraus wir die *Bestimmungsgleichung* für den Grad n

$$n \geqq \frac{\cosh^{-1} \sqrt{\dfrac{10^{0,1 A_{min}} - 1}{10^{0,1 A_{max}} - 1}}}{\cosh^{-1} \omega_k} \tag{2.12}$$

(n = nächsthöhere ganze Zahl) durch Auflösen gewinnen. In Tafel 2.4 ist (2.12) als Nomogramm aufgezeichnet.

Die Netzwerkfunktion $T(p)$ erhalten wir aus den Polen mit negativen Realteilen von

$$\frac{1}{1 + \delta^2 T_n^2 \left(\dfrac{p}{j}\right)} = T(p)\, T(-p). \tag{2.13a}$$

Dazu ist folgende Zwischenrechnung notwendig. Wir schreiben das Problem um in

$$1 + \delta^2 T_n^2 \left(\frac{p}{j}\right) = 0$$

oder

$$T_n \left(\frac{p_\nu}{j}\right) = \cos \left(n \cos^{-1} \frac{p_\nu}{j}\right) = \pm j \frac{1}{\delta}.$$

Mit der Substitution $w_\nu = u_\nu + j v_\nu = \cos^{-1} \dfrac{p_\nu}{j}$ gilt auch

$$T_n \left(\frac{p_\nu}{j}\right) = \cos n w_\nu = \cos (n u_\nu + j n v_\nu) = \pm j \frac{1}{\delta}$$
$$= \cos n u_\nu \cosh n v_\nu - j \sin n u_\nu \sinh n v_\nu .$$

Tafel 2.4
Nomogramm zur Aufwandabschätzung bei TP T_1 und TP T_2

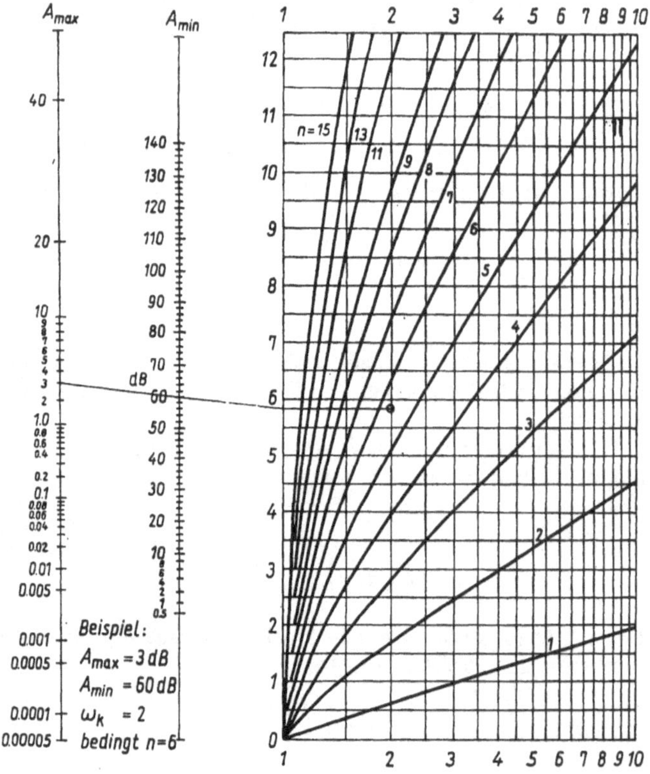

Die Trennung in Real- und Imaginärteil ergibt

$$\cos nu_\nu \cdot \cosh nv_\nu = 0,$$

$$\sin nu_\nu \cdot \sinh nv_\nu = \pm \frac{1}{\delta}.$$

Bedenken wir ferner, daß für endliche n und reelle v_ν $\cosh nv_\nu$ nicht Null werden kann, so muß auch gelten

$$\cos nu_\nu = 0 \quad \text{oder} \quad u_\nu = (2\nu - 1)\,\frac{\pi}{2n}$$

$$\text{mit} \quad \nu = 1, 2, \ldots, 2n.$$

Eingesetzt in die zweite Bestimmungsgleichung erhalten wir wegen

$$\sin nu_\nu = \pm 1 \; v_0 = \frac{1}{n}\sinh^{-1}\frac{1}{\delta}$$

einen Festwert, der unabhängig von u_ν ist, oder anders gesagt: Der Blindteil von w_ν ist nur eine Funktion von n und δ.

Mit Hilfe der Rücksubstitution

$$p_\nu = j\cos w_\nu = j\cos(u_\nu + jv_\nu) = \sigma_\nu + j\omega_\nu$$

gilt schließlich die „Ellipsenverteilung" der Pole

$$p_\nu = -\bar{\sigma}_{\mathrm{HA}}\sin\frac{2\nu - 1}{n}\,\frac{\pi}{2} + \omega_{\mathrm{HA}}\cos\frac{2\nu - 1}{n}\,\frac{\pi}{2}$$

$$(\nu = 1, 2, \ldots n) \qquad (2.13\,\mathrm{b})$$

$$\text{mit } \bar{\sigma}_{\mathrm{HA}} = \sinh\left(\frac{1}{n}\sinh^{-1}\frac{1}{\delta}\right) = \text{reelle Halbachse}$$

$$\text{und } \omega_{\mathrm{HA}} = \cosh\left(\frac{1}{n}\sinh^{-1}\frac{1}{\delta}\right) = \text{imaginäre Halbachse.}$$

Ein Beispiel für einen PN-Plan mit $n = 5$ ist in Tafel 2.6 (links unten) angegeben.

In Tafel 2.5 sind für $n = 2(1), \ldots, 9$ und $A_{\max} = 0{,}044$; $0{,}18$; $1{,}25$ dB Polfrequenzen und Polgüten tabelliert, aus denen zugehörige $T(p)$ hergeleitet werden können.

Tafel 2.5
Polfrequenzen und Polgüten für TP T_1
(Parameter: $n = 2\,(1)\cdots 9$, $A_{max} = 0{,}044;\ 0{,}18;\ 1{,}25$ dB)

		$A_{max} = 0{,}044$ dB		$A_{max} = 0{,}18$ dB		$A_{max} = 1{,}25$ dB	
n	ν	$\omega_{0\nu}$	Q_ν	$\omega_{0\nu}$	Q_ν	$\omega_{0\nu}$	Q_ν
2	1	2,2360	0,7454	1,5811	0,7906	1,0000	1,0000
3	1	1,4570	1,2435	1,2070	1,4357	0,9775	2,1567
	2	1,1717	0,5000	0,8407	0,5000	0,4532	0,5000
4	1	1,23538	1,9681	1,1043	2,3849	0,9828	3,8307
	2	0,9050	0,5972	0,7159	0,6404	0,5087	0,8213
5	1	1,1436	2,9137	1,0630	3,6229	0,9877	5,9979
	2	0,8653	0,8421	0,7555	0,9836	0,6455	1,4969
	3	0,6350	0,5000	0,4747	0,5000	0,2664	0,5000
6	1	1,0969	4,0765	1,0422	5,1437	0,9909	8,652
	2	0,8776	1,1938	0,8082	1,4600	0,7409	2,239
	3	0,5807	0,5783	0,4692	0,6205	0,3405	0,7966
7	1	1,0699	5,4545	1,0304	6,9447	0,9931	11,7915
	2	0,8975	1,6330	0,8499	2,0445	0,8044	3,4087
	3	0,6185	0,7787	0,5471	0,9108	0,4734	1,3881
	4	0,4408	0,5000	0,3534	0,5000	0,1852	0,5000
8	1	1,0529	7,0466	1,0229	9,0247	0,9946	15,4153
	2	0,9154	2,1513	0,8808	2,7287	0,8478	4,6138
	3	0,6748	1,0596	0,6269	1,2978	0,5797	2,1079
	4	0,4298	0,5721	0,3499	0,8140	0,2557	0,7885
9	1	1,0414	8,8519	1,0179	11,3832	0,9956	19,5208
	2	0,9299	2,7451	0,9035	3,5090	0,8784	5,9815
	3	0,7266	1,4000	0,6924	1,7553	0,6593	2,9306
	4	0,4814	0,7561	0,4281	0,8847	0,3722	1,3486
	5	0,3387	0,5000	0,2575	0,5000	0,1469	0,5000

Beispiel 2.4

Grad- und $T(p)$-Bestimmung mittels der TP T_1-Approximation.

Gegeben: $A_{max} = 1{,}25$ dB, $\omega_k = 1{,}8$, $A_{min} = 40$ dB.

Gesucht: Notwendiger Grad n für eine TP T_1-Approximation und das zugehörige $T(p)$.

Lösung: Aus dem Nomogramm (Tafel 2.4) lesen wir ab $n = 5$. Mit den Zahlenwerten aus Tafel 2.5 erhalten wir

$$T(p) = \frac{K}{(p + 0{,}2664)\left(p^2 + \frac{0{,}6455}{1{,}4969}\,p + 0{,}6455^2\right)} \times \frac{1}{\left(p^2 + \frac{0{,}9877}{5{,}9979}\,p + 0{,}9877^2\right)}.$$

Der Zahlenwert von K folgt aus Nebenbedingungen für die Realisierung. Zum Beispiel gilt für $T(p) = S_{21}(p) = \frac{2U_2}{U_0}$ wegen $|S_{21}(j\omega)| \leqq 1$ ein

$$|S_{21}(j\omega)|_{max} = T(0) = \frac{K}{0{,}2664 \cdot 0{,}6455^2 \cdot 0{,}9877^2} = 1,$$

womit K bestimmt ist.

Für einen Vergleich zwischen dem P- und dem T_1-Filter ist es zweckmäßig, als Grenzfrequenz grundsätzlich die

‖ 3-dB-Bandbreite oder die

‖ Bandbreite für den $\frac{1}{2}\sqrt{2}$-Abfall der Betrags-Charakteristik zu wählen. Das erfordert eine Umnormierung der Poldaten. Einzelheiten dazu siehe Tafel 2.6.

3. Dämpfungs-Charakteristik mit Tschebyscheff-Verhalten im Sperrbereich (T_2-Fall) oder

‖ TP T_2 n (ϱ oder A_{max})[1]

[1]) Kurzbezeichnung für TP = Tiefpaß, T_1 = Tschebyscheff-Verhalten von $A(\omega)$ im Sperrbereich, n = Grad, ϱ = Betrag des Betriebsreflexionsfaktors in % oder A_{max} in dB.

Tafel 2.6

P-Verteilungen und Betragscharakteristiken für TP T_1 n (linke Hälfte: Normierung auf $\frac{1}{\sqrt{1+\delta^2}}$-Abfall bei $\omega = 1$; rechte Hälfte: Normierung auf $\frac{1}{2}\sqrt{2}$-Abfall)

Bei einer Normierung

$\omega_{HA}^2 - \bar{\sigma}_{HA}^2 = 1$	$1 - \bar{\sigma}'^2_{HA} = \omega_g'^2$

gilt

$\omega_{HA} = \cosh\left(\frac{1}{n}\sinh^{-1}\frac{1}{\delta}\right)$	$\omega'_{HA} = 1$

für die Halbachsen

$\bar{\sigma}_{HA} = \sinh\left(\frac{1}{n}\sinh^{-1}\frac{1}{\delta}\right)$	$\bar{\sigma}'_{HA} = \tanh\left(\frac{1}{n}\sinh^{-1}\frac{1}{\delta}\right) = \tanh v_0$

Mit $|T(j\omega_{HA})|^2 = \frac{1}{1 + \delta^2 T_n^2(\omega_{HA})} = \frac{1}{2 + \delta^2}$ gilt

unabhängig von n ist für $\delta \ll 1$ bei

$\omega = \omega_{HA}$	$\omega = 1$

die Betrags-Charakteristik auf den Wert $\frac{1}{2}\sqrt{2}$ abgefallen.

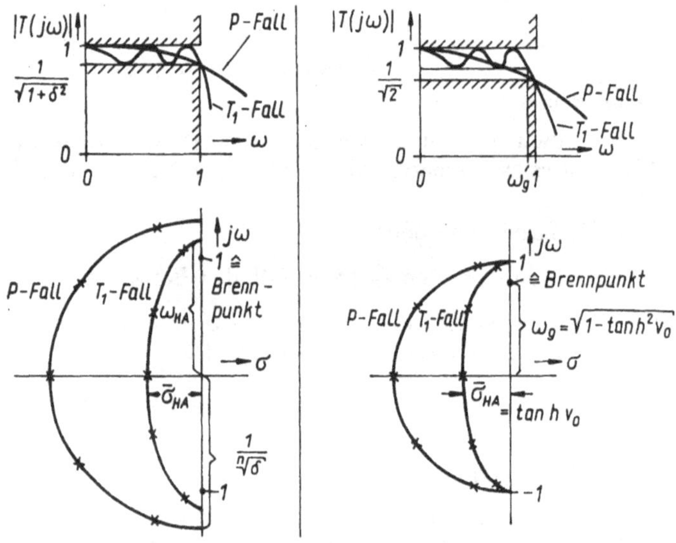

$|T(j\omega)|$-Charakteristiken und PN-Pläne für $n = 5$

Ansatz:

$$D(\omega) = \frac{T_n(\omega_k)\sqrt{10^{0,1A_{\max}} - 1}}{T_n\left(\frac{\omega_k}{\omega}\right)}. \qquad (2.14\text{a})$$

Wiederum kann bei bekannten Toleranzschranken ($A_{\max}$, ω_k, $A_{\min}$) der notwendige Grad errechnet werden. Da inverse Verhältnisse zu TP T_1 vorliegen, gilt hier gleichermaßen (2.12) bzw. das Nomogramm in Tafel 2.4.

Berechnungsformeln für Pole und Nullstellen von $T(p)$ lassen sich analog wie zuvor errechnen [F 1]. Das Ergebnis lautet

$$\text{Pole: } p_\nu = \frac{\omega_k}{\bar{\sigma}_{\mathrm{HA}} \sin\frac{2\nu - 1}{n}\frac{\pi}{2} \pm j\omega_{\mathrm{HA}} \cos\frac{2\nu - 1}{n}\frac{\pi}{2}},$$

$$(2.14\text{b})$$

$$\text{Nullstellen: } \omega_{0\mu} = \pm\frac{\omega_k}{\cos\frac{2\nu - 1}{n}\frac{\pi}{2}}$$

$$\text{mit } \bar{\sigma}_{\mathrm{HA}} = \sinh\left(\frac{1}{n}\sinh^{-1}\sqrt{10^{0,1A_{\min}} - 1}\right) = \sqrt{\omega_{\mathrm{HA}}^2 - 1},$$

$$\omega_{\mathrm{HA}} = \cosh\left(\frac{1}{n}\sinh^{-1}\sqrt{10^{0,1A_{\min}} - 1}\right),$$

$$\left.\begin{matrix}\nu\\ \\ \mu\end{matrix}\right\} = 1, 2, 3, \ldots \begin{matrix}\frac{n+1}{2} & \text{für ungerades } n\\ \frac{n}{2} & \text{für gerades } n.\end{matrix}$$

In Tafel 2.7 ist die Musterseite eines PN-Katalogs abgedruckt, dadurch ist es in der Praxis bequem möglich, $T(p)$ zu gewinnen.

Tafel 2.7 PN-Daten der Filterapproximation TP T_2 $n = 5$; $A_{max} = 3$ dB für $A_{min} = 20\ (2) \cdots 80$ dB

A_{min}/dB	ω_k	σ_0	σ_1	ω_1	σ_2	ω_2	ω_{02}	ω_{01}
20	1,184265	1,864845	0,812569	1,101256	0,177704	1,020209	1,245210	2,014792
22	1,215134	1,759740	0,825511	1,055533	0,187709	1,016712	1,277667	2,067309
24	1,248487	1,670483	0,834991	1,013363	0,197078	1,013175	1,312737	2,124053
26	1,284424	1,594012	0,841702	0,974654	0,205833	1,009647	1,350524	2,185193
28	1,323041	1,528009	0,846220	0,939248	0,213998	1,006166	1,391128	2,250892
30	1,364433	1,470683	0,849017	0,906955	0,221597	1,002760	1,434650	2,321312
32	1,408699	1,420624	0,850480	0,877563	0,228658	0 999454	1,481193	2,396621
34	1,455938	1,376707	0,850920	0,850852	0,235205	0,996266	1,530863	2,476989
36	1,506255	1,338020	0,850589	0,826603	0,241268	0,993208	1,583770	2,562594
38	1,559761	1,303818	0,849688	0,804608	0,246873	0,990289	1,640029	2,653623
40	1,616570	1,273486	0,848375	0,784665	0,252049	0,987515	1,699762	2,750273
42	1,676806	1,246510	0,846777	0,766589	0,256821	0,984889	1,763098	2,852752
44	1,740596	1,222460	0,844991	0,750206	0,261217	0,982411	1,830171	2,961278
46	1,808077	1,200971	0,843093	0,735357	0,265263	0,980082	1,901124	3,076083
48	1,879392	1,181731	0,841143	0,721897	0,268983	0,977897	1,976109	3,197412
50	1,954693	1,164475	0,839184	0,709695	0,272400	0,975853	2,055285	3,325521
52	2,034139	1,148973	0,837250	0,698629	0,275537	0,973945	2,138821	3,460684
54	2,117900	1,135028	0,835364	0,688592	0,278415	0,972168	2,226892	3,603187
56	2,206153	1,122467	0,833546	0,679486	0,281054	0,970516	2,319687	3,753332
58	2,299086	1,111139	0,831805	0,671221	0,283472	0,968983	2,417402	3,911439
60	2,396895	1,100913	0,830151	0,663718	0,285687	0,967563	2,520245	4,077842
62	2,499789	1,091672	0,828586	0,656905	0,287714	0,966249	2,628433	4,252894
64	2,607984	1,083316	0,827114	0,650716	0,289570	0,965034	2,742197	4,436968
66	2 7[illegible]1712	1,075752	0,825734	0,645092	0,291269	0,963913	2,861777	4,630452
68	2,841212	1,068902	0,824445	0,639982	0,292822	0,962880	2,987428	4,833759
70	2,966740	1,062694	0,823243	0,635336	0,294242	0,961927	3,119415	5,047319
72	3,098560	1,057064	0,822126	0,631111	0,295540	0,961051	3,258019	5,271584
74	3,236952	1,051957	0,821090	0,627269	0,296727	0,960245	3,403533	5,507032
76	3,382211	1,047321	0,820131	0,623774	0,297811	0,959505	3,556267	5,754160
78	3,534643	1,043111	0,819244	0,620594	0,298801	0,958825	3,716544	6,013494
80	3,694573	1,039287	0,818426	0,617700	0,299706	0,958201	3,884704	6,285583

Beispiel 2.5

Grad- und $T(p)$-Bestimmung bei der TP T_2-Approximation.

Gegeben: $A_{max} = 3$ dB, $\omega_k = 2$, $A_{min} = 50$ dB.

Gesucht:

1. Grad n der T_1-Approximation.
2. PN-Plan von $T(p)$ und Prinzipverlauf von $A(\omega)$.
3. Formelmäßiger Ausdruck für $T(p)$.

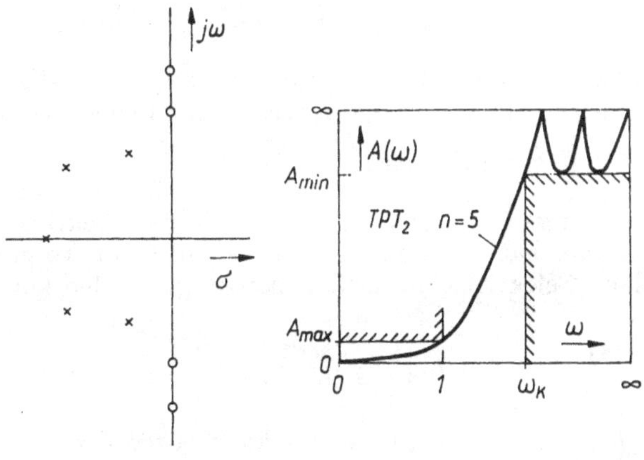

Abb. 2.10. PN-Plan und Prinzipverlauf $A(\omega)$ eines TP T_2 n = 5 A_{max} = 3 dB Filters

Lösung:

Zu 1. Aus Tafel 2.7 lesen wir ab, daß zu $n = 5$ ein $\omega_k = 1{,}9547$ gehört, d. h. die Vorschrift wird durch TP T_2 n $= 5A_{max}$ $= 3$ dB approximiert. (Das gleiche Resultat können wir aus Tafel 2.4 ablesen.)

Zu 2. Ebenfalls aus Tafel 2.7 können wir die PN-Daten entnehmen, die in Abb. 2.10 als PN-Plan aufgezeichnet sind. Da die $A(\omega_\nu)$ bei $\omega_\nu = 0$, 1, ω_k, ω_{01}, ω_{02} und ∞ bekannt sind, können wir ohne Mühe den Prinzipverlauf von $A(\omega)$ (Abb. 2.10b) skizzieren.

Zu 3. Formelmäßig gilt

$$\mathrm{T}(p) = K \frac{\prod_{\mu=1}^{2} (p^2 - \omega_{0\mu}^2)}{\prod_{\nu=1}^{5} (p - p_\nu)}$$

$$= \frac{K(p^2 - 2{,}055^2)}{(p + 1{,}1648)(p^2 + 1{,}6784p + 1{,}1923)}$$

$$= \frac{\times (p^2 - 3{,}326^2)}{\times (p^2 + 0{,}55107p + 1{,}02449)}.$$

4. Dämpfungs-Charakteristik mit TSCHEBYSCHEFF-Verhalten im Durchlaß- und Sperrbereich (CAUER-Fall) oder

|| TP C n (ϱ oder) $A_{\max}$ Θ[1])

Von W. CAUER [C 1] zuerst gelöst, ist es die effektivste Filterapproximation, weil mit kleinstem Grad vorgeschriebene Selektionsvorschriften befriedigt werden können.

Ansatz:

$$D(\omega) = \delta C_n(\omega) \tag{2.15a}$$

mit $C_n(\omega)$ = ZOLOTAREFFsche Funktion n-ter Ordnung.

Die Drosselungscharakteristik — und damit auch $A(\omega)$ — approximiert sowohl im Durchlaßbereich als auch im Sperrbereich „gleichmäßig" die Standardvorschrift. Ansätze für $D(p)$ und damit erzielbare $A(\omega)$ sind in Tafel 2.8 notiert. Bemerkenswert ist zunächst im (dargestellten) *ungeraden Fall*, der stets durch einen widerstandssymmetrischen Vierpol verwirklicht wird, die geometrische Symmetrie zwischen den Dämpfungsnullstellen und den

[1]) Kurzbezeichnung für TP = Tiefpaß, C = CAUER-Verhalten von $A(\omega)$, n = Grad, ϱ = Betrag des Betriebsreflexionsfaktors in % oder $A_{\max}$ in dB, $\Theta = \sin^{-1} \frac{1}{\omega_s}$ = Modulwinkel als Maß für die „Steilheit" zwischen Durchlaß- und Sperrbereich.

7209

Art	n ungerade	n gerade: mit 2-facher Sperrstelle bei $\omega=\infty$ (Fall b)	n gerade: mit 2-facher Sperrstelle bei $\omega=\infty$ und $A(0)=0$ (Fall c)
$D(p)$	$\frac{p}{K}\prod_{\nu=1}^{\frac{n-1}{2}}\frac{(p^2+\omega_{N\nu}^2)}{(p^2+\omega_{0\nu}^2)}$	$\frac{1}{K_b}\frac{\prod_{\nu=1}^{n/2}(p^2+\omega_{Nb\nu}^2)}{\prod_{\nu=2}^{n/2}(p^2+\omega_{0b\nu}^2)}$	$\frac{p^2}{K_c}\prod_{\nu=2}^{n/2}\frac{(p^2+\omega_{Nc\nu}^2)}{(p^2+\omega_{0c\nu}^2)}$
$A(\omega)$-Charakteristik	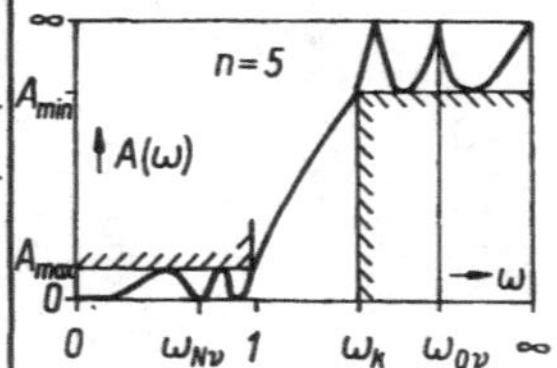	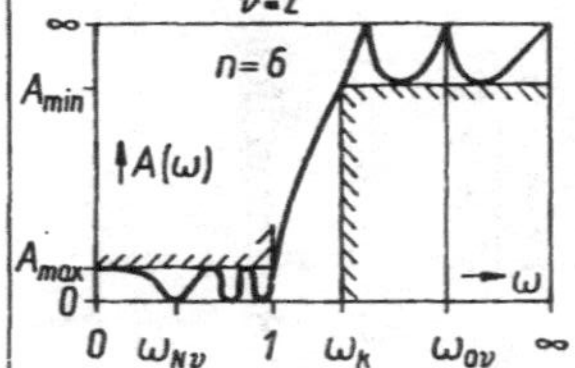	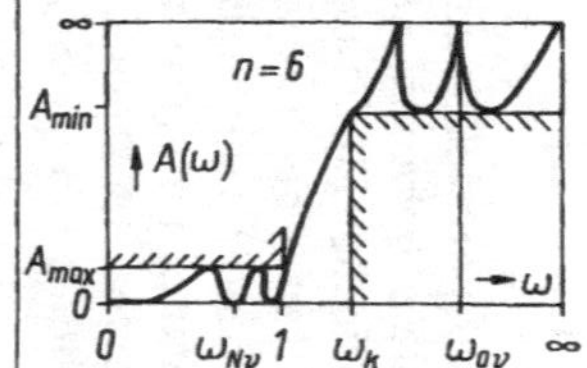
Zugehörige LC-Strukturen bei $A(\omega)=A_B(\omega)$	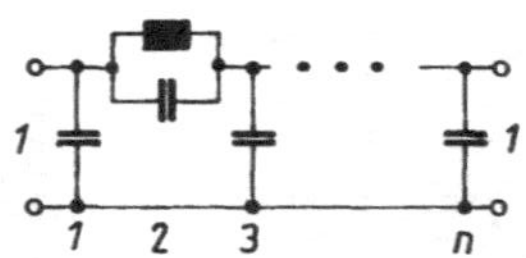 oder 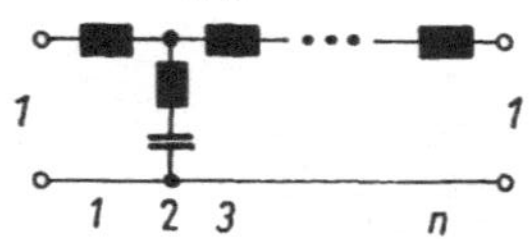	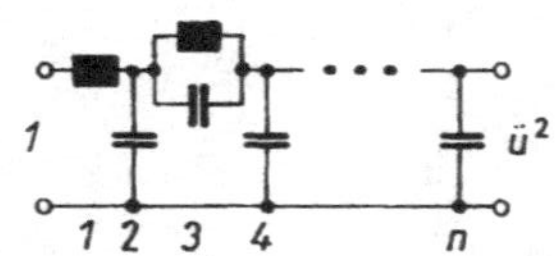 $\ddot{u}^2=\frac{1+\varrho}{1-\varrho}>1$ mit $\varrho=\lvert S_{11}\rvert$ (im Fall b)	oder 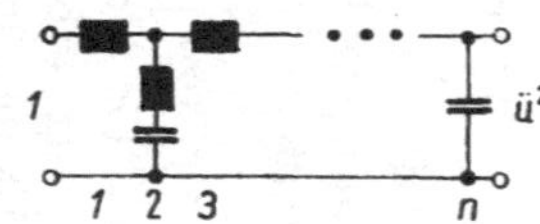 $\ddot{u}^2=1$ (im Fall c)

Tafel 2.8. $D(p)$, $A(\omega)$-Prinzipverläufe und Strukturen (eingebettet zwischen ohmschen Widerständen) von CAUER-Filtern

(Dämpfungs-) Sperrstellen. Bei der gewählten Durchlaßgrenze von 1 gilt damit

$$\omega_{N\nu}\omega_{0\nu} = 1\omega_k = \omega_k. \tag{2.15b}$$

Praktisch heißt das: Mit den Sperrstellen sind gleichzeitig auch die Dämpfungsnullstellen bekannt. Da zur formelmäßigen Bestimmung elliptische Funktionen und konforme Abbildungsvorschriften herangezogen werden müssen [C 1], [F 1], [Z 1], verzichten wir in dieser Taschenbuchausgabe auf die Herleitung im einzelnen. Praktisch ist die Benutzung tabellierter „CAUER-Parameter" a_ν [G 2], [G 3]. Mit den in Abb. 2.11a gewählten Bezeichnungen gilt für

n ungerade
$$D(p) = \frac{p}{K} \prod_\nu \frac{(p^2 + a_\nu^2)}{(p^2 a_\nu^2 + 1)}, \tag{2.15c}$$

$$\nu = 2, 4, 6, \ldots, (n-1).$$

Zur Darstellung in Tafel 2.8 führen folgende Umrechnungen:

$$\omega_{N\nu} = \frac{a_{2\nu}}{a_n}, \quad \omega_{0\nu} = \frac{1}{a_{2\nu}a_n}, \quad \omega_k = \frac{1}{a_n^2}. \tag{2.15d}$$

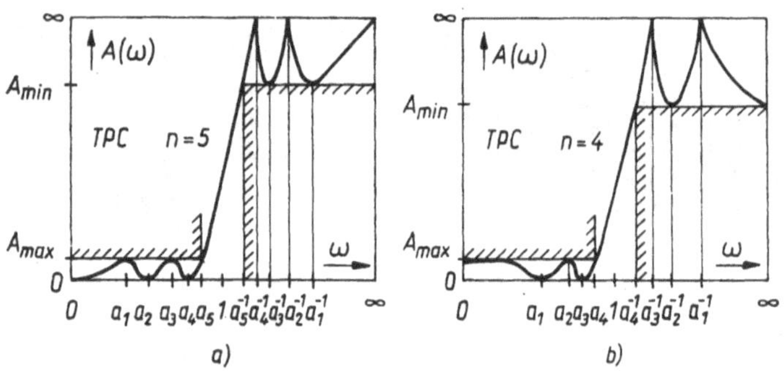

Abb. 2.11. Erläuterung der CAUER-Parameter
a) am Beispiel $n = 5$
b) am Beispiel $n = 4$ (Fall a)

Der *gerade* (Normal-) *Fall* (in der Literatur auch als „Fall a“ bekannt)

$$n \text{ gerade} \qquad D(p) = \frac{1}{K} \prod_{\nu} \frac{p^2 + a_\nu^2}{p^2 a_\nu^2 + 1}, \qquad \nu = 1, 3, 5, \ldots, (n-1) \tag{2.15e}$$

hat wegen $A(\infty) = A_{\min} =$ endlich (Abb. 2.11b) zunächst verminderte praktische Bedeutung, weil zur passiven Realisierung eine (mehrfach) gekoppelte Struktur gehört. (2.15b) gilt auch hierfür. Dagegen haben die in Tafel 2.9 ausgewiesenen Varianten „Fall b“ und „Fall c“ nicht diesen Nachteil. Dafür gilt

Fall b

$$\omega_{Nb\nu} = \omega_{N\nu} \sqrt{\frac{\omega_{01}^2 - 1}{\omega_{01}^2 - \omega_{N\nu}^2}}$$

$$\omega_{0b\nu} = \omega_{0\nu} \sqrt{\frac{\omega_{01}^2 - 1}{\omega_{01}^2 - \omega_{0\nu}^2}}$$

Fall c

$$\omega_{Nc\nu} = k \sqrt{\frac{\omega_{N\nu}^2 - \omega_{N1}^2}{\omega_{01}^2 - \omega_{0\nu}^2}}$$

$$\omega_{0c\nu} = k \sqrt{\frac{\omega_{0\nu}^2 - \omega_{N1}}{\omega_{01}^2 - \omega_{0\nu}^2}}$$

$$k = \sqrt{\frac{\omega_{01}^2 - 1}{1 - \omega_{N1}^2}}$$

$$\text{bei } \omega_{N\nu} = \frac{a_{2\nu-1}}{a_n} \quad \text{und} \quad \omega_{0\nu} = \frac{1}{a_{2\nu-1} a_n}.$$

Für die Praxis ist es wertvoll, über ein Nomogramm zur Aufwandbestimmung (Tafel 2.9) zu verfügen. Damit der Leser einen Einblick erhält, ist in Tafel 2.10 die Musterseite eines PN-Kataloges [F 12] abgedruckt.

Beispiel 2.6

Vergleich der.TP C-, TP T- und TP P-Approximationen.

Gegeben: TP-Standard-Toleranzfeld mit $A_{\max} = 1{,}25$ dB,

Fall A: $\omega_k = 2 \quad A_{\min} = 35$ dB,

Fall B: $\omega_k = 1{,}5 \quad A_{\min} = 55$ dB.

Gesucht: n der verschiedenen Filterapproximationen.

Lösung: Aus den Nomogrammen in Tafel 2.9, 2.4 und 2.2 lesen wir ab für n

	TP C	TP T_1 oder TP T_2	TP P
Fall A	3	4	7
Fall B	5	8	17

Das Resultat verdeutlicht, daß anspruchsvolle Filtervorschriften effektiv mit der CAUER-Approximation erfüllt werden. Der Gradzuwachs ist besonders bei kleinen ω_k und großen A_{min} beträchtlich, wie es die Zahlenwerte im Fall B demonstrieren.

Tafel 2.9
Nomogramm zur Aufwandabschätzung bei TP C n

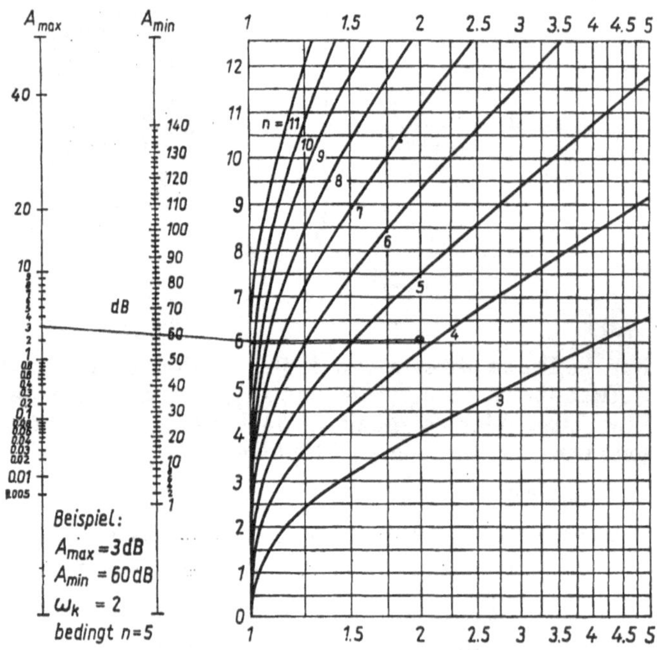

Tafel 2.10
PN-Daten der Filterapproximation TP C n = 3; A_{max} = 1,25 dB
für $\sin^{-1} \frac{1}{\omega_k} = \Theta$ (Θ = 10° (1°), ..., 60°)

Θ	ω_k	A_{min}/dB	$\bar{\sigma}_0$	$\bar{\sigma}_1$	ω_1	ω_{01}
10	5,75877	64,7	0,45741	0,22373	0,95262	6,63699
11	5,24984	62,2	0,45830	0,22313	0,95300	6,03766
12	4,80973	60,0	0,45928	0,22246	0,95341	5,53857
13	4,44541	57,8	0,46035	0,22174	0,95385	5,11660
14	4,13357	55,9	0,46152	0,22097	0,95433	4,75526
15	3,86370	54,1	0,46277	0,22013	0,95485	4,44234
16	3,62796	52,4	0,46411	0,21922	0,95540	4,16881
17	3,42030	50,8	0,46554	0,21826	0,95598	3,92772
18	3,23607	49,3	0,46710	0,21725	0,95659	3,71371
19	3,07155	47,8	0,46873	0,21617	0,95724	3,52242
20	2,92380	46,5	0,47044	0,21502	0,95792	3,35046
21	2,79043	45,2	0,47228	0,21383	0,95863	3,19513
22	2,66947	43,9	0,47423	0,21257	0,95937	3,05413
23	2,55930	42,7	0,47627	0,21125	0,96015	2,92557
24	2,45859	41,6	0,47843	0,20986	0,96095	2,80792
25	2,36620	40,5	0,48070	0,20842	0,96178	2,69989
26	2,28117	39,4	0,48308	0,20691	0,96265	2,60033
27	2,20269	38,4	0,48556	0,20533	0,96353	2,50831
28	2,13005	37,4	0,48820	0,20370	0,96445	2,42306
29	2,06267	36,5	0,49092	0,20199	0,96540	2,34384
30	2,00000	35,6	0,49379	0,20023	0,96637	2,27007
31	1,94160	34,7	0,49678	0,19840	0,96736	2,20121
32	1,88708	33,8	0,49993	0,19651	0,96839	2,13683
33	1,83608	32,9	0,50319	0,19455	0,96943	2,07649
34	1,78829	32,1	0,50659	0,19252	0,97049	2,01984
35	1,74345	31,3	0,51017	0,19043	0,97158	1,96660
36	1,70130	30,5	0,51387	0,18827	0,97269	1,91645
37	1,66164	29,7	0,51775	0,18604	0,97381	1,86916
38	1,62427	29,0	0,52179	0,18375	0,97496	1,82450
39	1,58902	28,3	0,52599	0,18139	0,97612	1,78227
40	1,55572	27,5	0,53036	0,17895	0,97729	1,74228
41	1,52425	26,8	0,53493	0,17645	0,97848	1,70439
42	1,49448	26,1	0,53968	0,17387	0,97968	1,66844
43	1,46628	25,5	0,54463	0,17123	0,98090	1,63429
44	1,43956	24,8	0,54979	0,16852	0,98212	1,60183
45	1,41421	24,1	0,55518	0,16573	0,98334	1,57095
46	1,39016	23,5	0,56077	0,16288	0,98458	1,54154
47	1,36733	22,9	0,56661	0,15995	0,98581	1,51352
48	1,34563	22,2	0,57270	0,15695	0,98705	1,48679
49	1,32501	21,6	0,57903	0,15388	0,98829	1,46129
50	1,30541	21,0	0,58565	0,15074	0,98952	1,43634
51	1,28676	20,4	0,59255	0,14753	0,99075	1,41368
52	1,26902	19,8	0,59974	0,14424	0,99196	1,39144
53	1,25214	19,2	0,60724	0,14088	0,99317	1,37017
54	1,23607	18,7	0,61510	0,13746	0,99437	1,34982
55	1,22077	18,1	0,62329	0,13396	0,99554	1,33035
56	1,20622	17,5	0,63182	0,13039	0,99670	1,31169
57	1,19236	17,0	0,64078	0,12675	0,99783	1,29384
58	1,17918	16,4	0,65012	0,12304	0,99894	1,27672
59	1,16663	15,9	0,65992	0,11927	1,00002	1,26033
60	1,15470	15,3	0,67018	0,11543	1,00106	1,24461

2.2.1.2. Allgemeine Fälle

Im allgemeinen sind auf Grund von Systemkonzeptionen Vorschriften gegeben, wie sie durch Abb. 2.12 charakterisiert sind. Es ist der Regelfall, daß in den Sperrbereichen „Abstufungen" vorliegen, während in den Durchlaßbereichen (gestrichelt in Abb. 2.12 eingetragen) eine „konstante Schranke" dominiert. Mit Erfahrungen

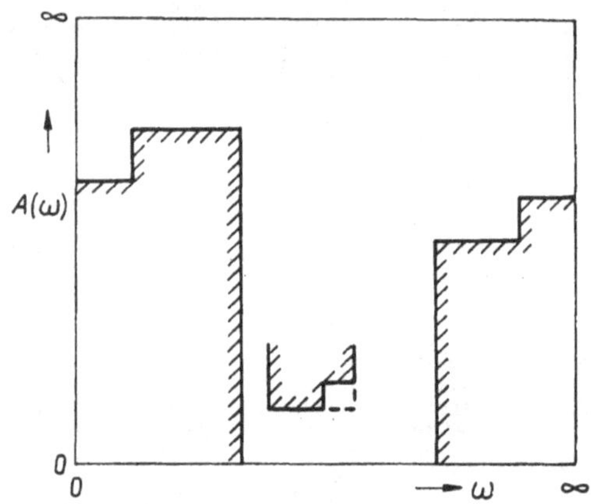

Abb. 2.12. Beispiel eines allgemeinen (BP-) Toleranzfeldes

und Kennwerten, die von den Standardproblemen bekannt sind, und etwas Kombinationsgabe ist es auch bei allgemeinen Vorschriften möglich, eine *zulässige Näherungsfunktion* für die Drosselungscharakteristik aufzustellen und durch iterative Verbesserung der Parameter (d. h. 1. Ansatz → Irrtum → 2. Ansatz → *kleinerer* Irrtum usw.) eine zufriedenstellende Lösung zu finden. Eine bestimmte Hilfe zum Ermitteln der 1. Näherung bieten grafische Methoden mit Hilfe von Schablonen [F 1], [R 10]. Für vorgegebene Übertragungsnullstellen und angenommenen Grad haben sich auch analytische Lösungen bewährt. [C 2], [F 1], [F 13], [S 10]. Obwohl der genannte Weg des „zielgerichteten Probierens auf

Grund heuristischer Überlegungen" mathematisch unbefriedigend ist, bleiben die Erfolge (im technischen Sinn) selten aus. Ein Kernproblem ist die Wahl des Grades der Näherungsfunktion. Dazu ist es nützlich, die Vorschrift überschlägig mit Standardaufgaben in Verbindung zu bringen und aus den „Eckwerten" (z. B. A_{max}, A_{min}, Vorgaben über Durchlaß- und Sperrgrenzen) eine Gradabschätzung herzuleiten. Selbstverständlich ist es, in den Durchlaßbereichen die Dämpfungsnullstellen und bei (markanten) Sperrforderungen Übertragungsnullstellen anzunehmen. (Filter mit allgemeinen Frequenzaufteilungen können unter Beachtung von Nebenbedingungen — z. B. geometrischer Symmetrie — mittels der noch zu besprechenden Frequenztransformationen in Abschn. 4 durch einfachere äquivalente TP-Vorschriften ersetzt werden.)

Beispiel 2.7

Vertrautwerden mit allgemeinen Approximationen.

Gegeben: $A(\omega)$-Toleranzfeld wie in Abb. 2.13a skizziert.

Gesucht: Zulässige $T(p)$ als Fall a: TP-Approximation und als Fall b: BP-Approximation.

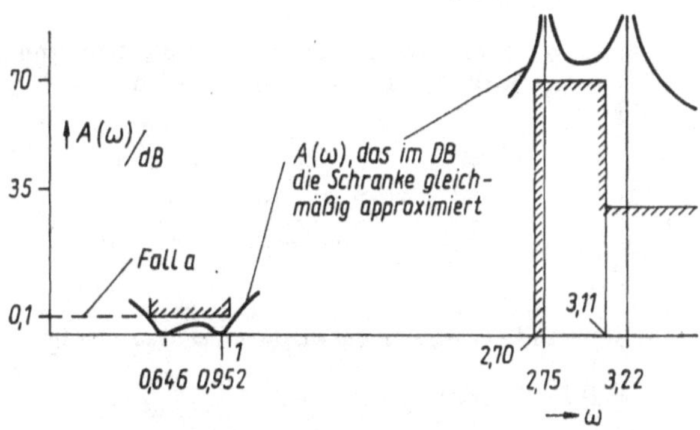

Abb. 2.13. Vorschrift mit eingetragenem Approximationsergebnis (Fall b)

Lösung:

Fall a. Da hinsichtlich des Dämpfungsverhaltens bei tiefen ω ($< 0{,}56$) keine Vorschriften existieren, versuchen wir die Aufgabe durch eine *modifizierte TP-Standardapproximation* zu lösen. Nehmen wir den DB von $\omega = 0$ bis $\omega = 1$, so kann überschlägig mit dem Nomogramm in Tafel 2.9 der Grad der Näherungsfunktion abgeschätzt werden. Mit den Vorgaben $A_{\max} = 0{,}1$ dB, $\omega_k = 2{,}7$ und $A_{\min\,\text{mittel}} \approx 53$ dB erhalten wir $n = 4$. Da eine vergleichsweise breite „Tote Zone" vorliegt, können wir als Näherung mit einem „cos-Gesetz", herrührend von der T_1-Approximation, für die Nullstellenverteilung rechnen. Das würde bedeuten bei

$$\omega_{N\nu} = \cos \frac{2\nu - 1}{n} \frac{\pi}{2}, \quad \nu = 1, 2, \ldots, \frac{n}{2} \text{ bei } n \text{ gerade}$$

$$\omega_{N1} = \cos \frac{1}{4} \frac{\pi}{2} = 0{,}9239, \text{ gewählt: } 0{,}93,$$

$$\omega_{N2} = \cos \frac{3}{4} \frac{\pi}{4} = 0{,}3821, \text{ gewählt: } 0{,}40,$$

die wegen der Übertragungsnullstellen bei endlichen Frequenzen etwas größer als bei gleichmäßiger Approximation im Durchlaßbereich ausfallen. Aus Abb. 2.13a lesen wir intuitiv

$$\omega_{01} = 2{,}8 \quad \text{und} \quad \omega_{02} = 3{,}0$$

ab, weil dann zu vermuten ist, daß die ausgeprägte Sperrzone von $\omega = 2{,}7$ bis $3{,}11$ wirkungsvoll approximiert wird.
Damit gilt für

$$D(\omega) = \frac{C \prod\limits_{\nu=1}^{2} (\omega^2 - \omega_{N\nu}^2)}{\prod\limits_{\mu=1}^{2} (\omega^2 - \omega_{0\mu}^2)} = \frac{C(\omega^2 - 0{,}93^2)\,(\omega^2 - 0{,}4)^2}{(\omega^2 - 2{,}8^2)\,(\omega^2 - 3^2)}.$$

Das noch unbestimmte C errechnen wir aus der Bedingung

$$A(1) = 0{,}1 \text{ dB} \quad \text{oder}$$

$$D(1) = \sqrt{10^{0{,}1A(1)} - 1} = 0{,}15262 \text{ zu } C = 73{,}59.$$

Da die Kontrollrechnungen auf

$$A(0) = 0{,}009\ \mathrm{dB},\ A(0{,}72) = 0{,}106\ \mathrm{dB},$$
$$A(2{,}7) = 71{,}1\ \mathrm{dB},\ A(2{,}9) = 82{,}7\ \mathrm{dB},$$
$$A(3{,}11) = 74{,}0\ \mathrm{dB}\ \text{und}\ A(\infty) = 37{,}3\ \mathrm{dB}$$

führen, begnügen wir uns mit dem gewählten $D(\omega)$. (Durch geringfügige Änderung, z. B. $\omega_{N2} = 0{,}41$ statt 0,4 wären die $A(0)$- und $A(0{,}72)$-$A_{\max}$-Werte noch zu verbessern. Wir verzichten hier darauf.)

Fall b. Durch eine BP-ähnliche Approximation, d. h. insbesondere $A(0) > A_{\max}$ können „Reserven im DB" geschaffen werden. Der Grad $n = 4$ ist offenbar nicht zu unterbieten. Aus den Resultaten von Fall *a* geben wir uns $\omega_{01} = 2{,}75$ und $\omega_{02} = 3{,}22$ vor. Variationen von ω_{N1} und ω_{N2} mit dem Ziel, gleiche Welligkeit im DB zu erzielen, führen auf die Werte $\omega_{N1} = 0{,}646$, $\omega_{N2} = 0{,}952$ und $C = 151{,}8$. Damit wird die in Abb. 2.13 eingetragene Näherungsfunktion für $A(\omega)$ verwirklicht.

Das Beispiel lehrt, daß mit Überlegungen auch kompliziertere Approximationsaufgaben lösbar sind. Spezialisten haben für solche Probleme Rechenprogramme erstellt, die maschinell Näherungslösungen optimieren.

2.2.2. *Laufzeitapproximationen*

Maximalflache Gruppenlaufzeitcharakteristik oder

TP B n.[1])

Ansatz: Von einem idealen Verzögerungssystem erwarten wir, daß die Impulsantwort (Abb. 2.14)

$$g_i(t) = \delta(t - t_0) \tag{2.16a}$$

lautet. Rechnen wir mit $t_0 = 1$ weiter, gehört dazu die ideale Übertragungsfunktion

$$T_i(p) = \mathcal{L}\{g_i(t)\} = \mathrm{e}^{-p} = \frac{1}{\mathrm{e}^p} = \frac{1}{\cosh p + \sinh p}. \tag{2.16b}$$

[1]) Kurzbezeichnung für TP = Tiefpaß, B = Bessel-Polynom (das, wie wir noch zeigen werden, die Vorschrift approximiert), n = Grad.

Fassen wir $\cosh p$ und $\sinh p$ als geraden und ungeraden Teil von

$$\coth p = \frac{G_g(p)}{G_u(p)} = \frac{1}{p} + \cfrac{1}{\cfrac{3}{p} + \cfrac{1}{\cfrac{5}{p} + \cfrac{1}{\cfrac{7}{p} + \cdots}}} \tag{2.16c}$$

auf, so entsteht bei einem *Abbruch nach n Ausdrücken* daraus ein realisierbares

$$T(p) = \frac{K}{G_g(p) + G_u(p)} = \frac{K}{B_n(p)}, \tag{2.16d}$$

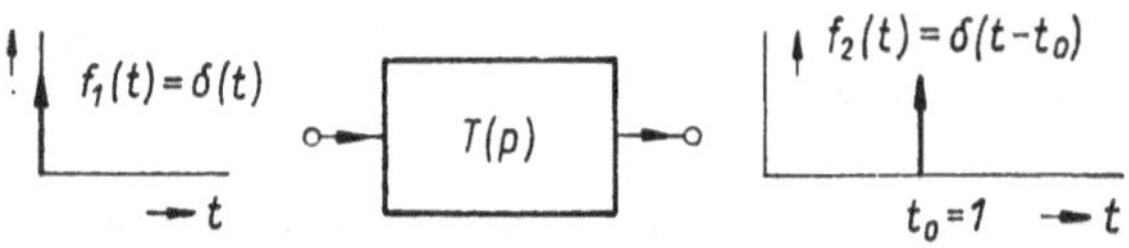

Abb. 2.14. $f_1(t)$ und $f_2(t)$ eines idealen Verzögerungssystems

da der Nennerausdruck stets ein HURWITZ-Polynom darstellt. Dabei ist B_n ein BESSEL-Polynom n-ter Ordnung mit dem Koeffizientengesetz

$$\begin{aligned}
B_0 &= 1\\
B_1 &= 1 + p\\
B_2 &= 3 + 3p + p^2\\
B_3 &= 15 + 15p + 6p^2 + p^3\\
&\cdots\cdots\cdots\cdots\cdots\cdots\\
B_n &= (2n - 1)\, B_{n-1} + p^2 B_{n-2}
\end{aligned} \tag{2.16e}$$

und K eine reelle Konstante.

Allgemein gilt für ein *erweitertes*

$$T(p) = \frac{KF(p)\, G(-p)}{G(p)\, G(-p)} = \frac{A_g + A_u}{G_g{}^2 - G_u{}^2} \tag{2.17a}$$

mit

$$A_g = \frac{1}{2} K[F(p)\, G(-p) + F(-p)\, G(p)],$$
$$A_u = \frac{1}{2} K[F(p)\, G(-p) - F(-p)\, G(p)]. \tag{2.17b}$$

Für die Phase von $T(j\omega)$ gilt mit $B(\omega) = -\text{arc}\, T(j\omega)$

$$-j \tan B(\omega) = \left.\frac{A_u}{A_g}\right|_{p=j\omega}$$

oder

$$-B(\omega) = \tan^{-1} \left.\frac{A_u}{jA_g}\right|_{p=j\omega} \tag{2.17c}$$

Daraus folgt

$$-T_{gr}(\omega) = -\frac{\mathrm{d}B(\omega)}{\mathrm{d}\omega} = \frac{A_g^2}{A_g^2 - A_u^2} \cdot \left.\frac{\mathrm{d}(A_u/A_g)}{\mathrm{d}p}\right|_{p=j\omega}$$
$$= \left.\frac{A_g A_u' - A_u A_g'}{A_g^2 - A_u^2}\right|_{p=j\omega} \tag{2.17d}$$

Dabei bedeutet (wie üblich) A_u' und A_g' eine Differentiation nach p und wir erkennen, daß die (negative) Gruppenlaufzeit den geraden Teil einer rationalen Funktion $\frac{A_g' + A_u'}{A_g + A_u}$ repräsentiert oder formelmäßig

$$T_{gr}(\omega) = -\text{Ge} \left.\frac{A_g' + A_u'}{A_g + A_u}\right|_{p=j\omega} = +\text{Ge} \left.\frac{E'(p)}{E(p)}\right|_{p=j\omega} \tag{2.17e}$$

mit $E(p) = KF(-p)\, G(p)$ wegen (2.17b).

Falls eine TP-Polynomübertragungsfunktion (mit nur Übertragungsnullstellen bei $\omega = \infty$ oder mit $KF(p) = 1$) vorliegt, entartet $E(p)$ in

$$E(p) = G(p). \tag{2.17f}$$

Beachten wir, daß beim gewählten Ansatz nach (2.16b) $G(p) = E(p)$ die Funktion e^p approximieren soll, so gelten offenbar bis zu einem gewählten n die Reihendarstellungen

$$E(p) = 1 + p + \frac{p^2}{2!} + \frac{p^3}{3!} + \cdots + \frac{p^n}{n!}$$

und (2.18a)

$$E'(p) = 1 + p + \frac{p^2}{2!} + \frac{p^3}{3!} + \cdots + \frac{p^{n-1}}{(n-1)!}.$$

Eingesetzt in (2.17e) erhalten wir

$$\operatorname{Ge} \frac{E'(p)}{E(p)} = \frac{1 + a_2p^2 + a_4p^4 + \cdots + a_{2(n-1)}p^{2(n-1)}}{1 + b_2p^2 + b_4p^4 + \cdots + b_{2n}p^{2n}} \tag{2.18b}$$

mit der speziellen Eigenschaft

$$a_{2\nu} = b_{2\nu}, \qquad \nu = 1, 2, 3, \ldots, (n-1). \tag{2.18c}$$

Damit ist für $p = j\omega$ die zugehörige $T_{gr}(\omega)$ wegen (I.3.20d) eine *maximalflache Charakteristik* bei $\omega = 0$.

In Tafel 2.11 sind die zu $G(p) = B_n(p)$ (nach 2.16d) gehörenden

— Koeffizienten der $T_{gr}(\omega)$-Charakteristiken (zahlenmäßig für $n = 1$, 2, 3 und allgemein als Rekursionsformel), und zahlenmäßig ($n = 1(1), \ldots, 7$)
— die Koeffizienten der Bessel-Polynome $B_n(p)$ sowie
— die Pole der Übertragungsfunktion $T(p)$ für den praktischen Gebrauch tabelliert.

Falls $T(p)$ eine *Allpaßfunktion* ist, d. h. bei $KF(-p) = G(p)$, gilt wegen (2.17b)

$$E(p) = G^2(p) \quad \text{mit} \quad E'(p) = 2G'(p)\,G(p) \tag{2.19a}$$

oder mit (2.17e)

$$T_{gr_{AP}}(\omega) = 2 \operatorname{Ge} \left.\frac{G'(p)}{G(p)}\right|_{p=j\omega} \tag{2.19b}$$

Tafel 2.11
PN-Daten und Koeffizienten für TP B (Parameter: $n = 1\,(1)\cdots 7$)

Koeffizienten der $T_{gr}(\omega)$-Charakteristiken

n	1	2	3
$T_{gr}(\omega)$	$\dfrac{1}{1+\omega^2}$	$\dfrac{9+3\omega^2}{9+3\omega^2+\omega^4}$	$\dfrac{225+45\omega^2+6\omega^4}{225+45\omega^2+6\omega^4+\omega^6}$

$$\text{Allgemein}\quad T_{gr}(\omega) = \frac{b_{n,0} + b_{n,1}\omega^2 + b_{n,2}\omega^4 + \cdots + b_{n,n-1}\omega^{2(n-1)}}{b_{n,0} + b_{n,1}\omega^2 + b_{n,2}\omega^4 + \cdots + b_{n,n-1}\omega^{2(n-1)} + \omega^{2n}}$$

$$\text{mit}\quad b_{n,0} = (2n-1)^2\, b_{n-1,0} \quad \text{und} \quad b_{n,\nu} = \left(\frac{2n}{\nu} - 1\right) b_{n-1,\nu-1}$$

$$(\nu = 1, 2, \ldots, n-1)$$

Koeffizienten der Bessel-Polynome $B_n(p) = \sum_{\nu=0}^{n} b_\nu p^\nu$

n	b_0	b_1	b_2	b_3	b_4	b_5	b_6	b_7
0	1							
1	1	1						
2	3	3	1					
3	15	15	6	1				
4	105	105	45	10				
5	945	945	420	105	15	1		
6	10395	10395	4725	1260	210	21	1	
7	135135	135135	62370	17325	3150	378	28	1

Pole der Übertragungsfunktion $T(p) = \dfrac{K}{B_n(p)}$

n	$p_\nu = \sigma_\nu \pm j\omega_\nu$	n	$p_\nu = \sigma_\nu \pm j\omega_\nu$
1	$-1{,}0$	5	$-3{,}64674$
2	$-1{,}5 \pm j\,\frac{1}{2}\sqrt{3}$		$-3{,}35196 \pm j\,1{,}74266$
			$-2{,}32467 \pm j\,3{,}57102$
3	$-2{,}32219$	6	$-4{,}24836 \pm j\,0{,}86751$
			$-3{,}73571 \pm j\,2{,}62627$
4	$-2{,}89621 \pm j\,0{,}867234$		$-2{,}51593 \pm j\,4{,}49267$
	$-2{,}10379 \pm j\,2{,}65742$		
		7	$-4{,}97181$
			$-4{,}75827 \pm j\,1{,}73928$
			$-4{,}07014 \pm j\,3{,}51718$
			$-2{,}68568 \pm j\,5{,}42069$

Tafel 2.12

Datenblatt betr. Grenzfrequenzen und Ausnutzungsfaktoren bei Allpässen mit maximalflacher $T_{gr}(\omega)$-Charakteristik ($n = 1(1)\cdots 7$)

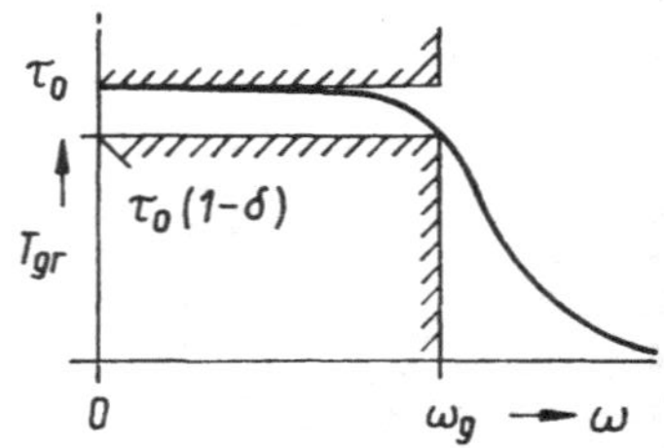

$T_{gr}(\omega)$-Standard-Toleranzfeld

Bei Allpässen: $\tau_0 = 2$ wählen (Verdopplungseffekt)

$n \downarrow$	$\delta \rightarrow$	0,01	0,02	0,05	0,08	0,1	0,2	0,3	0,4	0,5
1	ω_g	0,1005	0,143	0,229	0,295	0,333	0,500	0,655	0,817	1,00
	η%	6,4	9,1	14,6	18,8	21,2	31,8	41,7	52,0	63,7
2	ω_g	0,563	0,678	0,878	1,012	1,086	1,386	1,647	1,911	2,201
	η%	17,9	21,6	28,0	32,2	34,6	44,1	52,4	60,8	70,1
3	ω_g	1,205	1,376	1,657	1,839	1,941	2,335	2,677	3,022	3,394
	η%	25,6	29,2	35,2	39,0	41,2	49,5	56,8	64,1	72,0
4	ω_g	1,935	2,145	2,495	2,719	2,834	3,309	3,707	4,114	4,595
	η%	30,8	34,1	39,7	43,2	45,1	52,7	59,0	65,5	73,1
5	ω_g	2,709	2,965	3,364	3,612	3,758	4,295	4,744	5,226	5,794
	η%	34,5	37,7	42,8	46,0	47,9	54,7	60,4	66,5	73,8
6	ω_g	3,545	3,838	4,295	4,595	4,797	5,448	5,994	6,601	7,247
	η%	37,6	40,7	45,6	48,8	50,9	57,8	63,6	70,0	76,9
7	ω_g	4,375	4,693	5,226	5,529	5,702	6,465	7,068	7,878	8,404
	η%	39,8	42,7	47,5	50,3	51,9	58,8	64,3	71,6	76,4

d. h.

|| im Vergleich mit dem zugehörigen Polynomtiefpaß wird die Gruppenlaufzeit verdoppelt.

Das ist ein bereits aus Abschn. I.2.6 bekannter Zusammenhang. Für den Entwurf von Laufzeitketten ist es zweckmäßig, von einem AP-Toleranzfeld (Tafel 2.12) auszugehen [F 14]. Da, wie aus Abschn. I.2.6 bekannt, die „Gruppenlaufzeitfläche" oder

$$\int_0^\infty T_{gr_{AP}}(\omega)\,\mathrm{d}\omega = n\pi \tag{2.20a}$$

eine *gradabhängige* Konstante ist, kann abhängig von n ein bestimmter Zahlenwert $\tau_0\omega_g$ realisiert werden. Nehmen wir (normiert) τ_0 mit 2 an, so finden wir ω_g durch Auflösen einer Gleichung

$$\begin{aligned} T_{gr_{AP}}(\omega_g) &= 2(1-\delta) \\ &= 2\,\frac{b_{n,0} + b_{n,1}\omega_g^2 + \cdots + b_{n,n-1}\omega_g^{2(n-1)}}{b_{n,0} + b_{n,1}\omega_g^2 + \cdots + \omega_g^{2n}}. \end{aligned} \tag{2.20b}$$

Tafel 2.12 zeigt dafür tabellarisch ausgewählte Zahlenwerte, die noch durch sog. „*Ausnutzungsfaktoren*"

$$\eta = \frac{\text{Nutzfläche}}{\text{Gesamtfläche}} = \frac{\tau_0\omega_g}{n\pi} \tag{2.20c}$$

ergänzt sind. Dadurch erhalten wir eine anschauliche Vorstellung von der erzielbaren Effektivität. Insbesondere wird deutlich, daß wir grundsätzlich höhergradige Näherungen anstreben sollten.

Beispiel 2.8

Entwurf einer AP-Laufzeitkette.

Gegeben: AP — $T_{gr}(\omega)$-Toleranzfeld wie in Abb. 2.15 skizziert.

Gesucht:

1. Approximation durch Kettenschaltung von z *gleichen* AP 2. Ordnung mit maximalflacher $T_{gr}(\omega)$-Charakteristik.
2. Approximation durch eine höhergradige maximalflache $T_{gr}(\omega)$-Charakteristik.

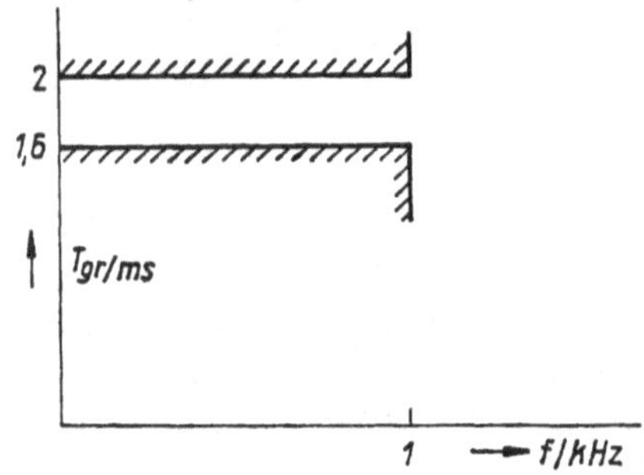

Abb. 2.15. Vorgeschriebenes AP-$T_{gr}(\omega)$-Toleranzfeld

Lösung:

Zu 1. Aus Tafel 2.12 lesen wir ab für $n = 2$ und $\delta = 0{,}2$ ein $\omega_g = 1{,}386$. Der Vergleich zwischen unnormierten ($T_{gr\,\mathrm{AP}\nu}(0)$, f_g) und normierten (τ_0, ω_g) „Eckwerten", d. h.

$$T_{gr\nu}(0) \cdot 2\pi f_g = \tau_0 \omega_g = 2 \cdot 1{,}386 \tag{2.21}$$

ergibt, daß je AP 2. Ordnung eine tatsächliche Laufzeit

$$T_{gr\nu}(0) = \frac{\tau_0 \omega_g}{2\pi f_g} = 0{,}441 \text{ ms}$$

erzielt werden kann. Da $T_{gr\,\mathrm{ges}}(0) = 2$ ms gefordert sind, werden mindestens

$$z = \frac{T_{gr\,\mathrm{ges}}(0)}{T_{gr\nu}} = 4{,}5, \text{ gewählt } z = 5$$

AP 2. Ordnung benötigt. Deshalb wird tatsächlich ein

$$f_g = \frac{\tau_0 \omega_g z}{2\pi T_{gr\,\mathrm{ges}}(0)} = 1{,}103 \text{ kHz}$$

approximiert. Die normierte Übertragungsfunktion lautet damit nach Tafel 2.11

$$T(p) = \left(\frac{3 - 3p + p^2}{3 + 3p + p^2}\right)^5.$$

Für die Entnormierung gilt $\omega_B = 2\pi f_g$.

Zu 2. Da ein $T_{gr\,ges}(0) \cdot 2\pi f_g = 2\text{ ms} \cdot 2\pi \cdot 10^3\text{ s}^{-1} = 2 \cdot 2\pi$ erforderlich ist, liefert der Vergleich mit $\tau_0\omega_g$, daß ein $\omega_g \geqq 2\pi$ benötigt wird. Aus Tafel 2.12 lesen wir für $\delta = 0{,}2$ ein $n = 7$ ab. Tatsächlich wird damit ein

$$f_g = \frac{\tau_0\omega_g}{2\pi T_{gr\,ges}(0)} = 1{,}029\text{ kHz}$$

approximiert. Die normierte Übertragungsfunktion lautet damit nach Tafel 2.11

$$T(p) = \frac{135135 - 135135p + 62370p^2 - 17325p^3 + 3150p^4 - 378p^5 + 28p^6 - p^7}{135135 + 135135p + 62370p^2 + 17325p^3 + 3150p^4 + 378p^5 + 28p^6 + p^7}.$$

Für die Entnormierung gilt $\omega_B = 2\pi f_g$.

Diskussion: Wegen der besseren Ausnutzung der $T_{gr}(\omega)$-Fläche genügt bei der 2. Lösungsvariante eine Übertragungsfunktion 7. (statt vorher 10.) Grades, die, wie noch gezeigt wird, durch einen AP 1. Grades und 3 AP 2. Grades realisiert werden kann.

2.3. *Kurzer Rück- und Ausblick*

Beim Entwurf linearer, zeitinvarianter und passiver Analogvierpole mit endlich vielen konzentrierten Elementen — vorwiegend R, L, C, idealen Übertragern und gekoppelten Induktivitätspaaren — ist die Approximation gegebener Vorschriften eine wichtige Teilaufgabe. Grundsätzlich empfiehlt sich eine Unterscheidung in

— Approximationsprobleme mit Vorschriften im Zeitbereich und in

— Approximationsprobleme mit Vorschriften im Frequenzbereich.

Es existiert eine wohlfundierte mathematische Approximationstheorie, z. B. [M 2], [S 1]. Trotzdem findet der Ingenieur selten eine formelmäßige Lösung. In Verbindung mit Computer-Einrichtungen (Analog bzw. Digitalrechner) gelingen spezielle numerische Lösungen vielfach effektiv. Es ist nützlich, technische Standardlösungen zu kennen.

Typisch für Vorschriften im Zeitbereich ist die zentrale Stellung der Impulsantwort, die bei vorgeschriebener Sende- und Empfangszeitfunktion mit Hilfe der Funktionaltransformationen (meist mit der gut bekannten einseitigen $\mathscr{L}$-Transformation) streng oder näherungsweise vergleichsweise einfach ermittelt werden kann. Die Lösung der Approximationsaufgabe im Zeitbereich kann mit Hilfe orthogonaler Funktionen [K 10] erfolgen. Praktischer sind Methoden, die zur Impulsantwort gehörende Frequenz- oder Bildfunktionen im Unterbereich annähern. Dabei ist grundsätzlich bemerkenswert, daß bei einer Zerlegung der idealen Übertragungsfunktion in

$$T_i(j\omega) = T_{ig}(\omega) + jT_{iu}(\omega), \qquad (2.22\text{a})$$

wie schon in (I.2.41) gezeigt, bei kausaler Impulsantwort (d. h. $g_i(t) = 0$ für $t < 0$) der Zusammenhang

$$g_i(t) = \frac{2}{\pi} \int_0^\infty T_{ig}(\omega) \cos \omega t \, d\omega \quad (t > 0) \qquad (2.22\text{b})$$

besteht. Durch eine Approximation im Frequenzbereich durch eine zulässige $T_g(\omega)$ gilt damit der bemerkenswerte Fehlerzusammenhang

$$\Delta g(t) = g(t) - g_i(t) = \frac{2}{\pi} \int_0^\infty \big(T_g(\omega) - T_{ig}(\omega)\big) \cos \omega t \, d\omega . \qquad (2.22\text{c})$$

Eine Beziehung, die verdeutlicht, daß insbesondere bei kleinen t-Werten trotz eines geringen Realteilfehlers im

Frequenzbereich merkliche Fehler im Zeitbereich vorkommen können. Die Fehlerabschätzung lesen wir direkt aus (2.22b) mit

$$|\Delta g(t)| \leqq \frac{2}{\pi} \int_0^\infty |\Delta T_g(\omega)| \,\mathrm{d}\omega \qquad (t > 0) \qquad (2.22\mathrm{d})$$

ab. Da auch die Fehlerfunktion für $t < 0$ Null ist, gilt für den geraden Teil

$$\Delta_g g(t) = \frac{1}{2} \Delta g(t) \qquad (t > 0). \qquad (2.23\mathrm{a})$$

Ferner ist die FOURIER-Transformierte von $\Delta_g g(t)$ mit $\Delta T_g(\omega)$ identisch, und deshalb gilt auch auf Grund des PARSEVALschen Theorems

$$\int_0^\infty |\Delta g(t)|^2 \,\mathrm{d}t = \frac{2}{\pi} \int_0^\infty |\Delta T_g(\omega)|^2 \,\mathrm{d}\omega \qquad (2.23\mathrm{b})$$

oder in Worten:

Eine gute Approximation im Frequenzbereich liefert ein entsprechend gutes Resultat im Zeitbereich.

Neben diesen allgemeinen Richtlinien ist der Entwurfsingenieur gut beraten, wenn er Besonderheiten der gegebenen Aufgabe beachtet. So ist z. B. die „Geradenverteilung der Pole“ ein Spezialfall, der (mit etwa konstanter Gruppenlaufzeit im Nutzintervall) Impulse mit geringem Zeit- und Frequenzbedarf (GAUSS-Impuls, $\cos^2$-Impuls) vorteilhaft approximiert. Im Polynomfall existiert hier eine geschlossene Rücktransformation, deren Parameter durch „Punktforderungen im Zeitbereich“ festgelegt werden können [F 3].

Typisch für Vorschriften im Frequenzbereich ist die Vorgabe von Toleranzfeldern für ausgewählte Charakteristiken. Besondere Bedeutung hat die Betrags- oder Dämpfungsselektion (Filterfall). In zahlreichen Anwendungen gelingen Lösungen mit Standardansätzen, wie in Abschn. 2.2.1 besprochen. Häufig vorkommende Forderungen sind „tiefpaßmäßig" katalogisiert [C 2], [F 3], [F 11], [F 12] und die Resultate können durch Frequenztransformationen (Abschn. 4) auch für andere Frequenzaufteilungen genutzt werden.

Allgemein ist die Drosselung

$$D(\lambda) = \frac{\lambda^l \prod_{\nu=1}^{\bar{n}} (\lambda^2 + \omega_\nu^2)}{K \prod_{\mu=1}^{\bar{m}} (\lambda^2 + \omega_{0\mu}^2)} \quad \text{mit} \quad \lambda = j\omega \tag{2.24}$$

die „Startfunktion". Mit der Bestimmung der Parameter K, l, ω_ν und $\omega_{0\mu}$ ist das Problem im Prinzip gelöst, da mit Hilfe von (I.2.27) dann auch $T(p)$ bekannt ist. Es ist üblich, Rechner für die iterative Verbesserung von Näherungslösungen einzusetzen [G 10]. Ausdrücke für erste Näherungen ermitteln wir entweder durch „Abwandlung" von Standardfällen oder durch „Schablonen", die aus logarithmischen Darstellungen von (2.24) herleitbar sind [F 1].

Standardansätze sind auch für

— Imaginärteil- bzw. Phasenfunktionen und
— Laufzeitfunktionen

bekannt. Im ersten Fall spielt die „Annäherung einer Konstanten in einem breiten Frequenzband" eine Rolle, die u. a. für Breitbandphasenschieber mit vorgeschriebenen Abweichungen bedeutsam sind [F 15]. Im zweiten Fall sind die TSCHEBYSCHEFF-Approximationen für die Gruppenlaufzeit zu nennen [A 10], [U 10]. Daneben existiert eine Vielzahl von besonderen Methoden und Lösungswegen. Für Dämpfungsentzerrer z. B. gelingt mit logarithmisch differenzierten Elementarkurven eine vorteilhafte Parameterbestimmung der Übertragungsfunktion [F 16]. Auf ähnliche Weise gelang es auch, für das in der Meßtechnik geforderte „Rosa-Filter" (d. h. Betragsabfall 10 dB/Dekade in einem breiten Frequenzband) eine praktikable Lösung vorzustellen [F 17].

Trotz bedeutender Erfolge ist die Approximationsaufgabe als Teilproblem des Netzwerkentwurfs nicht als abgeschlossene Theorie aufzufassen. Das Grundanliegen, mit geringstem Aufwand (d. h. mit i. allg. kleinstmöglichen Grad der Frequenzfunktion) die Vorschrift nur „vorgeschrieben genau" zu erfüllen, ist allgemein gesehen, mit *formelmäßigen Lösungen nur in Sonderfällen* möglich. (Wie in diesem Taschenbuch nicht näher begründet, ist dafür die Potentialanalogie in Verbindung mit konformen Abbildungen [C 1], [F 1] die Basis.) Vermehrte praktische Anwendung haben *numerische iterative Methoden* erlangt, die — zugeschnitten auf bestimmte Probleme (z. B. Filter, Dämpfungsentzerrer, Phasen- und Gruppenlaufzeitausgleich) — in Verbindung mit dem *Computereinsatz* gewöhnlich rationell zahlenmäßige Lösungen bringen. Besondere Erfahrungen dazu können bei R. Unbehauen [U 1] nachgelesen werden. Es bleibt dem Ingenieur noch ein weites Feld, die Ergebnisse der mathematischen Approximationstheorie zu nutzen und für die variantenreichen Einzelaufgaben jeweils Bestlösungen ausfindig zu machen. Eine nur in geringem Maße gelöste Problematik ist die Nachbildung von Ortskurvenvorschriften als komplexe Abhängigkeit. Trotzdem müssen Ergebnisse gefunden werden. [F 18] präsentiert die praktische Lösung für eine Kabelnachbildung, wobei dieses Beispiel zeigt, daß schließlich in der Technik allein entscheidend ist, mit welchen einfachen Überlegungen und Mitteln ein hinreichend genaues Resultat erzielt wird.

Ergänzungsliteratur

Bücher: [B 2], [C 1], [C 2], [F 1], [F 2], [F 3], [F 4], [G 1], [G 2], [G 3], [K 1], [M 1], [M 2], [S 1], [U 1], [Z 1].

Originalaufsätze: [A 10], [B 10], [F 11], [F 12], [F 13], [F 14], [F 15], [F 16], [F 17], [F 18], [F 19], [G 10], [K 10], [K 11], [K 12], [R 10], [S 10], [U 10], [U 11], [U 12], [U 13], [Z 10].

3. Realisierungen

3.1. *Realisierung von Übertragungsfunktionen mit rein imaginären Nullstellen (Filterfall)*

Der Grundgedanke des Realisierungsschrittes besteht darin, aus zulässigen bekannten Übertragungsfunktionen (und damit nach Abschn. 1 auch bekannten Vierpolparametern) realisierende Netzwerke herzuleiten. Im allgemeinen gibt es mehrere äquivalente Vierpole. (Zu unterscheiden ist, ob nur Übertragungsäquivalenz oder Vierpoläquivalenz verlangt wird. Beispiel dazu siehe Abschn. I.3.1.2.) Technisches Ziel ist es, die für den jeweiligen Zweck geeignete Schaltung auszuwählen. Besonderen Wert haben bei passiven Vierpolrealisierungen *kopplungsfreie* Abzweig- oder *Kettenvierpole.* Sie sind im zu besprechenden Filterfall besonders nützlich, weil die gewollte Sperrwirkung durch „fortgesetzte Spannungs- bzw. Stromteilung" zustandekommt und damit bei (unvermeidbaren) Realisierungsfehlern trotzdem der angestrebte Effekt zustandekommt. Das Gegenstück sind die theoretisch übersichtlicheren *Brückenschaltungen* mit vergleichsweise großer Toleranzempfindlichkeit, weil die gewollte Sperrwirkung auf die Gleichheit von Zweigwiderständen beruht.

Im kopplungsfreien Vierpol, der nur aus Reaktanzelementen aufgebaut ist (d. h. im zu besprechenden Filterfall), lassen sich die *„Sperrstellen"* (= Übertragungsnullstellen = Dämpfungspole) anschaulich aus der Struktur ablesen. Damit ist es auch umgekehrt möglich, bekannten Vierpolparameterfunktionen potentielle Netzwerkstrukturen zuzuordnen. Ebenfalls aus Gründen der Übersichtlichkeit bevorzugen wir als *„Abbaumethode" die „Kettenentwicklung"*, weil auf diese Weise anschaulich und systematisch die Verknüpfung Funktion → Schaltung demonstriert werden kann.

3.1.1. LC-Kettenvierpole mit einem ohmschen Last- oder Quellwiderstand

Grundlage der folgenden Überlegungen sind die in den Tafeln 1.1, 1.2 und 1.3 zusammengestellten Resultate. Danach sind Vierpole mit der zitierten Betriebsanordnung auf die Grundform eines

$$\text{Spannungsübertragungsfaktors } T_U = \frac{U_2}{U_1} \tag{3.1}$$

oder eines

$$\text{Stromübertragungsfaktors } T_I = \frac{I_2}{I_1} \tag{3.2}$$

zurückführbar. Außerdem bestehen feste Bestimmungsgleichungen für die Vierpolparameter. Es ist ausreichend, daß jeweils *zwei* Vierpolparameterfunktionen, z. B. Y_{21} und Y_{22} oder Z_{21} und Z_{22}, bekannt sind.

Bevor wir weitere formelmäßige Einzelheiten besprechen wollen, gehen wir auf die prinzipiellen Übertragungseigenschaften von *LC*-Kettenvierpolen (die auch bei zweiseitiger Einbettung zwischen ohmschen Widerständen zutreffen) ein.

Ein Kettenvierpol ist aus einer Folge alternierender Längs- und Querwiderstände aufgebaut (Abb. 3.1a). Im Sonderfall der *LC*-Schaltung kommen als Elementarformen für die Zweigzweipole die in Abb. 3.1b skizzierten Formen in Betracht, die sich dadurch auszeichnen, daß

— eine Spule im Längszweig oder eine Kapazität im Querzweig eine Sperrstelle bei $\omega = \infty$

— eine Spule im Querzweig oder eine Kapazität im Längszweig eine Sperrstelle bei $\omega = 0$

— ein Reihenkreis im Querzweig oder ein Parallelkreis im Längszweig eine Sperrstelle bei zugehöriger Resonanzfrequenz $\omega = \omega_{0\nu}$ erzeugen.

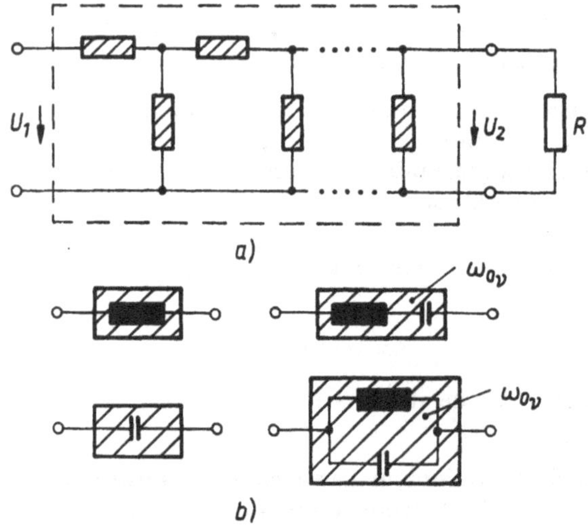

Abb. 3.1. Kopplungsfreier Kettenvierpol
a) grundsätzliche Aufbauform
b) Beispiele für Zweigimmittanzen

Beispiel 3.1

Deutung von Y_{22} als „Zweipolleitwert" und als „Vierpolparameter".

$$\text{Gegeben: } Y_{22}(p) = \frac{8 + 16p^2 + 5p^4}{6p + 3p^3}.$$

Gesucht:

1. Zugehörige Kettenbruchzweipole (Formeln und Bilder).
2. Deutung von $Y_{22}(p)$ als Vierpolparameter in einer Anordnung mit einem Lastwiderstand $R_2 = 1$ (und $R_1 = 0$ oder $U_0 = U_1$).

Lösung:

Zu 1. Mit den in Abschnitt I.3.1.5.1. genannten Realisierungsregeln finden wir die Kettenbruchdarstellung

erster Art	und	zweiter Art
$Y_{22}(p) = \frac{5}{3}p + \cfrac{1}{\frac{1}{2}p + \cfrac{1}{3p + \cfrac{1}{\frac{1}{4}p}}}$		$Y_{22}(p) = \frac{4}{3p} + \cfrac{1}{\frac{1}{2p} + \cfrac{1}{\frac{24}{p} + \cfrac{1}{\frac{1}{10p}}}}$

mit Strukturen, wie in Abb. 3.2a skizziert. *Zweipolmäßig* gesehen, sind die gefundenen Netzwerke *äquivalent.*

Zu 2. Nach den Vorgaben ist vierpolmäßig gesehen der Übertragungsfaktor $T_u = \frac{U_2}{U_1}$ wirksam. Abb. 3.2b zeigt die zugehörigen Schaltungsaufbauten. Wir stellen fest: Bezüglich der Übertragungseigenschaften existieren *grundlegende Unterschiede,*

da einmal	und	zum anderen
vier Dämpfungspole bei $\omega = \infty$ (= TP-Form)		vier Dämpfungspole bei $\omega = 0$ (= HP-Form)

wirksam werden.

Offenbar liegen Übertragungsfaktoren der Form

$$T_U = \frac{K}{8 + 6p + 16p^2 + 3p^3 + 5p^4} \qquad \Bigg| \qquad T_U = \frac{Kp^4}{8 + 16p + 16p^2 + 3p^3 + 5p^4}$$

vor, da wegen $T_U = \frac{-Y_{12}}{1 + Y_{22}}$ (nach Tafel 2.3)

$$T_U = \frac{K\,\frac{1}{6p + 3p^3}}{1 + \frac{8 + 16p^2 + 5p^4}{6p + 3p^3}} \qquad \Bigg| \qquad T_U = \frac{K\,\frac{p^4}{6p + 3p^3}}{1 + \frac{8 + 16p^2 + 5p^4}{6p + 3p^3}}$$

geschrieben werden kann.

Feststellung: Obwohl in beiden Termen die Y_{22} identisch sind, müssen zusätzlich die *Zählereigenschaften* (d. h. insbesondere die Übertragungsnullstellen) berücksichtigt werden. Oder: *Die Art des „Abbaues von Y_{22}“ ist von den zu erzeugenden Dämpfungspolen abhängig.*

Mit den in Abb. 3.2a eingetragenen Bezeichnungen für die „Restleitwerte“ $Y_{22}^{(1)}$, $Y_{22}^{(2)}$ und $Y_{22}^{(3)}$ erkennen wir, daß in den Sonderfällen des Beispiels bei jedem Schritt eine Graderniedrigung um Eins eintritt (entsprechend den Zweigelementen pL bzw. pC) und wir sprechen von einem *einfachen Vollabbau.*

Der Entwurf von wirkungsvollen Filterschaltungen fordert aber auch Sperrstellen bei endlichen reellen Frequenzen und wie wir bereits aus Abb. 3.1 erkannt haben, können wir diese Aufgabe mit LC-Reihenkreisen in den Querzweigen oder LC-Parallelkreisen in den Längszweigen lösen. Damit die Sperrstellen bei *vorgeschriebenen* endlichen Frequenzen auftreten, ist ein vorbereitender *Teilabbau* (ohne Graderniedrigung) notwendig und erst beim nachfolgenden (*doppelten*) *Vollabbau* tritt eine Grad-

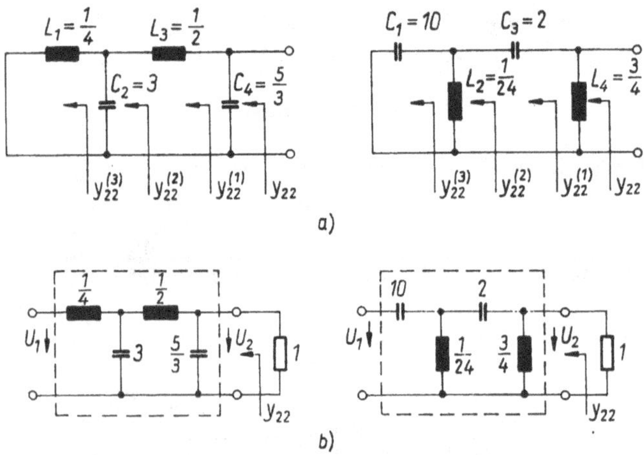

Abb. 3.2. Beispiele für die Realisierung eines bekannten Y_{22}
a) durch Kettenbruchformen 1. und 2. Art (Zweipolbetrachtung)
b) mit TP- bzw. HP-Verhalten in einer Vierpolschaltung

erniedrigung um zwei Potenzen ein. Der Kaufpreis für diese nützliche Eigenschaft sind zusätzliche Schaltelemente (d. h. kopplungsfreie Reaktanzvierpole mit Sperrstellen bei endlichen Frequenzen sind stets nichtkanonisch), da beim Teilabbau keine Graderniedrigung eintritt, wohl aber Schaltelemente abgebaut werden. (Deshalb ist der Teilabbau für *LC*-Zweipole unzweckmäßig und wird dort nicht angewandt. Offenbar ist es ein Naturgesetz, daß in der Technik, wie im Leben, alle zusätzlichen Wünsche irgendwie „bezahlt" werden müssen.)

Bevor wir die „Abbauregeln" — auch als „*Kettenentwicklung*" bezeichnet — systematisch zusammenstellen, soll der Vorgang des Teil- und Vollabbaues an einem Tiefpaßbeispiel mit einer Übertragungsnullstelle bei einer endlichen Frequenz erläutert werden.

Beispiel 3.2

Kennenlernen des Teilabbaues.

Gegeben: $T_U = \dfrac{K(p^2+4)}{8+6p+16p^2+3p^3+5p^4}$.

Gesucht: Reaktanzvierpol mit einseitigem Abschluß ($R_2 = 1$).

Lösung:
Nach Tafel 1.3 gilt

$$T_U = \frac{K\dfrac{p^2+4}{3p^3+6p}}{1+\dfrac{5p^4+16p^2+8}{3p^3+6p}} = \frac{-Y_{12}}{1+Y_{22}},$$

d. h. bei einem Abbau von Y_{22} sind gleichzeitig die Nullstellen von $-Y_{12}$ oder der Übertragungsfunktion (= Sperrstellen der Dämpfung) zu berücksichtigen.

Insgesamt existieren 2 Sperrstellen bei $\omega_{01,2} = 2$,
2 Sperrstellen bei $\omega_{03,4} = \infty$,

wodurch es bereits möglich ist (großer praktischer Vorteil des Kettenentwicklungsprozesses bei Reaktanzvierpolen), *Strukturen qualitativ aufzuzeichnen.* In Abb. 3.3a ist eine der mög-

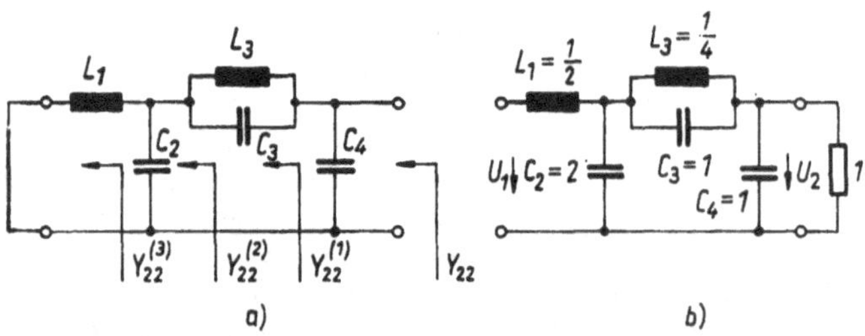

Abb. 3.3. **Erläuterung der Abbauregeln**
a) Gewählte Struktur mit eingetragenen Abbaustufen
b) Errechnete Dimensionierung

lichen Varianten gezeichnet, die der Sperrstellenforderung genügt. Der wesentliche Unterschied zu der früher vorgenommenen Kettenbruchdarstellung 1. Art besteht darin, daß jetzt der Zahlenwert für C_4 in bestimmter Weise kleiner gewählt wird (hiervon ist der Begriff „Teilabbau" entlehnt), damit ein Rest im nachfolgenden Längszweig bleibt, der die gewollten Sperrstellen bei endlichen Frequenzen erzeugt.

Im einzelnen ergibt sich für den vorbereitenden *Teilabbau*, um im nachfolgenden Zweig Sperrstellen bei $\omega_{01,2}$ zu erzeugen

$$\text{mit } C_4 = \left(\frac{Y_{22}}{p}\right)\Bigg|_{p^2=-\omega_{01,2}^2} = \left(\frac{8 + 16p^2 + 5p^4}{p(6p + 3p^3)}\right)\Bigg|_{p^2=-4} = 1.$$

(Eine Bestimmungsgleichung, die aus der Feststellung abzulesen ist, daß für die Sperrfrequenzen $\omega_{01,2}$ die „nachfolgende Schaltung" wirkungslos bleibt und deshalb der Ansatz $Y_{22}(\omega_{01,2}) = pC_4$ besteht.) Wir erhalten eine Restfunktion

$$Y_{22}^{(1)} = Y_{22} - pC_4 = \frac{8 + 16p^2 + 5p^4}{6p + 3p^3} - p = \frac{8 + 10\,p^2 + 2p^4}{6p + 3p^3}$$

vom gleichen Grade, wie die Funktion Y_{22}. Der *Vollabbau* wird eingeleitet durch die Berechnung des restlichen Elementewertes — im Beispielfall also ein C_3 — mit der Beziehung

$$C_3 = \left(\frac{Y_{22}^{(1)}p}{p^2 + \omega_{01,2}^2}\right)\Bigg|_{p^2=-\omega_{01,2}^2}$$
$$= \left(\frac{(2p^2 + 2)\,(p^2 + 4)}{3(p^2 + 2)\,(p^2 + 4)}\right)\Bigg|_{p^2=-\omega_{01,2}^2} = 1,$$

die aus der Widerstandsgleichung für einen LC-Parallelkreis

$$\frac{1}{Y_{22}^{(1)}} = \frac{\frac{1}{C_3} \cdot p}{p^2 + \omega_{01,2}^2}$$

folgt, da durch den vorangegangenen Teilabbau garantiert wird, daß der „Nullfaktor“ $(p^2 + \omega_{01,2}^2)$ vor dem Grenzübergang herausgekürzt werden kann, weil er im Nenner beider Funktionen enthalten ist. Das andere Resonanzkreiselement folgt unmittelbar aus der Resonanzbedingung zu

$$L_3 = \frac{1}{C_3 \omega_{01,2}^2} = \frac{1}{1 \cdot 4} = \frac{1}{4}.$$

Damit entsteht eine Restfunktion

$$\frac{1}{Y_{22}^{(2)}} = \frac{1}{Y_{22}^{(1)}} - \frac{\frac{1}{C_3} p}{p^2 + \omega_{01,2}^2} = \frac{p(p^2 + 4)}{(2p^2 + 2)(p^2 + 4)} = \frac{p}{2p^2 + 2},$$

die um den Grad 2 — verglichen mit der Funktion vor dem Teilabbau — erniedrigt ist. Der Leser wolle bemerken, daß sich sowohl bei der Berechnung des ersten „resonanzbildenden“ Elementes als auch bei der Berechnung der Restfunktion nach dem Vollabbau Faktoren der Art $(p^2 + \omega_{01,2}^2)$ herauskürzen lassen müssen. Das kann als Teilprobe für eine richtige Zahlenrechnung aufgefaßt werden. Die Restfunktion $Y_{22}^{(2)} = 2p + \frac{2}{p} = pC_2 + \frac{1}{pL_1}$ ist, wie vorausgesagt, ein LC-Parallelkreis. Insgesamt verwirklicht damit die in Abb. 3.3b gezeichnete Schaltung die gegebene Übertragungsfunktion. K ist im Beispielfall durch die „ablesbare Randbedingung“ $T_U(0) = 1$ aus der vorgegebenen Übertragungsfunktion mit dem Zahlenwert 2 bestimmt.

Entwurfsregeln für „Reaktanz-Kettenvierpole“: Die bisher gefundenen Eigentümlichkeiten und Kettenentwicklungsgesetze kennzeichnen schon den Berechnungsgang für die Schaltungssynthese. Für den praktischen Gebrauch ist es nützlich, wie folgt Realisierungen vorzunehmen.

1. Berechnung der Vierpolparameter nach Tafel 1.3.

Tafel 3.1
Elementarglieder für den Abbau von Z- bzw. Y-Funktionen bei LC-Netzwerken

Art	Schaltungen	Berechnungsformeln			
		Teilabbau	Restfunktion	Vollabbau	Restfunktion
1 $\omega_0 = 0$	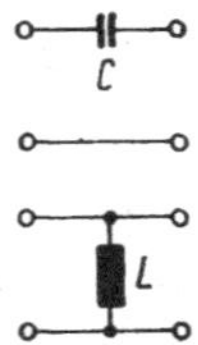	entfällt		$C = \left(\frac{1}{pZ}\right)_{p=0}$	$Z^{(1)} = Z - \frac{1}{pC}$
				$L = \left(\frac{1}{pY}\right)_{p=0}$	$Y^{(1)} = Y - \frac{1}{pL}$
2 ω_0 im unteren SB	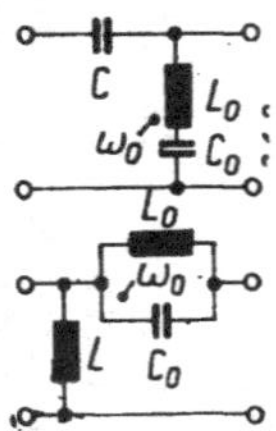	$C = \left(\frac{1}{pZ}\right)_{p=-\omega_0^2}$	$Z^{(1)} = Z - \frac{1}{pC}$	$L_0 = \left(\frac{pZ^{(1)}}{p^2 + \omega_0^2}\right)_{p^2=-\omega_0^2}$ $C_0 = \frac{1}{\omega_0^2 L_0}$	$\frac{1}{Z^{(2)}} = \frac{1}{Z^{(1)}} - \frac{\frac{1}{C_0} P}{p^2 + \omega_0^2}$
		$L = \left(\frac{1}{pY}\right)_{p^2=-\omega_0^2}$	$Y^{(1)} = Y - \frac{1}{pL}$	$C_0 = \left(\frac{pY^{(1)}}{p^2 + \omega_0^2}\right)_{p^2=-\omega_0^2}$ $L_0 = \frac{1}{\omega_0^2 C_0}$	$\frac{1}{Y^{(2)}} = \frac{1}{Y^{(1)}} = \frac{\frac{1}{L_0} P}{p^2 + \omega_0^2}$

Art	Schaltungen	Berechnungsformeln: Teilabbau	Berechnungsformeln: Restfunktion	Berechnungsformeln: Vollabbau	Berechnungsformeln: Restfunktion
3 ω_0 im oberen SB	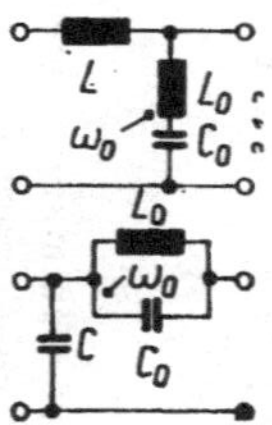	$L = \left(\frac{Z}{p}\right)_{p^2=-\omega_0^2}$	$Z^{(1)} = Z - pL$	$L_0 = \left(\frac{pZ^{(1)}}{p^2 + \omega_0^2}\right)_{p^2=-\omega_0^2}$ $C_0 = \frac{1}{\omega_0^2 L_0}$	$\frac{1}{Z^{(2)}} = \frac{1}{Z^{(1)}} - \frac{\frac{1}{L_0} P}{p^2 + \omega_0^2}$
		$C = \left(\frac{Y}{p}\right)_{p^2=-\omega_0^2}$	$Y^{(1)} = Y - pC$	$C_0 = \left(\frac{pY^{(1)}}{p^2 + \omega_0^2}\right)_{p^2=-\omega_0^2}$ $L_0 = \frac{1}{\omega_0^2 C_0}$	$\frac{1}{Y^{(2)}} = \frac{1}{Y^{(1)}} - \frac{\frac{1}{C_0} P}{p^2 + \omega_0^2}$
4 $\omega_0 = \infty$	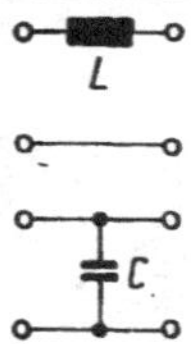	entfällt		$L = \left(\frac{Z}{p}\right)_{p=\infty}$	$Z^{(1)} = Z - pL$
				$C = \left(\frac{Y}{p}\right)_{p=\infty}$	$Y^{(1)} = Y - pC$

2. *Qualitative Aufzeichnung von Schaltungsstrukturen* auf Grund des *Sperrstellensatzes* und der Regel, daß durch die abzubauende Immittanzfunktion alle Schaltelemente erfaßt werden, d. h., es dürfen keine Randelemente kurzgeschlossen werden oder leerlaufen. Daraus können vielfach nützliche Vorentscheidungen für praktische Konfigurationen abgeleitet werden.

3. Quantitative Kettenentwicklung mit den Gesetzen nach Tafel 3.1.

4. Bestimmung der realisierten Konstanten K durch Auswerten von Randbedingungen (in einfachen Fällen, vorzugsweise TP, HP und BS) bzw. durch Ausrechnung des zum entworfenen Netzwerk gehörenden Y_{21} bzw. Z_{21} (vorzugsweise bei BP).

Es sei bemerkt, daß Varianten mit negativen Schaltelementen vorkommen können. Aus der Praxis hat sich ergeben, daß wir diesen Schönheitsfehler in manchen Fällen vermeiden können, wenn wir die vorgeschriebenen, nahe an den Durchlaßgrenzen liegenden, Sperrstellen möglichst *entfernt* von den „Abschlußwiderständen" abbauen.

Beispiel 3.3

Realisierung einer vorgegebenen $Z_Ü$-Funktion.

Gegeben:

$$Z_Ü(p) = \frac{U_2}{I_1} = \frac{K(4p^2 + 1)}{10p^3 + 5p^2 + 3p + 1}$$

und Betriebsanordnung, wie in Abb. 3.4a skizziert.

Gesucht: Reaktanzvierpole, die diese Übertragungsfunktion realisieren.

Lösung:

Zu 1. Vierpolparameterbestimmung nach Tafel 1.3 (bei $Z_Ü = -T_I$). Da $F = F_g$ eine gerade Funktion ist, gilt

$$Z_{12} = \frac{KF_g}{G_u} = \frac{K(4p^2 + 1)}{p(10p^2 + 3)} \quad \text{und} \quad Z_{22} = \frac{G_g}{G_u} = \frac{5p^2 + 1}{p(10p^2 + 3)}$$

mit den Übertragungsnullstellen (= Sperrstellen) bei

$$\omega_{01,2} = \pm j\,\frac{1}{2}\,, \qquad \omega_{03} = \infty .$$

Zu 2. Mögliche Schaltungsstrukturen sind in Abb. 3.4a und b skizziert. (Der Leser wolle beachten, daß alle Varianten mit einem Querzweig — von Z_{22} her gesehen — enden, da Widerstände im Längszweig durch diese Zweipolfunktion nicht erfaßt werden.)

Zu 3. Kettenentwicklung nach Tafel 3.1 für

Schaltung in Abb. 3.4b

$$C_3 = \left(\frac{1}{pZ_{22}}\right)_{p=\infty} = \frac{10p^2+3}{5p^2+1} = 2$$

$$\frac{1}{Z_{22}^{(1)}} = \frac{1}{Z_{22}} - pC_3 = \frac{p}{5p^2+1}$$

$$L_2 = \left(\frac{Z^{(1)}}{p}\right)_{p^2=-\frac{1}{4}} = 1$$

$$Z_{22}^{(2)} = Z_{22}^{(1)} - pL_2 = \frac{4p^2+1}{p}$$

$$L_1 = \left.\left(\frac{pZ_{22}^{(2)}}{p\,\frac{1}{4}}\right)\right|_{p^2=-\frac{1}{4}} = 4$$

$$C_1 = \frac{1}{\omega_{01,2}^2 L_1} = 1$$

Schaltung in Abb. 3.4c

$$C_3 = \left(\frac{1}{Z_{22}p}\right)_{p^2=-\frac{1}{4}} = -2$$

$$\frac{1}{Z_{22}^{(1)}} = \frac{1}{Z_{22}} - pC_3 = \frac{20p^3+5p}{5p^2+1}$$

$$C_2 = \left(\frac{p}{Z_{22}^{(1)}\left(p^2+\frac{1}{4}\right)}\right)_{p^2=-\frac{1}{4}} = 20$$

$$L_2 = \frac{1}{\omega_{01,2}^2 C_2} = \frac{1}{5}$$

$$Z_{22}^{(2)} = Z_{22}^{(1)} - \frac{\frac{1}{5}p}{p^2+\frac{1}{4}} = \frac{1}{5p}$$

$$C_1 = \left.\left(\frac{1}{Z_{22}^{(2)}p}\right)\right|_{p=\infty} = 5$$

Die spulenarme Variante hat im Beispielfall ein negatives C_3 und ist damit i. allg. für die Praxis untauglich.

Zu 4. Da eine TP-Übertragungsfunktion vorgeschrieben war, folgt aus $Z_{\ddot{U}}(0) = 1$ unmittelbar $K = 1$.

Ergänzung:

Da eine Übertragungsnullstelle im „letzten Längszweig" (von links gesehen) nach Tafel 1.1 in Z_{21} nicht wirksam wird, realisiert auch eine Schaltung nach Abb. 3.4d die Übertragungsvorschrift.

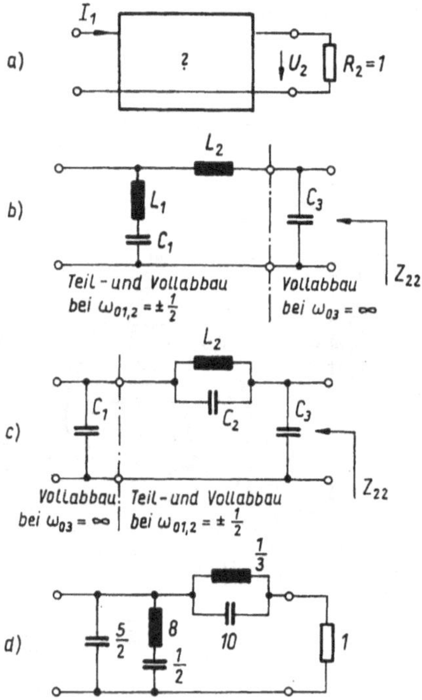

Abb. 3.4. Realisierung einer vorgegebenen $Z_{\ddot{U}}$-Funktion

a) Betriebsanordnung

b) Struktur mit Sperrstellenfolge ω_{03}, $\omega_{01,2}$ (von rechts gesehen)

c) Struktur mit Sperrstellenfolge $\omega_{01,2}$, ω_{03} (von rechts gesehen)

d) Struktur und Bemessung einer weiteren Struktur (mit einer bezüglich Z_{21} nicht wirksamen Sperrstelle im Längszweig)

Beispiel 3.4

Schaltungsrealisierung, wenn Y_{22} „überzählige Pole“ aufweist.

Gegeben: $T_U = \dfrac{K(p^2+1)(p^2+3)}{(p^2+2)(p^2+5)+p(p^2+3)}$.

Gesucht: LC-Vierpol, der diese Vorschrift realisiert.

Lösung: Nach Tafel 1.3 gilt bei $F = F_g$

$$-Y_{21} = \frac{KF_g}{G_u} = \frac{K(p^2+1)(p^2+3)}{p(p^2+3)} = \frac{K(p^2+1)}{p} \quad \text{und}$$

$$Y_{22} = \frac{G_g}{G_u} = \frac{(p^2+2)(p^2+5)}{p(p^2+3)}.$$

Da sich der gemeinsame Faktor (p^2+3) in $-Y_{12}$ herauskürzt, hat Y_{22} mehr Pole als $-Y_{12}$. Das bedeutet, Y_{22} hat eine „überflüssige Suszeptanz“, wie es Abb. 3.5a verdeutlicht. Aus der Darstellung lesen wir ab, daß

$$-Y_{12} = -Y'_{12} \quad \text{und} \quad Y_{22} = Y'_{22} + Y_0 \tag{3.3}$$

gilt. Durch Partialbruchzerlegung erhalten wir

$$Y_{22} = \frac{(p^2+2)(p^2+5)}{p(p^2+3)} = \frac{p^4+7p^2+10}{p^3+3p}$$

$$= p + \frac{\frac{10}{3}}{p} + \frac{\frac{2}{3}p}{p^2+3} = \underbrace{\frac{p^2+\frac{10}{3}}{p}}_{Y'_{22}} + \underbrace{\frac{\frac{2}{3}p}{p^2+3}}_{Y_0}.$$

Wie bekannt, wird $Y_0 = \dfrac{1}{\frac{3}{2}p + \dfrac{1}{\frac{2}{9}p}}$ durch einen LC-Reihen-kreis realisiert. Abb. 3.5b zeigt das Ergebnis. Gleichzeitig ist die realisierende Struktur für $-Y'_{12}$ (mit einer Übertragungsnullstelle bei $\omega_{01} = \pm 1$) und Y'_{22} eingetragen. Als Elementarglied für den notwendigen Teil- und nachfolgenden doppelten Vollabbau ist Quer-L_2 mit einem nachfolgenden (von links

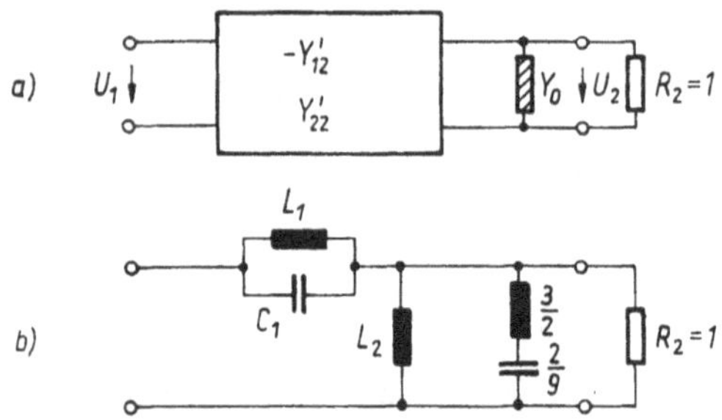

Abb. 3.5. Realisierung einer T_U-Funktion mit Polüberfluß in Y_{22}

a) „Abspaltung“ überflüssiger Suszeptanz in Y_{22}
b) Realisierung von Y_0 und Struktur des „Restvierpols“, gehörend zu $-Y'_{12}$ und Y'_{22}; $L_1 = C_1 = 1$

gesehen) L_1C_1-Längsparallelkreis notwendig, weil ein HP-Verhalten nachgebildet werden muß. Wir erkennen aus den Zahlenwerten (bei $K = 1$) für

$$T_U' = \frac{p^2 + 1}{p^2 + \frac{10}{3}} \quad \text{bei} \quad T_U'(0) = \frac{3}{10} \qquad T_U'(\infty) = 1 .$$

Zahlenmäßig gilt nach Tafel 3.1 und den in Abb. 3.5b gewählten Bezeichnungen

$$L_2 = \frac{1}{pY'_{22}}\bigg|_{p^2=-\omega_{01}^2} = \frac{1}{p^2 + \frac{10}{3}}\bigg|_{p^2=-1} = \frac{3}{7} .$$

Damit entsteht eine Restfunktion

$$Y_{22}^{(1)} = Y_{22} - \frac{1}{pL} = \frac{p^2 + \frac{10}{3}}{p} - \frac{7}{3p} = \frac{p^2 + 1}{p} = p + \frac{1}{p} ,$$

die unmittelbar als der gesuchte LC-Parallelkreis mit $C_1 = 1$ und $L_1 = 1$ gedeutet werden kann.

Damit der Leser aufbereitete Ergebnisse nutzen kann, sind

a) in Tafel 3.2 für Strom- bzw. Spannungsübertragungsfaktoren mit allgemeinen Koeffizienten (die TP, HP und BP beschreiben) Strukturen und Bemessungsformeln zusammengestellt. Wegen der praktischen Vorteile sind nur die spulenarmen Ausführungen angegeben. Die Bestimmungsgleichungen lassen sich anhand der mitgeteilten Realisierungsregeln leicht bestätigen.

b) in Tafel 3.3 auszugsweise Realisierungen für

$$\text{TP T}_2\ \text{n} = 5 A_{\max} = 3\ \text{dB}, \quad \ddot{u}^2 = \infty$$

tabelliert und

c) in Tafel 3.4 auszugsweise Realisierungen für

$$\text{TP C n} = 3 A_{\max} = 1{,}25\ \text{dB}, \ \Theta = 10°(1°), \ldots, 60°, \quad \ddot{u}^2 = \infty$$

mitgeteilt. Wenn es möglich ist, auf solche tabellierte Standardfälle zurückzugreifen, kann praktisch eine Entwurfsaufgabe durch einfaches Ablesen aus Nomogrammen (Tafeln 2.2, 2.4, 2.8) und aus Katalogblättern (Tafel 2.7, 2.9, 3.4, 3.5) gelöst werden.

3.1.2. LC-Kettenvierpole, die zwischen zwei ohmschen Widerständen eingebettet sind

Grundlage der folgenden Überlegungen sind die in den Tafeln 1.1, 1.5 und 1.6 zusammengestellten Resultate. Danach sind Vierpole mit der zitierten Betriebsanordnung durch die Grundform des

Betriebsübertragungsfaktors $T_B = \frac{2U_2}{U_0}\sqrt{\frac{R_1}{R_2}}$ (3.4)

Tafel 3.2 Strukturen und Bemessungsformeln in allgemeiner Form für Kettenfilter 3. Grades

$T(p)$	Art	$T_I(p) = \frac{I_2}{I_1} = \frac{-Z_{12}}{1+Z_{22}}$	Neben-bedingung	$T_u(p) = \frac{U_2}{U_1} = \frac{-Y_{12}}{1+Y_{22}}$
$\frac{a_0}{p^3 + b_2p^2 + b_1p + b_0}$	TP	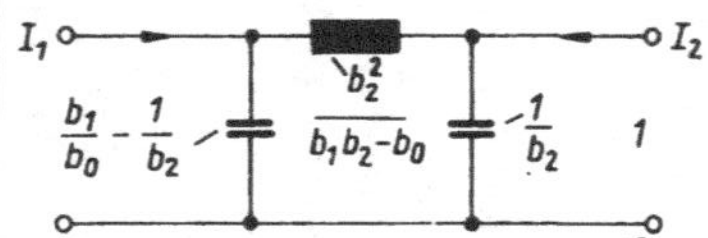	$a_0 = b_0$	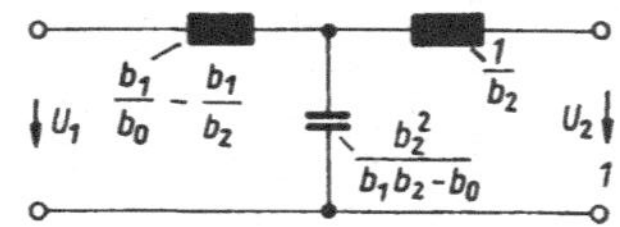
$\frac{a_2p^2 + a_0}{p^3 + b_2p^2 + b_1p + b_0}$	TP	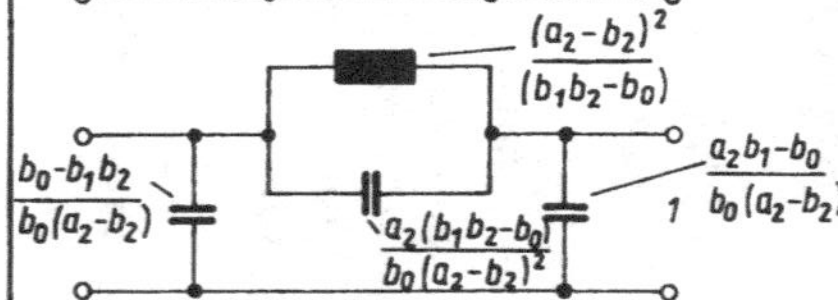	$a_0 = b_0$	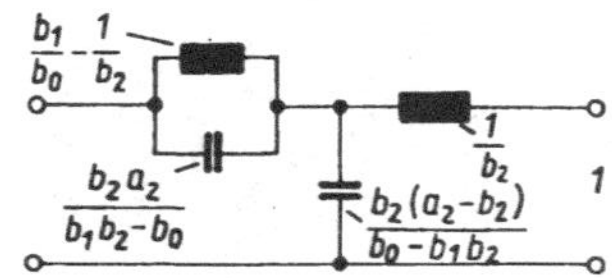
$\frac{a_1p}{p^3 + b_2p^2 + b_1p + b_0}$	BP	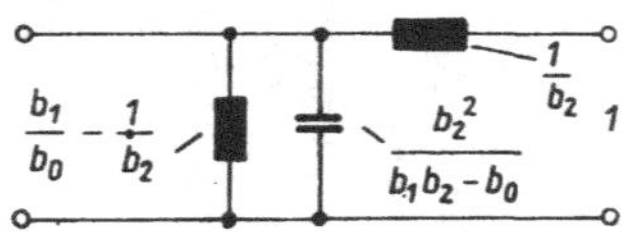	$a_1 = \frac{b_1b_2 - b_0}{b_2}$	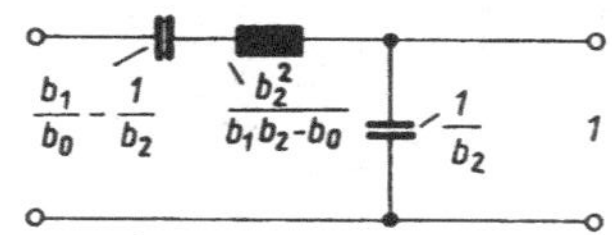

$\dfrac{a_2 p^2}{p^3 + b_2 p^2 + b_1 p + b_0}$	BP	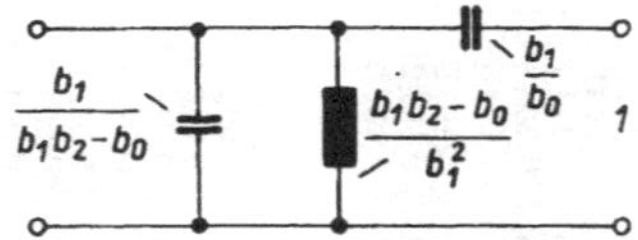	$a_2 = \dfrac{b_1 b_2 - b_0}{b_1}$	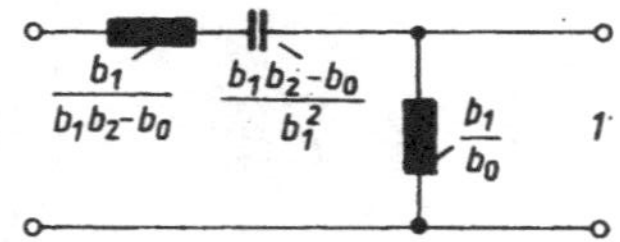
$\dfrac{a_3 p^3 + a_1 p}{p^3 + b_2 p^2 + b_1 p + b_0}$	HP	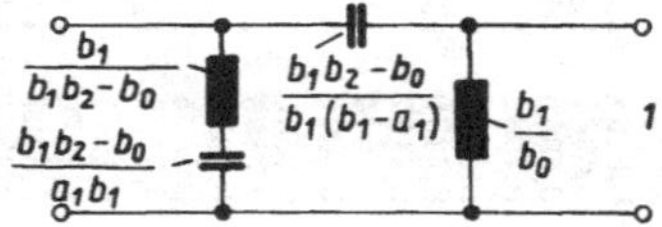	$a_3 = 1$	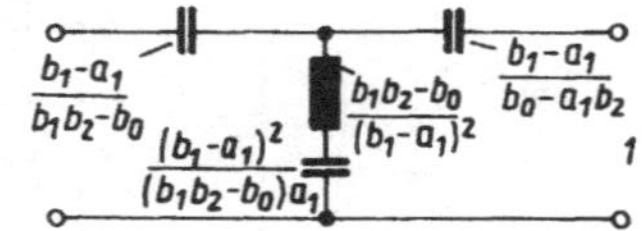
$\dfrac{a_3 p^3}{p^3 + b_2 p^2 + b_1 p + b_0}$	HP	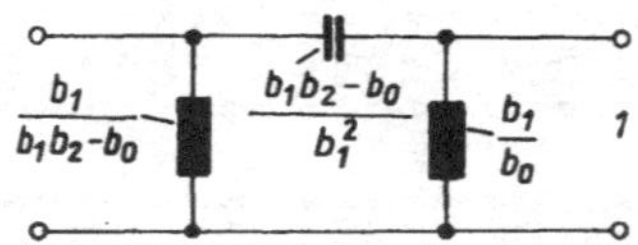	$a_3 = 1$	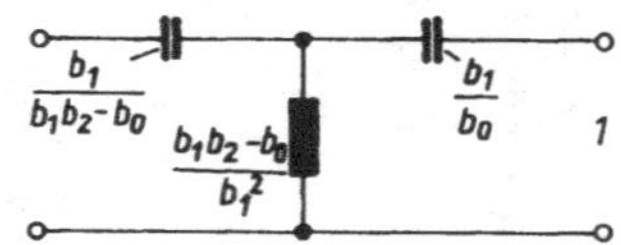

Tafel 3.3
Katalogblatt für Filterrealisierungen
TP T_3 n = 5, A_{max} = 3 dB, A_{min} = 20 (2)···80 dB, $ü^2 = \infty$

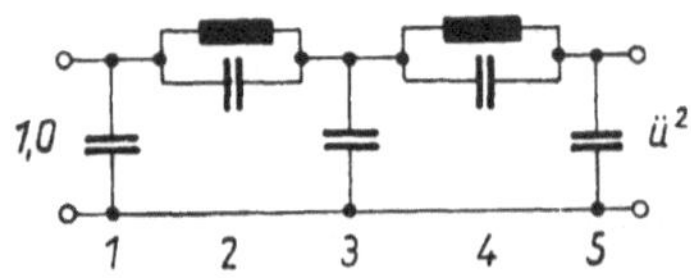

A_{min}/dB	C_1	C_2	L_2	C_3	C_4	L_4	C_5
20	−0,2059	0,7258	0,3394	0,8148	0,8579	0,7517	1,126
22	−0,1575	0,6243	0,3748	0,8454	0,7480	0,8189	1,151
24	−0,1146	0,5420	0,4090	0,8762	0,6577	0,8823	1,176
26	−0,07620	0,4741	0,4418	0,9066	0,5820	0,9421	1,200
28	−0,04176	0,4172	0,4731	0,9364	0,5177	0,9982	1,223
30	−0,01069	0,3690	0,5029	0,9654	0,4624	1,051	1,246
32	0,01743	0,3278	0,5312	0,9934	0,4144	1,100	1,267
34	0,04293	0,2921	0,5579	1,020	0,3724	1,146	1,287
36	0,06611	0,2612	0,5830	1,046	0,3354	1,189	1,307
38	0,08721	0,2341	0,6066	1,070	0,3027	1,228	1,325
40	0,1064	0,2103	0,6287	1,093	0,2735	1,265	1,342
42	0,1240	0,1892	0,6494	1,115	0,2475	1,300	1,358
44	0,1400	0,1705	0,6687	1,135	0,2242	1,332	1,372
46	0,1546	0,1539	0,6866	1,154	0,2033	1,361	1,386
48	0,1680	0,1391	0,7032	1,172	0,1845	1,388	1,399
50	0,1802	0,1258	0,7187	1,188	0,1675	1,413	1,411
52	0,1913	0,1139	0,7330	1,204	0,1522	1,437	1,422
54	0,2015	0,1032	0,7462	1,218	0,1383	1,458	1,432
56	0,2108	0,09360	0,7584	1,231	0,1258	1,478	1,441
58	0,2194	0,08493	0,7696	1,243	0,1144	1,496	1,450
60	0,2271	0,07710	0,7800	1,255	0,1041	1,512	1,458
62	0,2342	0,07002	0,7896	1,265	0,09474	1,528	1,465
64	0,2407	0,06362	0,7984	1,275	0,08625	1,542	1,472
66	0,2467	0,05783	0,8065	1,284	0,07853	1,555	1,478
68	0,2521	0,05259	0,8139	1,292	0,07152	1,567	1,483
70	0,2570	0,04783	0,8207	1,300	0,06514	1,578	1,489
72	0,2616	0,04351	0,8270	1,306	0,05934	1,587	1,493
74	0,2657	0,03960	0,8327	1,313	0,05407	1,597	1,498
76	0,2695	0,03604	0,8380	1,319	0,04927	1,605	1,502
78	0,2729	0,03281	0,8428	1,324	0,04489	1,613	1,505
80	0,2761	0,02988	0,8472	1,329	0,04091	1,620	1,509
	L_1	L_2	C_2	L_3	L_4	C_4	L_5

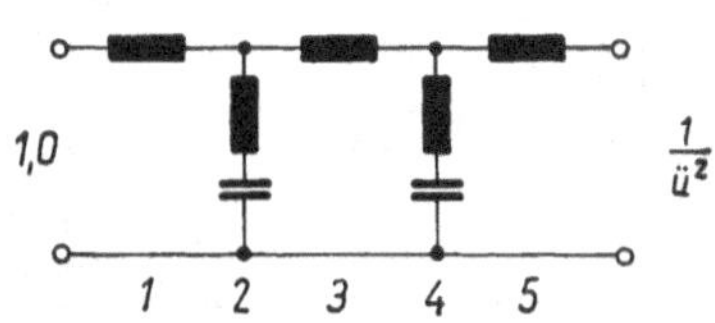

beschrieben. Wie bereits zuvor gezeigt, ist im Regelfall sowohl

$$D(p) = \frac{H(p)}{KF(p)} \quad \text{als auch} \quad T_B(p) = \frac{KF(p)}{G(p)} \qquad (3.5)^{1)}$$

bekannt. Damit sind auch die zugehörigen Vierpolparameterfunktionen berechenbar. Der zugehörige *LC*-Vierpol ist — abgesehen von einem noch notwendigen idealen Übertrager — durch *eine* der *Immittanzfunktionen* (Z_{11} oder Z_{22} oder Y_{11} oder Y_{22}) festgelegt, wenn diese vom Grade $G(p)$ ist und die *geforderten Sperrstellen* (das entspricht einer Berücksichtigung von Z_{21} oder Y_{21}) damit realisiert werden. Der Zahlenwert von $ü$ ist aus

$$ü^2 = \frac{L_{ll}}{L_{r1}} \quad \text{oder} \quad ü^2 = \frac{C_{r1}}{C_{ll}} \qquad (3.6)$$

mit

L_{ll} = letzte Induktivität, die von einer Kettenentwicklung von links stammt,
C_{ll} = letzte Kapazität, die von einer Kettenentwicklung von links herrührt,
L_{r1} = erste Induktivität, die von einer Kettenentwicklung von rechts stammt,
C_{r1} = erste Kapazität, die von einer Kettenentwicklung von rechts herrührt.

---

[1]) Die Übereinstimmung von K in $D(p)$ und $T_B(p)$ gilt für alle TP-Formen mit mindestens einer Sperrstelle bei $\omega = \infty$. Für gerade n mit $A_B(\infty)$ = endlich gilt abweichend davon bei $D(p) = \frac{H}{K^*F}$ und $T_B = \frac{KF}{G}$ der Zusammenhang $K = \frac{K^*}{\sqrt{1 + K^{*2}}}$. Für BP sind gesonderte Untersuchungen notwendig [S 10]. In der Literatur sind die Bezeichnungen nicht einheitlich. Bei $D(p) = \frac{CH}{F}$ und $T_B = \frac{KF}{G}$ würde entsprechend bei mindestens einer TP-Sperrstelle bei $\omega = \infty$: $K = \frac{1}{C}$ und bei TP (n = gerade) mit $A_B(\infty)$ = endlich: $K = \frac{1}{\sqrt{1 + C^2}}$ als Verknüpfung existieren.

Tafel 3.4
Katalogblatt für Filterrealisierungen

TP C n = 3, A_{max} = 1,25 dB, Θ = 10° (1°), ..., 60°, $\ddot{u}^2 = \infty$

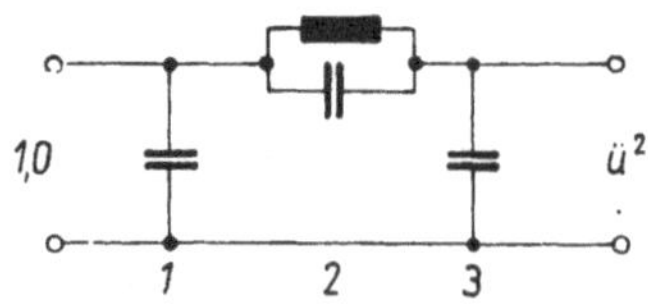

	C_1	C_2	L_2	C_3
10	1,08792	0,01741	1,30508	1,56561
11	1,08470	0,02109	1,30052	1,56310
	1,08117	0,02518	1,29548	1,56035
	1,07733	0,02962	1,29005	1,55737
	1,07317	0,03443	1,28421	1,55414
	1,06873	0,03964	1,27788	1,55068
16	1,06397	0,04529	1,27109	1,54699
	1,05893	0,05129	1,26392	1,54304
	1,05350	0,05773	1,25633	1,53891
	1,04782	0,06458	1,24828	1,53456
	1,04188	0,07187	1,23979	1,52996
21	1,03557	0,07956	1,23093	1,52513
	1,02892	0,08776	1,22159	1,52006
	1,02201	0,09639	1,21184	1,51478
	1,01474	0,10556	1,20163	1,50926
	1,00718	0,11517	1,19105	1,50354
26	0,99931	0,12532	1,18000	1,49758
	0,99115	0,13601	1,16854	1,49145
	0,98259	0,14726	1,15666	1,48503
	0,97381	0,15909	1,14432	1,47846
	0,96466	0,17149	1,13161	1,47166
31	0,95522	0,18452	1,11849	1,46461
	0,94539	0,19822	1,10491	1,45741
	0,93531	0,21258	1,09096	1,45001
	0,92491	0,22767	1,07658	1,44247
	0,91411	0,24353	1,06177	1,43457
36	0,90305	0,26015	1,04658	1,42656
	0,89162	0,27765	1,03096	1,41837
	0,87987	0,29598	1,01496	1,40991
	0,86780	0,31524	0,99857	1,40148
	0,85540	0,33554	0,98175	1,39265
41	0,84263	0,35688	0,96455	1,38375
	0,82954	0,37938	0,94692	1,37467
	0,81610	0,40303	0,92894	1,36541
	0,80231	0,42797	0,91052	1,35600
	0,78812	0,45438	0,89182	1,34641
46	0,77365	0,48216	0,87273	1,33671
	0,75877	0,51164	0,85323	1,32685
	0,74352	0,54285	0,83337	1,31685
	0,72793	0,57590	0,81317	1,30673
	0.71193	0,61102	0,79263	1,29649

	C_1	C_2	L_2	C_3
51	0,69556	0,64836	0,77175	1,28613
	0,67881	0,68821	0,75052	1,27569
	0,66167	0,73073	0,72897	1,26514
	0,64408	0,77615	0,70714	1,25450
	0,62610	0,82489	0,68499	1,24381
56	0,60776	0,87721	0,66256	1,23307
	0,58890	0,93364	0,63984	1,22225
	0,56967	0,99453	0,61687	1,21143
	0,54994	1,06041	0,59369	1,20058
60	0,52975	1,13202	0,57027	1,18974
$\Theta°$	L_1	L_2	C_2	L_3

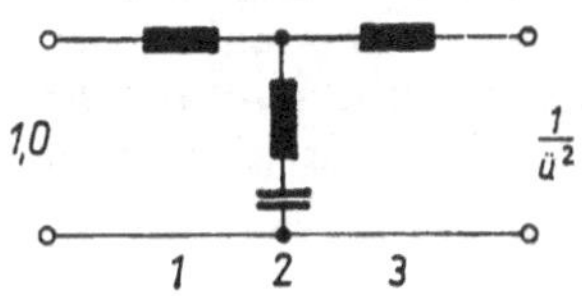

Praktisch wird bei $ü^2 \neq 1$ der Vierpol mit $R_2 = ü^2$ abgeschlossen und dadurch

— eine u. U. erwünschte Impedanztransformation realisiert und
— der ideale Übertrager als Schaltelement vermieden.

Die in Abschnitt 3.1.1 verbal formulierten Entwurfsregeln zur *qualitativen Aufzeichnung von Vierpolstrukturen* auf Grund von *bekannten Sperrstellen*, auch als „*Sperrstellensatz*" bekannt [F 1], können übernommen werden. Quantitativ werden die bekannten Vierpolkennfunktionen mit Elementarformen gemäß Tafel 3.1 „abgebaut", d. h. es wird eine *Kettenentwicklung* durchgeführt. Dabei kann es praktisch auch hier vorkommen, daß einzelne Schaltelemente negative Zahlenwerte annehmen. Durch gekoppelte Realisierungen läßt sich meist trotzdem eine tatsächlich ausführbare Aufbauform erzielen [F 1]. Aus der Praxis hat sich ergeben, daß wir diesen Schönheitsfehler in manchen Fällen vermeiden können, wenn wir die vorgeschriebenen, nahe der Durchlaßgrenzen liegenden Sperrstellen möglichst *entfernt* von den Lastwiderständen abbauen. Zusätzlich sollte man beachten, daß *kopplungsfreie Anordnungen* bei

TP mindestens einen Vollabbau bei $\omega = \infty$,
HP mindestens einen Vollabbau bei $\omega = 0$ und
BP mindestens je einen Vollabbau bei $\omega = 0$ und $\omega = \infty$

erfordern.

Außerdem ist es empfehlenswert, nach dem Aufzeichnen der überlegungsmäßig aufgezeichneten Struktur mit einer *Probe* (neben den einfach feststellbaren Sperrstellen bei Frequenzen $0 < \omega < \infty$) die tatsächlich *wirksamen Randsperrstellen* zu kontrollieren. Wir formulieren

Satz 3.1:

Von einer qualitativ vorliegenden kopplungsfreien *LC*-Vierpolstruktur finden wir

- die Sperrstellen bei $\omega = 0$ durch Auszählen der Restelemente (wenn wir zuvor alle Quer-*C* und alle Längs-*L* kurzgeschlossen haben) und
- die Sperrstellen bei $\omega = \infty$ durch Auszählen der Restelemente (wenn wir zuvor alle Längs-*C* kurzgeschlossen und alle Quer-*L* unterbrochen haben).

Da allgemein aus der Vierpoltheorie bekannt ist [F 3], daß der duale Vierpol (im übertragungssymmetrischen Fall) zwischen ebenfalls dualen Lastwiderständen betrieben, gleiches Betriebsübertragungsverhalten aufweist, existieren stets (mindestens) zwei äquivalente Ausführungen. Sie unterscheiden sich — praktisch gesehen — durch spulenreiche oder spulenarme Struktur. Es ist natürlich, daß wir bei passiven Realisierungen mit technischen Spulen und technischen Kondensatoren die *spulenarme Form* generell bevorzugen. (Beim Einsatz von z. B. keramischen Schwingerelementen kann das anders sein.)

Als besonders effektiv erweisen sich bei *Bandpaßreali-*

sierungen (hergeleitet aus Erkenntnissen der Wellengrößentheorie [L 1]) *Zick-Zack-Schaltungen*, die sich

— durch maximal drei Reaktanzen in jedem Filterzweig,

— durch unabhängigen Abgleich der Resonanzfrequenzen in jedem Filterzweig und

— durch Anzahl der $C = 2 \times$ Anzahl der L (im günstigsten Fall) auszeichnen. (Auch der umgekehrte Fall ist wegen der eben genannten Dualitätseigenschaft denkbar; er hat aber keine praktische Bedeutung.)

Beispiel 3.5

Feststellen der Sperrstellen einer gegebenen LC-Struktur.

Gegeben: Schaltung, wie in Abb. 3.6a skizziert mit $R_1 = R_2 = 1$ und $|T_B|_{max} = 1$ bei $\omega = 1$.

Gesucht:

1. **Art und Anzahl der realisierten Sperrstellen.**
2. **Formel für T_B mit unbestimmten Koeffizienten und Prinzipverlauf der Betriebsdämpfung.**

Lösung:

Zu 1. Außer den Sperrstellen bei den Frequenzen ω_{01}, ω_{02} und ω_{03} (die durch die Schwingkreise bedingt sind) erhalten wir nach Satz 3.1 für $\omega = 0$ (gemäß Abb. 3.6b) eine dreifache Sperrstelle und für $\omega = \infty$ (gemäß Abb. 3.6c) eine einfache Sperrstelle.

Zu 2. Eine simple Überlegung zeigt, daß die Filterlängszweige mit drei Reaktanzelementen eine „Durchlaßfrequenz" haben, die *prinzipiell kleiner* als ω_{01} bzw. ω_{03} ist — identisch mit der Reihenresonanz der drei Elemente — (Folge des Reaktanztheorems nach Tafel I.3.4). Damit liegen ω_{01} und ω_{03} im *oberen Sperrbereich*. Entsprechend erkennen wir, daß der Filterquerzweig mit drei Reaktanzen eine „Durchlaßfrequenz" — identisch mit der Parallelresonanz der drei Elemente — besitzt, die ebenso *grundsätzlich* immer *größer* als ω_{02} ist. Damit liegt ω_{02} im *unteren Sperrbereich*. Berücksichtigen wir zusätzlich die ermittelten Randsperrstellen, so gilt für den Betriebsübertragungs-

faktor der Term

$$T_B = \frac{2U_2}{U_0} = \frac{Kp^3 \sum_{\mu=1}^{3} (p^2 + \omega_{0\mu}^2)}{\sum_{\nu=0}^{10} b_\nu p^\nu}.$$

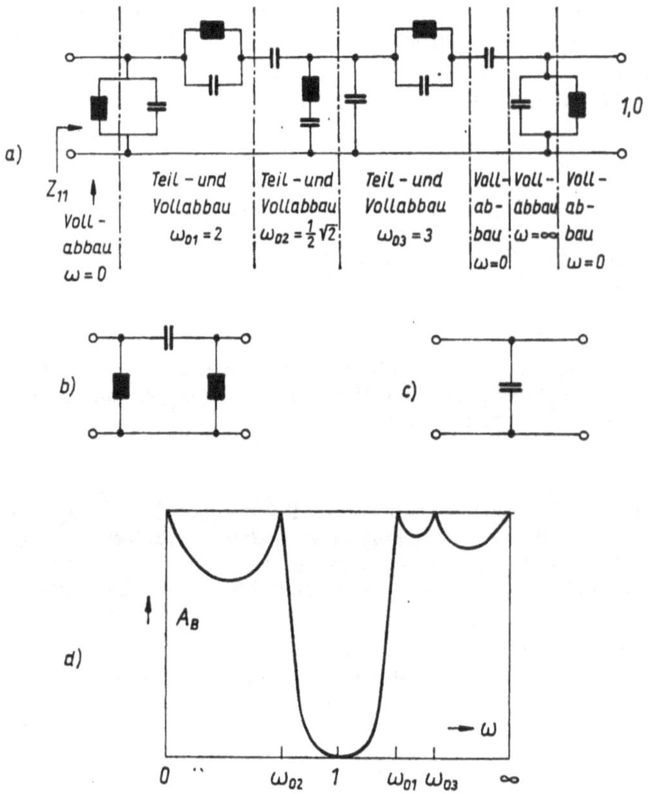

Abb. 3.6. Zick-Zack-Filter

a) Vorgegebene Struktur
b) Ersatzbild zur Ermittlung der Sperrstellen bei $\omega = 0$
c) Ersatzbild zur Ermittlung der Sperrstellen bei $\omega = \infty$
d) Prinzipverlauf der Betriebsdämpfung A_B

Der Nennergrad 10 folgt aus der Notwendigkeit, daß bei $\omega = \infty$ eine einfache Sperrstelle gefordert wird. Den Prinzipverlauf der Betriebsdämpfung zeigt Abb. 3.6d, wobei Einzelheiten über die Charakteristik im Durchlaßbereich und Zahlenwerte natürlich erst bei detaillierter Kenntnis der b_ν und K nennbar sind.

Insgesamt verdeutlicht das Beispiel, wie durch einfaches Nachdenken und Interpretieren schon sehr nützliche Aussagen gewonnen werden können.

Es sei die Feststellung wiederholt, daß der Abbau der Vierpolparameterfunktionen durch die „Aneinanderreihung" von Elementargliedern nach Tafel 3.1 erfolgt. Die dort tabellierten Formen haben allgemeinen Charakter. Um das herauszustellen, sind in Abb. 3.6a zusätzlich die Abbaustufen durch strichpunktierte Linien und Zahlen gekennzeichnet. Wir stellen fest (bei einer Kettenentwicklung von Z_{11}, d. h. im Gegensatz zur im Abschn. 3.1.1 geübten Praxis also von links nach rechts):

1. Vollabbau bei $\omega = 0$ (durch L im Querzweig),
2. Teil- und Vollabbau bei ω_{01} im oberen Sperrbereich (durch Quer-C mit nachfolgendem LC-Längsparallelkreis),
3. Teil- und Vollabbau bei ω_{02} im unteren Sperrbereich (durch Längs-C mit nachfolgendem LC-Querreihenkreis),
4. Teil- und Vollabbau bei ω_{03} im oberen Sperrbereich (deshalb Quer-C mit nachfolgendem LC-Längsparallelkreis),
5. Vollabbau bei $\omega = 0$ (durch Längs-C),
6. Vollabbau bei $\omega = \infty$ (durch Quer-C),
7. Vollabbau bei $\omega = 0$ (durch Quer-L).

Die „Sperrstellenprobe" wurde bereits in Beispiel 3.5 durchgeführt und wir nehmen zur Kenntnis, daß mit einem einfachen und durchsichtigen Wirkprinzip vergleichsweise allgemeine Filterschaltungen berechnet werden können. Problematisch ist in bestimmter Weise die erforderliche *numerische Genauigkeit*, weil bei der Kettenentwicklung Differenzen etwa gleichgroßer Zahlenwerte vorkommen können. Praktisch ist es auch, die Kettenentwicklung vom Vierpolein- *und* -ausgang vorzunehmen. Dadurch wird der Fehlerfortpflanzung entgegengearbeitet, und wir können in der „Schaltungsmitte“ die unabhängig voneinander gewonnenen Zahlenwerte vergleichen bzw. u. U. ein notwendiges $\ddot{u}^2 = R_2$ berechnen [S 10].

Nachdem wir eine rationelle Methode zum Aufzeichnen potentieller *LC*-Strukturen kennengelernt haben und so Vorentscheidungen für praktische Aufbauten treffen können, wenden wir uns jetzt an ausgewählten Beispielen der quantitativen Kettenentwicklung zu. Durch Rückgriff auf die Tafel 1.6 bestimmen wir dazu aus den bekannten $F(p)$, $G(p)$ und $H(p)$ für die Kettenentwicklung notwendigen *LC*-Vierpolimmittanzen (z. B. Z_{11} und/oder Z_{22} bzw. Y_{11} und/oder Y_{22}) und bauen diese mit den in Tafel 3.1 zusammengestellten Gesetzen ab.

Beispiel 3.6

Vertrautwerden mit der Realisierung einer HP-*LC*-Schaltung.

Gegeben: $D(p) = \dfrac{H(p)}{KF(p)} = \dfrac{1}{p^3}$ mit

$$T(p) = \frac{KF(p)}{G(p)} = \frac{p^3}{p^3 + 2p^2 + 2p + 1}.$$

Gesucht: Zugehörige *LC*-Vierpole (mit durchgehender Erdverbindung).

Lösung:

Bestimmung der Vierpolparameter nach Tafel 1.6. Da $D(p)$ eine ungerade Funktion ist, gehört dazu nach (1.19a) ein widerstandssymmetrischer *LC*-Vierpol. Aus den Vorgaben lesen wir ab

$$H = H_g = 1, \quad G_g = 2p^2 + 1 \quad \text{und} \quad G_u = p^3 + 2p,$$

und eingesetzt finden wir

$$Z_{11} = \frac{G_u}{G_g + H_g} = \frac{p^3 + 2p}{2p^2 + 2} = Z_{22}$$

$$Z_{12} = \frac{KF_u}{G_g + H_g} = \frac{p^3}{2p^2 + 2} = Z_{21}$$

$$Y_{11} = \frac{G_u}{G_g + H_g} = \frac{p^3 + 2p}{2p^2 + 2} = Y_{22}$$

$$-Y_{12} = \frac{G_u}{G_g + H_g} = \frac{p^3}{2p^2 + 2} = -Y_{21}$$

mit den Übertragungsnullstellen (= Sperrstellen) bei

$$\omega_{01,2,3} = 0 .$$

Dabei ist immer zu bedenken, daß nur solche Vorzeichen für die Vierpolparameterfunktionen interessant sind, die zu hochgradigen Ausdrücken führen. (Anderenfalls werden „Randelemente" nicht berücksichtigt. Zum Beispiel sind für die T-Form in Abb. 3.7b $Z\mu\mu$-Parameter unzulässig, weil jeweils ein Längs-C dadurch nicht erfaßt wird.) Die Nennerfunktionen der Vierpolparameter sind u. a. grundsätzlich gleich. (Im Ausnahmefall kann — wie in Beispiel 3.4 demonstriert — ein „Polüberschuß" vorliegen, der dann vor der Kettenentwicklung als Längs-Reaktanz oder Quer-Subzestanz abzubauen ist.)

Aufzeichnen möglicher Schaltungsstrukturen. Auf Grund der Sperrstellen und des Grades von $Z\mu\mu$ bzw. $Y\mu\mu$ finden wir die in Abb. 3.7 gezeichneten Vierpole.

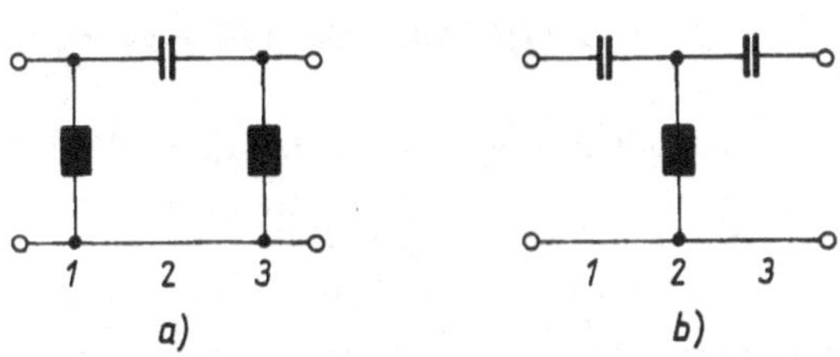

Abb. 3.7. Hochpaßstrukturen mit einer 3fachen Übertragungsnullstelle bei $\omega = 0$ (HP P n = 3 A_{max} = 3 dB)
a) ausgehend von Z_{11} oder Z_{22}
b) ausgehend von Y_{11} oder Y_{22}

Kettenentwicklung. Da alle Sperrstellen bei $\omega = 0$ liegen, genügt eine Kettenbruchdarstellung 2. Art, d. h.

$$\frac{1}{Z_{11}} = \frac{1}{p} + \cfrac{1}{\frac{2}{p} + \cfrac{1}{\frac{1}{p}}} \quad \Bigg| \quad \frac{1}{Y_{11}} = \frac{1}{p} + \cfrac{1}{\frac{2}{p} + \cfrac{1}{\frac{1}{p}}}$$

oder die Bemessung

$$L_1 = L_3 = 1, \quad C_2 = \frac{1}{2} \quad \Bigg| \quad C_1 = C_3 = 1, \quad L_2 = \frac{1}{2}.$$

Beide Reaktanzvierpole sind zueinander dual und haben auch aus diesem Grunde gleiches Betriebsübertragungsverhalten. Praktisch werden wir die Schaltung mit nur einer Spule vorziehen.

Eingebettet zwischen einer Quelle mit $R_1 = 1$ und einer Last $R_2 = 1$ realisierten beide Strukturen einen TP P n = 3, $A_{\max} = 3$ dB, wovon man sich durch eine Analyse leicht überzeugen kann.

Beispiel 3.7

Realisierung eines TP C n = 3, $A_{\max} = 1{,}25$ dB, $\Theta = 25°$, $\ddot{u}^2 = 1$.

Gegeben: PN-Daten (nach Tafel 2.10).

Gesucht: *LC*-Kettenvierpol (mit durchgehender Erdverbindung)

Lösung:

Bestimmung von $T_B(p)$ und $D(p)$. Aus Tafel 2.10 lesen wir ab $\omega_k = 2{,}36620$

$$\bar{\sigma}_0 = 0{,}48070, \quad \bar{\sigma}_1 = 0{,}20842, \quad \omega_1 = 0{,}96178, \quad \omega_{01} = 2{,}69989.$$

Damit ist

$$T_B(p) = \frac{K(p^2 + \omega_{01}^2)}{\bar{\sigma}_0(\bar{\sigma}_1{}^2 + \omega_1{}^2) + (\bar{\sigma}_1{}^2 + \omega_1{}^2 + 2\bar{\sigma}_0\bar{\sigma}_1)\,p + (\bar{\sigma}_0 + 2\bar{\sigma}_1)\,p^2 + p^3}$$

$$= \frac{0{,}063865(p^2 + 7{,}28933)}{0{,}46553 + 1{,}16883p + 0{,}89752p^2 + p^3} = \frac{KF(p)}{G(p)}$$

bekannt, wobei K durch die TP-Bedingung $T_B(0) = T_{B\max} = 1$ festgelegt ist.

Wegen der „Symmetrie“ zwischen ω_N und ω_{01} gilt mit (2.14a)

$$\omega_N = \frac{\omega_k}{\omega_{01}} = 0{,}87641,$$

und für die Drosselung erhalten wir

$$D(p) = \frac{p(p^2 + \omega_N{}^2)}{K(p^2 + \omega_{01}^2)} = \frac{p(p^2 + 0{,}768096)}{0{,}063865(p^2 + 7{,}28941)} = \frac{H(p)}{KF(p)}.$$

$D(p)$ ist eine ungerade Funktion, und damit wird der zugehörige LC-Vierpol wiederum widerstandssymmetrisch.

Berechnung von Z_{11} und Z_{12}. Nach Tafel 1.6 gilt im Beispielfall

$$Z_{11} = \frac{G_g}{G_u + H_u} = \frac{0{,}89752p^2 + 0{,}46553}{2p^3 + 1{,}936926p} = Z_{22},$$

$$Z_{12} = \frac{KF_g}{G_u + H_u} = \frac{0{,}063865(p^2 + 7{,}28933)}{2p^3 + 1{,}936926p} = Z_{21}.$$

Aufzeichnung einer realisierenden Struktur. Konzentrieren wir uns auf die praktisch vorteilhafte spulenarme Struktur, so realisiert auf Grund der Sperrstellen bei $\omega_{01,2} = 2{,}6999$ und $\omega_{03} = \infty$ und des Grades von $Z\mu\mu$ der in Abb. 3.8 skizzierte (widerstands- und aufbausymmetrische) Vierpolform die vorgeschriebenen Funktionen.

Kettenentwicklung. Mit den Abbauregeln nach Tafel 3.1 erhalten wir

$$C_1 = \frac{1}{pZ_{11}}\bigg|_{p^2=-\omega_{01,2}^2} = \frac{2p^2 + 1{,}93692}{0{,}89752p^2 + 0{,}46553}\bigg|_{p^2=-7{,}28933}$$
$$= 2{,}0803.$$

Die Restfunktion errechnet sich zu

$$Y^{(1)} = \frac{1}{Z_{11}} - pC_1 = \frac{0{,}13286p(p^2 + 7{,}28937)}{0{,}89752p^2 + 0{,}46553}.$$

Weiter folgt

$$C_2 = \left.\frac{p\,Y^{(1)}}{p^2 + \omega_{01,2}^2}\right|_{p^2=-\omega_{01,2}^2}$$

$$= \left.\frac{0{,}13286p^2(p^2 + \omega_{01,2}^2)}{(p^2 + \omega_{01,2}^2)\,(0{,}89752p^2 + 0{,}46553)}\right|_{p^2=-7{,}28933}$$

$$= 0{,}15937 \quad \text{und} \quad L_2 = \frac{1}{\omega_{01,2}^2 C_2} = 0{,}86080.$$

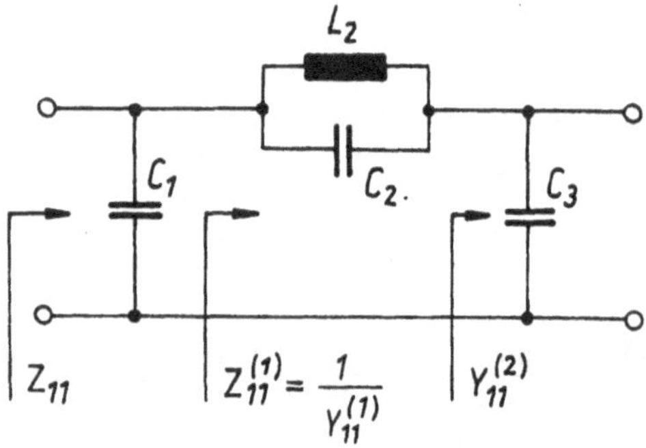

Abb. 3.8. Realisierung für TP C n = 3 A_{max} = 1,25 dB
Θ = 25°, $ü^2$ = 1 (Zahlenwerte für die Schaltelemente siehe Text im Beispiel 3.7).

Wegen der im Beispiel gültigen Aufbausymmetrie gilt $C_1 = C_3$, und wir könnten die Berechnung abbrechen. Zur Kontrolle setzen wir die Kettenentwicklung trotzdem fort. Für die Restfunktion $Y^{(2)}$ gilt

$$\frac{1}{Y^{(2)}} = \frac{1}{Y^{(1)}} - \frac{\frac{1}{C_2}p}{p^2 + \omega_{01,2}^2} = \frac{0{,}063872}{0{,}13286p} = \frac{1}{1{,}0801p}$$

$$= \frac{1}{pC_3} \quad \text{oder} \quad C_3 = 2{,}0801.$$

Damit können wir praktische Übereinstimmung zwischen C_1 und C_3, wie verlangt, feststellen.

Damit der Leser aufbereitete Ergebnisse nutzen kann, sind in Tafel 3.5 auszugsweise Realisierungen für

$$\text{TP} \quad \text{T}_2 \quad n = 5, \quad A_{\max} = 3\,\text{dB}, \quad ü^2 = 1$$

tabelliert und in Tafel 3.6(s. S. 124) auszugsweise Realisierungen für

$$\text{TP} \quad \text{C} \quad n = 3, \quad A_{\max} = 1{,}25\,\text{dB}, \quad \Theta = 20(1)\ldots 60^{\circ},$$

$$ü^2 = 1.$$

Wenn es möglich ist [F 11], [F 12], [S 1], [Z 1], auf solche tabellierte Standardfälle zurückzugreifen, kann eine Entwurfsaufgabe durch einfaches Ablesen aus Nomogrammen (Tafeln 2.2, 2.4, 2.8) und aus Katalogblättern (Tafeln 2.3, 2.5, 2.7, 2.10, 3.5, 3.6) gelöst werden.

3.2. Realisierung von Übertragungsfunktionen mit negativ reellen Polen

Aus einleuchtenden physikalischen Überlegungen geht hervor, daß die zugehörigen Systeme nicht schwingfähig sind und damit grundsätzlich durch *RC*- oder *RL*-Strukturen realisiert werden. Aus praktischen Gründen — die Spule ist ein technologisch aufwendiges und nur mit z. T. beträchtlichen Verlusten realisierbares Schaltelement — beschränken wir nachstehend auf *RC*-Realisierungen.

Zusätzlich ist es zweckmäßig, zwischen Realisierungen mit

— (negativ) reellen Übertragungsnullstellen, mit

— beliebigen Übertragungsnullstellen (ausgenommen auf der positiven σ-Achse) und mit

— Übertragungsnullstellen auf der $j\omega$-Achse (also bei technischen Frequenzen) oder in der Linken Halbebene

zu unterscheiden.

Tafel 3.5
Katalogblatt für Filterrealisierungen
TP T_2 n = 5, A_{max} = 3 dB, A_{min} = 20 (2)···80 dB, $\ddot{u}^2$ = 1

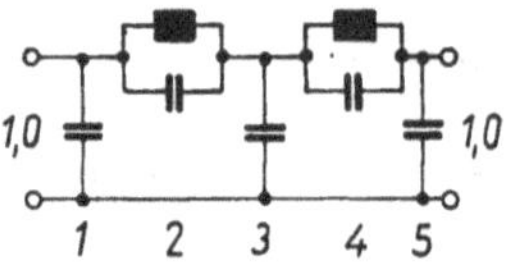

A_{min}/dB	C_1	C_2	L_2	C_3	C_4	L_4	C_5
10	0,2161	0,3474	0,8803	1,574	3,183	0,2515	−0,6581
12	0,2416	0,3123	0,9428	1,535	2,393	0,3221	−0,5116
14	0,2657	0,2835	0,9971	1,517	1,878	0,3942	−0,3919
16	0,2887	0,2591	1,045	1,514	1,520	0,4664	−0,2910
18	0,3106	0,2376	1,088	1,520	1,259	0,5377	−0,2041
20	0,3314	0,2184	1,128	1,532	1,062	0,6075	−0,1280
22	0,3512	0,2010	1,164	1,548	0,9076	0,6749	−0,06055
24	0,3700	0,1851	1,197	1,568	0,7844	0,7398	−0,0002906
26	0,3877	0,1705	1,228	1,589	0,6838	0,8018	0,05390
28	0,4045	0,1570	1,257	1,610	0,6004	0,8606	0,1029
30	0,4202	0,1445	1,284	1,633	0,5302	0,9163	0,1473
32	0,4350	0,1330	1,309	1,655	0,4705	0,9688	0,1877
34	0,4489	0,1223	1,333	1,677	0,4191	1,018	0,2245
36	0,4619	0,1124	1,354	1,698	0,3746	1,064	0,2581
38	0,4740	0,1033	1,375	1,719	0,3358	1,107	0,2889
40	0,4853	0,09487	1,394	1,739	0,3016	1,148	0,3169
42	0,4958	0,08707	1,411	1,758	0,2715	1,185	0,3426
44	0,5056	0,07988	1,427	1,775	0,2448	1,220	0,3662
46	0,5148	0,07325	1,443	1,792	0,2210	1,252	0,3877
48	0,5229	0,06715	1,457	1,808	0,1998	1,282	0,4074
50	0,5307	0,06152	1,470	1,823	0,1808	1,309	0,4254
52	0,5379	0,05635	1,482	1,837	0,1638	1,335	0,4420
54	0,5445	0,05159	1,493	1,849	0,1485	1,358	0,4571
56	0,5508	0,04722	1,503	1,861	0,1347	1,380	0,4709
58	0,5562	0,04321	1,513	1,873	0,1223	1,400	0,4836
60	0,5614	0,03953	1,521	1,883	0,1110	1,418	0,4952
62	0,5661	0,03615	1,529	1,892	0,1009	1,435	0,5058
64	0,5705	0,03305	1,537	1,901	0,09169	1,450	0,5155
66	0,5745	0,03021	1,544	1,909	0,08337	1,465	0,5243
68	0,5782	0,02761	1,550	1,917	0,07583	1,478	0,5324
70	0,5816	0,02523	1,556	1,924	0,06899	1,490	0,5399
72	0,5847	0,02305	1,561	1,930	0,06278	1,501	0,5466
74	0,5875	0,02106	1,566	1,936	0,05715	1,511	0,5528
76	0,5901	0,01924	1,570	1,941	0,05203	1,520	0,5585
78	0,5925	0,01757	1,574	1,946	0,04738	1,528	0,5636
80	0,5947	0,01604	1,578	1,951	0,04314	1,536	0,5684
	L_1	L_2	C_2	L_3	L_4	C_4	L_5

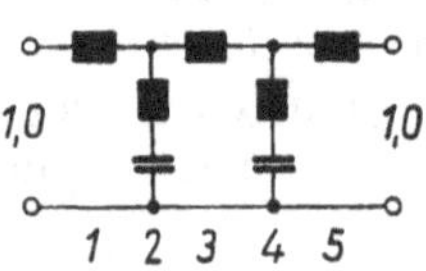

Im ersten Fall (Abschn. 3.2.1) liegt die sog. *einfache RC-Realisierung* zugrunde. Typische Ausführungen dafür sind Kettenvierpole, die — ähnlich wie im *LC*-Fall — durch die Kettenschaltung von sperrstellenerzeugenden Gliedern entstehen. Die formelmäßige Abbaumethode gegebener Vierpolimmittanzen erfolgt demgemäß durch eine Kettenentwicklung.

Im zweiten Fall (Abschn. 3.2.2) ist das Verfahren von E. Guillemin [G 11] angebracht. Es beruht auf der *Parallelschaltung von Kettenvierpolen*, die im wesentlichen darin besteht, daß der bekannte Übertragungsleitwert $Y_{12} = Y_{21}$ in eine Summe einfacherer Funktionen zerlegt wird. Diese werden partiell in Verbindung mit dem ebenfalls bekannten Kurzschlußleitwert Y_{11} oder Y_{22} als Kettenleiter realisiert.

3.2.1. RC-Kettenvierpole mit nur negativ reellen Übertragungsnullstellen

Das ist der Fall der sog. *einfachen RC-Synthese.* Das Realisierungsprinzip entspricht der Kettenentwicklung bei der *LC*-Synthese. Bereits auf Grund der bekannten Übertragungsnullstellen bei $\omega = 0$, $\omega = -\bar{\sigma}_{0\nu}$ und bei $\omega = \infty$, die einfach oder mehrfach vorkommen können. Die damit festgelegten Kettenvierpole haben damit (von der Art der Quell- bzw. der Lastimmittanz abhängige) Randelemente. Besonders einfach werden die Realisierungsvorschriften, wenn wir mit Einbettungsimmittanzen Null oder unendlich rechnen. Ein solches Vorgehen liegt nahe, da bei Strom- bzw. Spannungsteilungen im Netzwerk keine Resonanzerscheinungen (im Gegensatz zum *LC*-Netzwerk) auftreten und wir aus simplen physikalischen Überlegungen daran interessiert sind, eine möglichst „ungeschwächte Übertragung“ zu verwirklichen. Damit können wir uns auf Betriebsanordnungen

Tafel 3.6
Katalogblatt für Filterrealisierungen
TP C n = 3, A_{max} = 1,25 dB (≙ ϱ = 50%) Θ = 20° (1°), …, 60°, $ü^2$ = 1

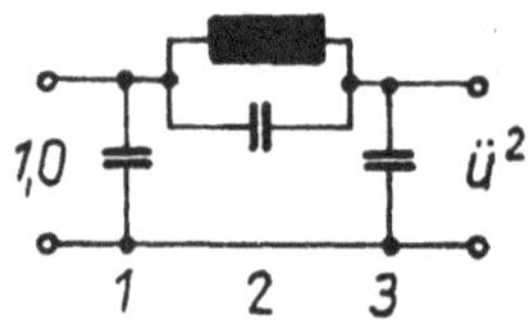

Θ	$C_1 = C_3$	C_2	L_2
10	2,1862	0,02429	0,9346
11	2,1820	0,02944	0,9317
	2,1773	0,03511	0,9284
	2,1723	0,04130	0,9249
	2,1667	0,04801	0,9211
	2,1609	0,05526	0,9170
16	2,1547	0,06305	0,9126
	2,1480	0,07139	0,9080
	2,1409	0,08029	0,9031
	2,1334	0,08976	0,8979
	2,1257	0,09983	0,8924
21	2,1174	0,1105	0,8866
	2,1087	0,1217	0,8806
	2,0996	0,1336	0,8743
	2,0902	0,1462	0,8677
	2,0803	0,1594	0,8608
26	2,0701	0,1732	0,8537
	2,0595	0,1878	0,8462
	2,0484	0,2031	0,8386
	2,0370	0,2192	0,8306
	2,0252	0,2360	0,8223
31	2,0130	0,2536	0,8138
	2,0003	0,2720	0,8051
	1,9873	0,2914	0,7960
	1,9740	0,3116	0,7867
	1,9601	0,3327	0,7771
36	1,9460	0,3549	0,7672
	1,9314	0,3781	0,7571
	1,9165	0,4023	0,7467
	1,9012	0,4277	0,7361
	1,8855	0,4543	0,7251
41	1,8694	0,4822	0,7139
	1,8529	0,5114	0,7025
	1,8361	0,5420	0,6908
	1,8189	0,5741	0,6789
	1,8012	0,6078	0,6666
46	1,7833	0,6433	0,6542
	1,7649	0,6805	0,6415
	1,7461	0,7198	0,6285
	1,7270	0,7611	0,6153
	1,7075	0,8047	0,6018

Θ	$C_1 = C_3$	C_2	L_2
51	1,6876	0,8508	0,5882
	1,6674	0,8995	0,5742
	1,6468	0,9511	0,5600
	1,6258	1,0058	0,5457
	1,6044	1,0640	0,5310
55	1,5827	1,1260	0,5162
	1,5606	1,1920	0,5011
	1,5382	1,2627	0,4858
	1,5153	1,3384	0,4704
60	1,4921	1,4198	0,4547
	$L_1 = L_3$	L_2	C_2

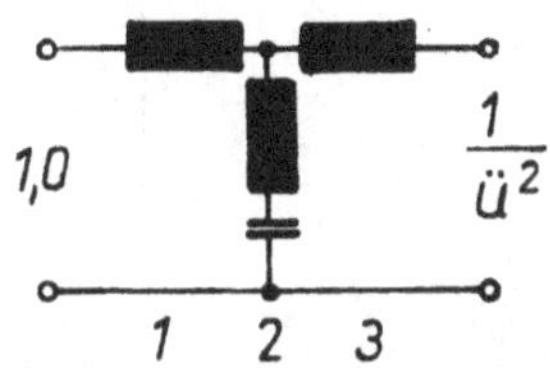

mit

> Quell- und Lastwiderständen gleich ∞ (Stromeinspeisung und ausgangsseitiger Leerlauf)
> oder gleich Null (Spannungseinspeisung und ausgangsseitiger Kurzschluß),
> wie in Tafel 3.7 beschrieben

oder mit

> Quellwiderstand gleich ∞ und Lastwiderstand gleich Null (Stromeinspeisung und ausgangsseitiger Kurzschluß) bzw. umgekehrt
> Quellwiderstand gleich Null und Lastwiderstand gleich ∞ (Spannungseinspeisung und ausgangsseitiger Leerlauf)
> wie in Tafel 3.8 erläutert,

beschränken. Da uns bekannt ist, daß die Nenner der Vierpolfunktionen übereinstimmen müssen und wir (willkürlich) eine Kettenentwicklung von rechts (d. h. von Z_{22} bzw. Y_{22} ausgehend) bevorzugen, können diese Parameter *grundsätzlich* aus einer (unendlichen) Vielfalt ausgewählt werden. Die in Tafel 1.7 geforderten RC-Realisierungs-

Tafel 3.7
RC-Kettenvierpole mit extremen gleichartigen Abschlußimmittanzen

Klassifizierung	Betriebsanordnung	Übertragungsfaktor und Vierpolparameter
A 1 (Leerlaufübertragungswiderstand)	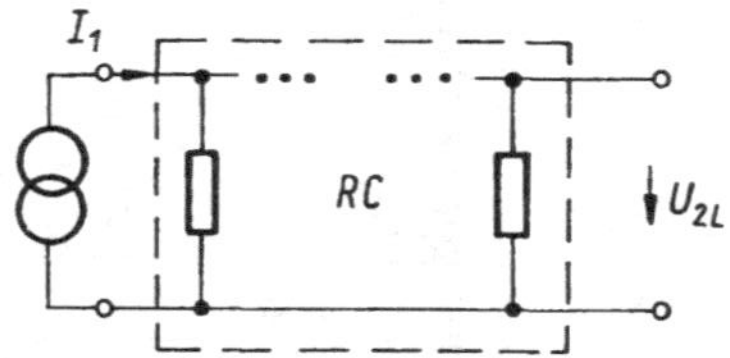 ∞	$Z_{UL} = \frac{U_{2L}}{I_1} = \frac{KF(p)}{G(p)} = Z_{21}$ mit $Z_{22} = \frac{A(p)}{G(p)}$
A 2 (Kurzschlußübertragungsleitwert)	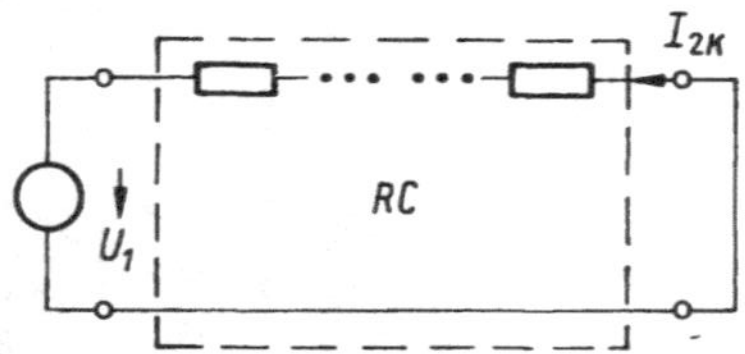	$Y_{UK} = \frac{I_{2K}}{U_1} = \frac{KF(p)}{G(p)} = Y_{21}$ mit $Y_{22} = \frac{A(p)}{G(p)}$

Realisierungsregel: In beiden Fällen $A(p)$ so wählen, daß $Z_{22} = Z_{22RC}$ bzw. $Y_{22} = Y_{22RC}$ gilt mit Grad von $A(p)$ = Grad von $G(p)$.

Tafel 3.8
RC-Kettenvierpole mit extremen Abschlußimmittanzen

Klassifizierung	Betriebsanordnung	Übertragungsfaktor und Vierpolparameter
B 1	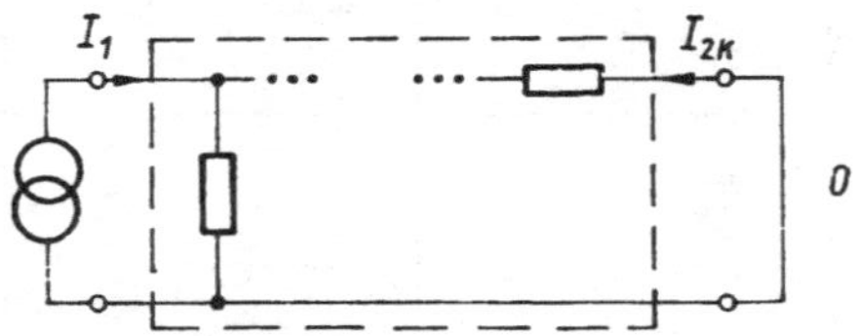	$T_{IK} = \frac{I_{2K}}{I_1} \frac{KF(p)}{G(p)} = \frac{-Z_{21}}{Z_{22}}$ mit $-Z_{21} = \frac{KF(p)}{B(p)}$ und $Z_{22} = \frac{G(p)}{B(p)}$
B 2	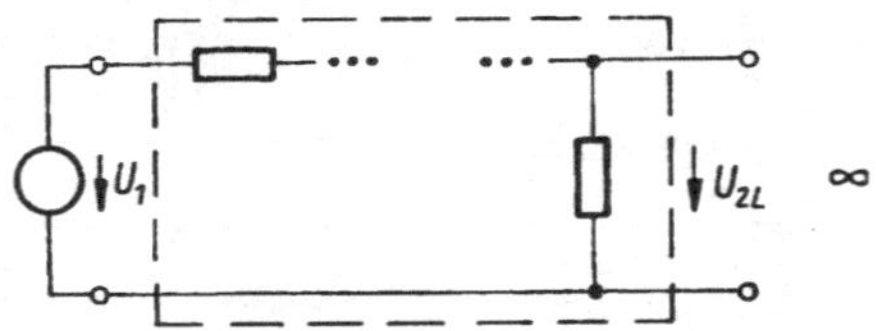	$T_{UL} = \frac{U_{2L}}{U_1} = \frac{KF(p)}{G(p)} = \frac{-Y_{21}}{Y_{22}}$ mit $-Y_{21} = \frac{KF(p)}{B(p)}$ und $Y_{22} = \frac{G(p)}{B(p)}$

Realisierungsregel: In beiden Fällen $B(p)$ so wählen, daß $Z_{22} = Z_{22RC}$ bzw. $Y_{22} = Y_{22RC}$ gilt mit Grad von $B(p)$ = Grad von $G(p)$.

Tafel 3.9
Elementarglieder für die „einfache“ RC-Kettenrealisierung

$\ddot{U}$-Nullstelle bei σ	Art des Elementargliedes	Berechnungsformeln: Teilabbau Restfunktion	Berechnungsformeln: Vollabbau	Berechnungsformeln: Restfunktion
0	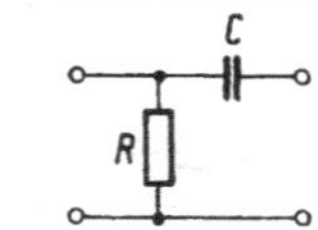	$\frac{1}{R} = Y\vert_{p=0}$ $Y^{(1)} = Y - \frac{1}{R}$	$C = \frac{Y^{(1)}}{P}\Big\vert_{p=0}$	$Z^{(2)} = Z^{(1)} - \frac{1}{pC}$
(HP-Verhalten, d. h. $Y(-\bar{\sigma}_0) \geqq 0$) $\bar{\sigma}_0$	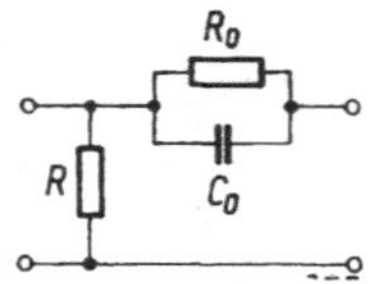	$\frac{1}{R} = Y\vert_{p=-\bar{\sigma}_0}$ $Y^{(1)} = Y - \frac{1}{R}$	$C_0 = \frac{Y^{(1)}}{p+\bar{\sigma}_0}\Big\vert_{p=-\bar{\sigma}_0}$ $R_0 = \frac{1}{\bar{\sigma}_0 C_0}$	$Z^{(2)} = \frac{1}{Y^{(1)}} - \frac{1}{(p+\bar{\sigma}_0)\,C_0}$
$\bar{\sigma}_0$ (TP-Verhalten, d. h. $Z(-\bar{\sigma}_0) \geqq 0$)	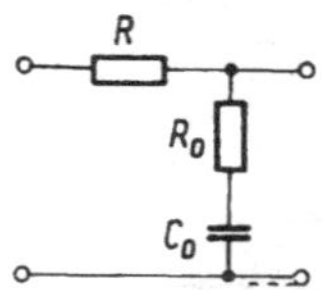	$R = Z\vert_{p=-\bar{\sigma}_0}$ $Z^{(1)} = Z - R$	$R_0 = \frac{p}{(p+\bar{\sigma}_0)\,Y^{(1)}}$ $C_0 = \frac{1}{\bar{\sigma}_0 R_0}$	$Y^{(2)} = Y^{(1)} - \frac{p}{(p+\bar{\sigma}_0)\,R_0}$
∞	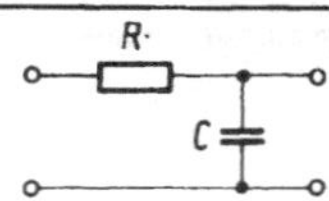	$R = Z\vert_{p=\infty}$ $Z^{(1)} = Z - R$	$C = \frac{1}{pZ^{(1)}}\Big\vert_{p=\infty}$	$Y^{(2)} = Y^{(1)} - pC$

bedingungen verlangen hinsichtlich Z_{22} bzw. Y_{22} nur, daß damit RC-Zweipole verwirklichbar sind. Trotzdem gibt es Zielstellungen, die tatsächlich angestrebt werden. Die praktische Brauchbarkeit hängt oft außer einem hinreichend großen K — sonst ist die Grunddämpfung u. U. erheblich — von dem Wertebereich für die Schaltelemente ab. Schon wenig Erfahrung mit Zahlenrechnungen zeigt, daß diese Forderung verletzt wird, wenn die Nullstellen der Ergänzungspolynome $A(p)$ bzw. $B(p)$ extrem dicht neben den Nullstellen des Polynoms $G(p)$ zu liegen kommen. Es ist empfehlenswert, die Freiheitsgrade zur Erzielung gewollter Eigenschaften zu nutzen. In den Beispielen werden wir auf nützliche Entscheidungsaspekte aufmerksam machen.

Ähnlich wie beim LC-Fall gelingt es uns hier, bereits auf Grund der bekannten Übertragungsnullstellen (= Sperrstellen) *qualitativ* mögliche RC-Kettenstrukturen aufzuzeichnen. Sperrstellen erzeugende Elementarglieder sind diesmal Formen, wie in Abb. 3.10 dargestellt. Die R_0C_0-Parallelschaltung im Längszweig bzw. die R_0C_0-Reihenschaltung läßt jeweils die „reelle Kreisfrequenz $\bar{\sigma}_0 = \frac{1}{R_0C_0}$“ nicht passieren und demonstriert damit eine Sperrstelle. Die Einbaulage im Längs- bzw. Querzweig ist bei Bezug auf die skizzierten Grundformen ein Hinweis, ob Hochpaß- (HP) oder Tiefpaß- (TP) Eigenschaften zu realisieren sind.

Beispiel 3.8

Qualitativer Entwurf eines RC-Kettenvierpols.

Gegeben: $Z_{\ddot{U}L} = \dfrac{Kp(p+4)}{(p+2)(p+6)}$.

Gesucht: Realisierende RC-Kettenstrukturen.

Lösung:

Zum Beispiel zeigt der PN-Plan von $Z_{\ddot{U}L}$ (Abb. 3.9a), daß bezüglich des Übertragungsverhaltens HP-Verhalten vorliegt.

Mögliche Strukturen sind deshalb bei einer Abbaureihenfolge von rechts $\sigma = 0$ und $\sigma = -4$ die Schaltung in Abb. 3.9b bzw. bei $\sigma = -4$ und $\sigma = 0$ die Schaltung in Abb. 3.9c. Die Stromteilung am Vierpoleingang bedingt eine „abschließende" ohmsche Querimmittanz.

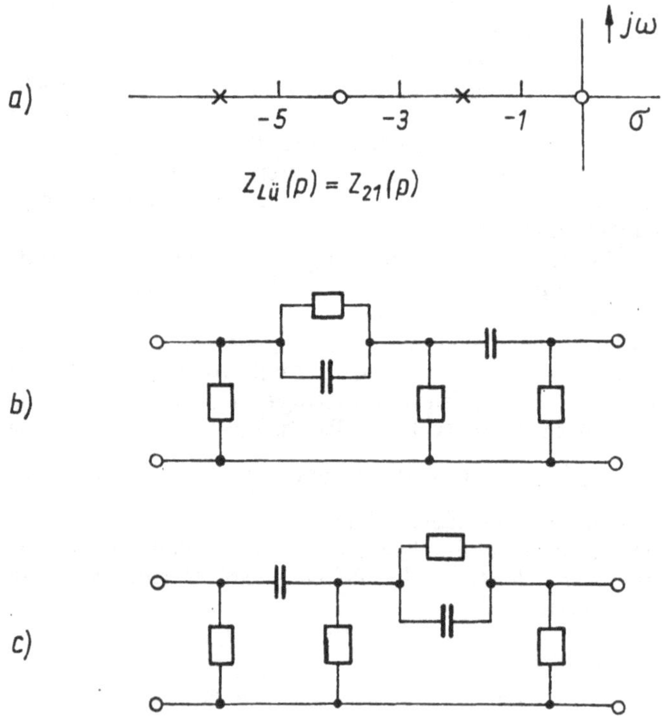

Abb. 3.9. PN-Plan und mögliche Strukturen, wenn $Z_{\ddot{U}L} = \dfrac{Kp(p+4)}{(p+2)(p+6)}$ gegeben ist

a) PN-Plan

b) Struktur beim Abbau von Z_{22} in der Reihenfolge $p = 0$ und $p = -4$

c) Struktur beim Abbau von Z_{22} in der Reihenfolge $p = -4$ und $p = 0$

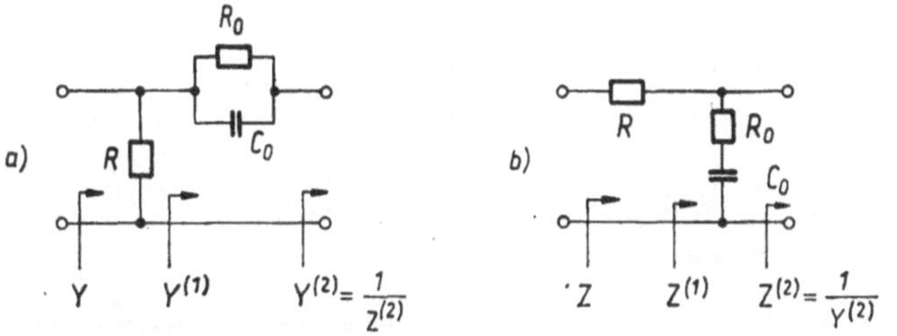

Abb: 3.10. Elementarglieder zum Abbau von Übertragungsnullstellen bei negativ reellen Frequenzen $\bar{\sigma}_0$
a) im Fall $Y(-\bar{\sigma}_0) \gtreqless 0$ (TP-Verhalten)
b) im Fall $Z(-\bar{\sigma}_0) \gtreqless 0$ (HP-Verhalten)

Quantitativ gilt für die zwei allgemeineren Möglichkeiten polerzeugender Glieder im Fall

Abb. 3.10a	Abb. 3.10b
$Y(-\bar{\sigma}_0) \gtreqless 0$	$Z(-\bar{\sigma}_0) \gtreqless 0$

Zunächst lesen wir für $p = -\bar{\sigma}_0$ bei den gewählten Bezeichnungen

$\frac{1}{R} + Y^{(1)}\Big\vert_{p=-\bar{\sigma}_0} = Y\vert_{p=-\bar{\sigma}_0}$	$R + Z^{(1)}\vert_{p=-\bar{\sigma}_0} = Z\vert_{p=-\bar{\sigma}_0}$

ab. Da jeweils die zweiten Glieder der linken Seiten identisch Null sind, bestehen die Bestimmungsgleichungen

$\frac{1}{R} = Y^{(1)}\Big\vert_{p=-\bar{\sigma}_0},$	$R = Z\vert_{p=-\bar{\sigma}_0},$
$Y^{(1)} = Y - \frac{1}{R} = \frac{1}{Z^{(1)}}$	$Z^{(1)} = Z - R = \frac{1}{Y^{(1)}}.$

Ferner gilt für die Partialbruchentwicklung in beiden Fällen

$Z^{(1)} = \dfrac{\frac{1}{C_0}}{p + \frac{1}{R_0 C_0}} + Z^{(2)}$	$Y^{(1)} = \dfrac{\frac{1}{R_0} p}{p + \frac{1}{R_0 C_0}} + Y^{(2)}$

mit

$C_0 = \left.\frac{Y^{(1)}}{p+\bar{\sigma}_0}\right\|_{p=-\bar{\sigma}_0} = \frac{1}{\bar{\sigma}_0 R_0}$	$R_0 = \left.\frac{p}{p+\bar{\sigma}_0} Y^{(1)}\right\|_{p=-\bar{\sigma}_0} = \frac{1}{\bar{\sigma}_0 C_0}.$
Dadurch ist auch	
$Z^{(2)} = \frac{1}{Y^{(1)}} - \frac{1}{(p+\bar{\sigma}_0)\,C_0}$	$Y^{(2)} = Y^{(1)} - \frac{p}{(p+\bar{\sigma}_0)\,R_0}$

bekannt, und der Abbauzyklus kann nach den gegebenen Voraussetzungen solange wiederholt werden, bis eine Restfunktion nullten Grades (Widerstand oder Leitwert) übrig bleibt. Zum praktischen Gebrauch sind die Resultate in Tafel 3.9 tabelliert und gleichzeitig durch die Sonderfälle $\sigma_0 = 0$ und $\sigma_0 = \infty$ ergänzt worden.

Das eingehende Studium der verschiedenen Betriebsanordnungen führt auf die Tatsache, daß wegen der vorausgesetzten Besonderheiten Verwandtschaften bestehen. Es ist sehr rationell, prinzipiell von den Grundformen in Tafel 3.7 (A-Varianten) auszugehen, da daraus bestimmte Gruppen von Übertragungsfaktoren — wie das die Tafeln 3.10 und 3.11 beschreiben — hervorgehen. Bemerkenswert ist ferner, daß Betriebsübertragungsfaktoren (mit vorerst unbekannten Übersetzungsverhältnissen) aus beiden „Wurzeln“ gewonnen werden können.

Beispiel 3.9

Vertrautwerden mit der RC-Kettenentwicklung.

Gegeben: $T'_{UL} = \frac{Kp(p+4)}{(p+2)(p+6)}$ mit der in Abb. 3.11a gezeichneten Betriebsanordnung.

Gesucht:

1. Realisierende Struktur einschließlich Bemessung.
2. Struktur und Bemessung weiterer daraus ableitbarer Varianten.

Tafel 3.10

Betriebsanordnungen für RC-Netzwerke, die auf $Z_{L\ddot{U}}$ reduzierbar bzw. daraus herleitbar sind

Art	Betriebsanordnung	Bemerkungen
Grundform $Z_{\ddot{U}L} = \frac{U_{2L}}{I_1}$	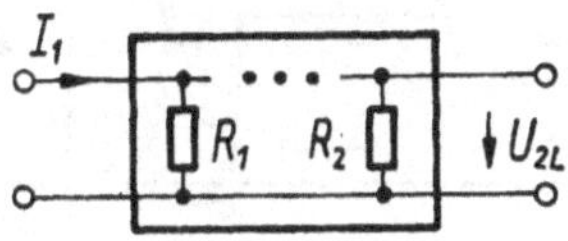	$Z_{\ddot{U}L} \triangleq T(p) = \frac{KF(p)}{G(p)}$ = Vorschrift
$Z_{\ddot{U}} = \frac{U_2}{I_1}$	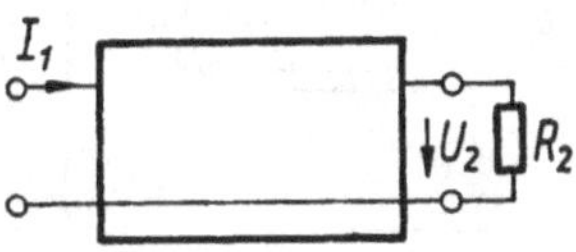	Spannungs-substitution: $U_{2L} \to U_2$ (durch „Herausziehen" von R_2), $Z_{\ddot{U}} \triangleq Z_{L\ddot{U}}$
$T_I = \frac{I_2}{I_1}$	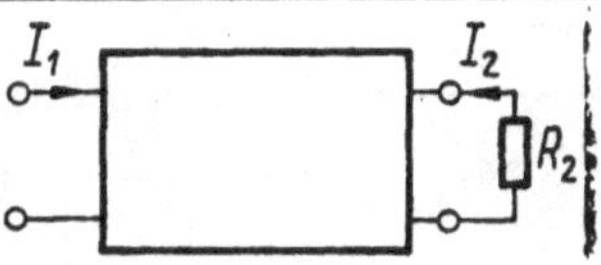	$T_I = -\frac{Z_{\ddot{U}}}{R_2}$
$T'_{UL} = \frac{U_{2L}}{U_0}$	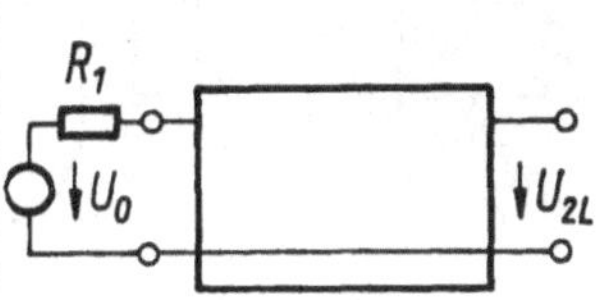	1. Stromsubstitution: $I_1 \to I_0$ 2. Quellentransformation: $U_0 = I_0 R_1$ $T'_{UL} = Z_{\ddot{U}L} \frac{1}{R_1}$
$T_B = \frac{-2I_2}{I_0}\sqrt{\frac{R_2}{R_1}}$ $= \frac{2U_2}{U_0}\sqrt{\frac{R_1}{R_2}}$	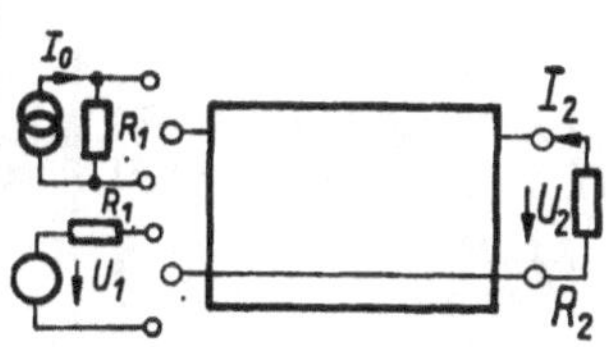	1. Strom- u. Spgs.-Substitution: $I_1 \to I_0$ und $U_{2L} \to U_2$ 2. Wahlweise $U_2 = -I_2 R_2$ oder $I_0 = U_0 \frac{1}{R_1}$ einführen

Tafel 3.11
Betriebsanordnungen für RC-Netzwerke, die auf $Y_{\ddot{U}K}$ reduzierbar bzw. daraus herleitbar sind

Art	Betriebsanordnung	Bemerkungen
Grundform $Y_{\ddot{U}K} = \frac{I_{2K}}{U_1}$	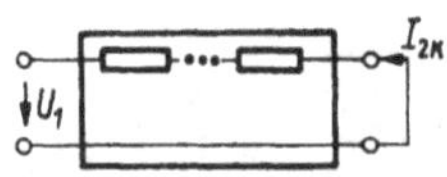	$Y_{\ddot{U}K} \triangleq T(p) = \frac{KF(p)}{G(p)}$ = Vorschrift
$Y_{\ddot{U}} = \frac{I_2}{U_1}$		Stromsubstitution: $I_{2K} \to I_2$ (durch „Herausziehen" von R_2), $Y_{\ddot{U}} \triangleq Y_{\ddot{U}K}$
$T_U = \frac{U_2}{U_1}$		$T_U = -R_2 Y_{\ddot{U}}$
$T'_{IK} = \frac{I_{2K}}{I_0}$	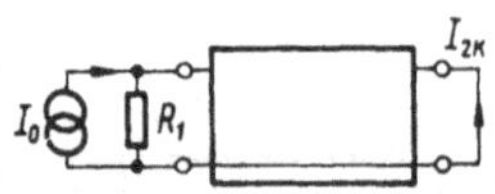	1. Spannungssubstitution: $U_1 \to U_0$ 2. Quellentransformation: $I_0 = \frac{U_0}{R_1}$ $T'_{IK} = Y_{\ddot{U}K} R_1$
$T_B = \frac{2U_2}{U_0}\sqrt{\frac{R_1}{R_2}}$ $= \frac{-2I_2}{I_0}\sqrt{\frac{R_2}{R_1}}$	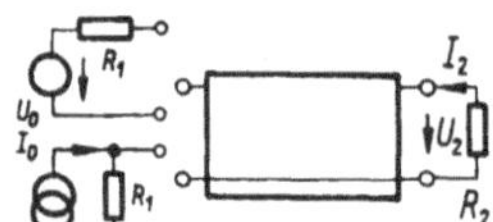	1. Spgs.- u. Stromsubstitution: $U_1 \to U_0$ und $I_{2K} \to I_2$ 2. Wahlweise $U_2 = -I_2 R_2$ oder $I_0 = U_0 \frac{1}{R_1}$ einführen

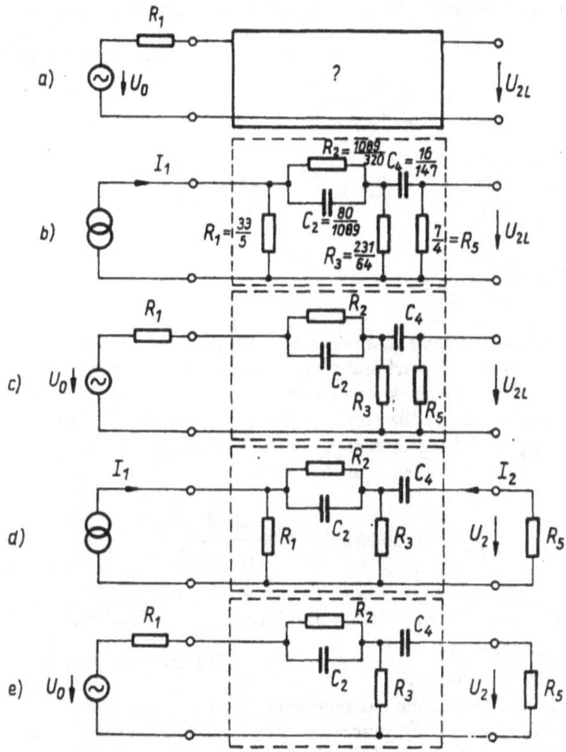

Abb. 3.11. **Realisierungsvarianten herrührend von einer RC-Z_{LU}-Funktion**

a) **Vorgeschriebener T'_{UL}-Betriebsfall**
b) **Damit verwandter Z_{UL}-Betriebsfall**
c) **Errechnete Struktur gehörend zu T'_{UL}**
d) **Z_U- bzw. T_I-Betriebsfall**
e) **T_B-Betriebsfall**

Lösung:

Zu 1. Nach Tafel 3.10 kann als „Wurzelfunktion" für das vorgegebene T'_{UL} der Leerlaufübertragungswiderstand Z_{UL} angesehen werden. Damit wissen wir aus Beispiel 3.8 die realisierende Struktur. (Willkürlich wird die Variante in Abb. 3.9b bevorzugt und damit gilt Abb. 3.11b.) Mit den eingetragenen Bezeichnungen erhalten wir bei der wiederholten Anwendung der Abbauregeln nach Tafel 3.9 bei einem (gewählten) zulässigen $Z_{22RC} = \frac{(p+3)(p+7)}{(p+2)(p+6)}$

$$\frac{1}{R_5} = \frac{4}{7}, \quad C_4 = \frac{16}{147}, \quad \frac{1}{R_3} = \frac{64}{231},$$

$$C_2 = \frac{80}{1089}, \quad R_2 = \frac{1089}{320}, \quad R_1 = \frac{33}{5}.$$

Fassen wir R_1 als Quellwiderstand auf, so geht die in Abb. 3.11b als $Z\ddot{U}_L$-Betriebsfall wirkende Schaltung in die gewünschte $T'_{\ddot{U}L}$-Form über, wenn wir zusätzlich $I_1 \to I_0$ einer Quellentransformation (Umrechnung in die äquivalente Spannungsquelle mit $R_i = R_1$) unterwerfen. Abb. 3.11c zeigt das Resultat. Realisiert wurde damit eine Funktion

$$T'_{\ddot{U}L} = 0{,}15151 \, \frac{p(p+4)}{(p+2)(p+6)},$$

wobei K durch die Nebenbedingung $T'_{\ddot{U}L}(\infty) = K = \frac{R_5 \text{ parallel } R_3}{R_1 + (R_5 \text{ parallel } R_3)}$ festgelegt ist. (Durch Umnormierung kann R_1 jeden gewünschten positiven Wert annehmen.)

Zu 2. Mit diesem Ergebnis sind praktisch auch folgende Realisierungen bekannt: Abb. 3.11d zeigt Schaltung und Bemessung für

$$Z\ddot{U} = \frac{U_2}{I_1} = \frac{p(p+4)}{(p+2)(p+6)},$$

da $K = 1$ aus $Z\ddot{U}(\infty) = \frac{1}{1/R_1 + 1/R_3 + 1/R_5} = 1$ gilt.

Bis auf eine geänderte Konstante, herrührend von $U_2 = -I_2 R_5$, repräsentiert diese Form auch

$$T_I = \frac{I_2}{I_1} = -\frac{4}{7} \, \frac{p(p+4)}{(p+2)(p+6)}.$$

Abb. 3.11 e erläutert Schaltung und Bemessung von

$$T_B = \frac{2U_2}{U_0}\sqrt{\frac{R_1}{R_5}} = 0{,}58847\,\frac{p(p+4)}{(p+2)(p+6)}.$$

Ergänzung:

Falls Z_{22} oder Y_{22} (entsprechend auch Z_{11} oder Y_{11}) „überzählige Pole" — Begriffserklärung siehe Beispiel 3.4 — haben, werden gemäß

$$Z_{22} = Z'_{22} + Z_0 \quad \text{oder} \quad Y_{22} = Y'_{22} + Y_0$$

Längszweige Z_0 bzw. Querzweige Y_0 abgespalten.

3.2.2. *Parallelgeschaltete RC-Kettenvierpole mit komplexen Übertragungsnullstellen*[1])

Werden Übertragungsnullstellen auf der positiven σ-Achse ausgenommen, so kann man stets für den zugrunde gelegten

Spannungs-Leerlauf-Übertragungsfaktor

$$T_{UL} = \frac{KF(p)}{G(p)} = \frac{-Y_{21}}{Y_{22}} \tag{3.8}$$

erreichen, daß die daraus ableitbaren Terme

$$-Y_{21} = \frac{KF(p)}{G(p)} = \frac{a_0 + a_1 p + a_2 p^2 + \cdots + a_m p^m}{G(p)},$$

$$Y_{22} = \frac{A(p)}{G(p)} \,^{2)} \tag{3.9}$$

[1]) Ähnliche Überlegungen führen zu *parallelgeschalteten LC-Kettenvierpolen*, die für komplexe Übertragungsnullstellen eine zugeschnittene Realisierung darstellen.

[2]) Entsprechend wäre eine Darstellung

$$-Y_{21} = \frac{KF(p)}{B(p)} \quad \text{und} \quad Y_{22} = \frac{G(p)}{B(p)}$$

möglich.

nur *positive* a_μ-Werte aufweisen. (Erzielt wird diese Form, falls notwendig, durch Erweiterung des Zählers und Nenners mit einem geeigneten Polynom, das nur negativ reelle Wurzeln besitzt [G 11].) Außerdem müssen $-Y_{21}$ und Y_{22} die Realisierbarkeitsbedingungen für *RC*-Netzwerke gemäß Tafel 1.7 erfüllen. Die Grundidee der Realisierungsmethode besteht darin, $KF(p)$ in eine *Summe einfacher Teilpolynome* zu zerlegen, etwa der Art

$$-Y_{12} = \frac{a_0 + a_1 p}{G(p)} + \frac{a_2 p^2 + a_3 p^3}{G(p)} + \cdots + \frac{a_{m-1} p^{m-1} + a_m p^m}{G(p)}. \tag{3.10}$$

Der Zähler des letzten Gliedes enthält entweder einen oder zwei Summanden, je nachdem ob m gerade oder ungerade ist. Jeder Summand von $-Y_{21}$ kann (da nur Übertragungsnullstellen auf der negativ reellen Achse — einschließlich 0 und ∞ — vorkommen) in Verbindung mit dem ebenfalls bekannten Y_{22} durch „einfache" Kettenvierpole realisiert werden.

Durch Parallelschalten der einzelnen Teilvierpole wird dann (wie es Abb. 3.12 erläutert) der gewünschte Ausdruck für T_{UL} realisiert, wenn *zusätzlich eine Leitwertanpassung* der Einzelnetzwerke erfolgt ist. Das ist verständlich, weil jeder Teilvierpol, gehörend zu $-Y_{21}$ und Y_{22}, mit einer erst nachträglich bestimmbaren Konstanten K die vorgeschriebene Teilfunktion realisiert und für die Gesamtschaltung der Kurzschlußleitwert Y_{22} gültig ist. Nehmen wir für die höchsten Potenzen für $A(p)$ und $G(p)$ Koeffizienten der Größe Eins an, so gilt für die „Leitwertanpassungsfaktoren"

$$\alpha_1 + \alpha_2 + \alpha_3 + \cdots = 1, \tag{3.11a}$$

und da jeder Summand von $-Y_{21}$ nach der Anpassung mit der gleichen multiplikativen Konstanten beaufschlagt ist, gilt außerdem

$$\alpha_1 K_1 = \alpha_2 K_2 = \alpha_3 K_3 = \cdots = K. \tag{3.11b}$$

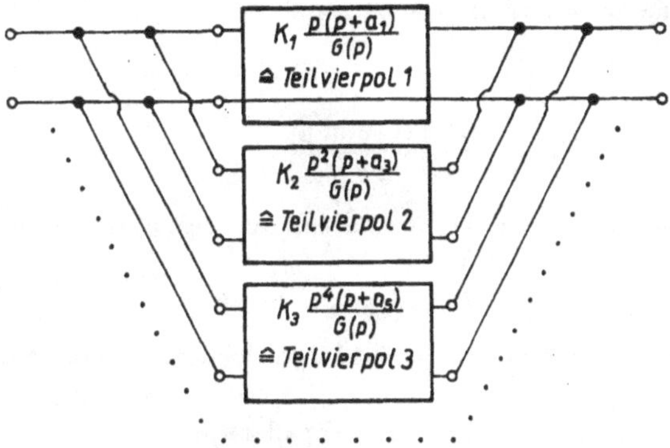

Abb. 3.12. Realisierung durch parallel geschaltete *RC*-Kettenvierpole

Aus beiden Verknüpfungen sind die vorerst unbekannten α_ν bestimmbar. Eingerechnet in die bereits bekannten Teilnetzwerke erhalten wir schließlich das mit K realisierte T_{UL}.

Beispiel 3.10

Vertrautwerden mit den parallel geschalteten *RC*-Kettenleiteranordnungen.

$$\text{Gegeben: } T_{LU} = K \frac{p^2 + p + 3}{(p + 2)(p + 4)} = \frac{KF(p)}{G(p)} = \frac{-Y_{21}}{Y_{22}}.$$

Gesucht: Realisierende *RC*-Schaltung.

Lösung:

Wahl der Vierpolparameter. Zulässig sind die Vierpolparameter

$$-Y_{21} = \frac{K(p^2 + p + 3)}{(p + 2)(p + 4)}, \quad Y_{22} = \frac{(p + 1)(p + 3)}{(p + 2)(p + 4)}.$$

Zerlegung von $KF(p)$ in einfachere Teilfunktionen:

$K_1(p + 3)$	K_2p^2

Realisierung der Einzelvierpole an Hand von

$$-Y_{21}^{(1)} = \frac{K_1(p+3)}{(p+2)(p+4)}$$

$$-Y_{21}^{(2)} = \frac{K_2 p^2}{(p+2)(p+4)}$$

$$Y_{22} = \frac{(p+1)(p+3)}{(p+2)(p+4)}.$$

Aufzeichnung potentieller Strukturen. Aus der Abbaureihenfolge (von rechts vorgenommen)

$p_1 = -3$ und $p_2 = \infty$ | $p_{1,2} = 0$

folgen mit Tafel 3.9 die in Abb. 3.13a gezeichneten Strukturen, da eine

bandpaßartige | hochpaßartige

Forderung vorliegt.

Berechnung der Bemessung nach Tafel 3.9. Aus

$$\frac{1}{R_5} = Y_{22}|_{p=-3} = 0,$$

$$Y_{22}^{(1)} = Y_{22}$$

$$C_4 = \left.\frac{Y_{22}}{p+3}\right|_{p=-3} = 2,$$

$$\frac{1}{Y_{22}^{(2)}} = \frac{2p^2 + 11p + 15}{2(p+1)(p+3)},$$

$$R_3 = \left.\frac{1}{Y_{22}^{(2)}}\right|_{p=\infty} = 1$$

$$\frac{1}{Y_{22}^{(3)}} = \frac{3}{2(p+1)},$$

$$C_2 = \left.\frac{Y_{22}^{(3)}}{p}\right|_{p=\infty} = \frac{2}{3} \text{ und}$$

$$Y_{22}^{(4)} = \frac{2}{3} = \frac{1}{R_1}$$

folgt die in Abb. 3.13a

Der Abbau von Y_{22} mit 2 Übertragungsnullstellen bei $p_{1,2} = 0$ entspricht einer Kettenbruchform 2. Art (Abschnitt I.3.1.5.2.).
Aus

$$Y_{22} = \frac{3 + 4p + p^2}{8 + 6p + p^2}$$

$$= \frac{3}{8} + \cfrac{1}{\cfrac{32}{7p} + \cfrac{1}{\cfrac{49}{88} + \cfrac{1}{\cfrac{968}{21p} + \cfrac{1}{\cfrac{3}{44}}}}}$$

folgt die in Abb. 3.13b

eingetragene Dimensionierung.

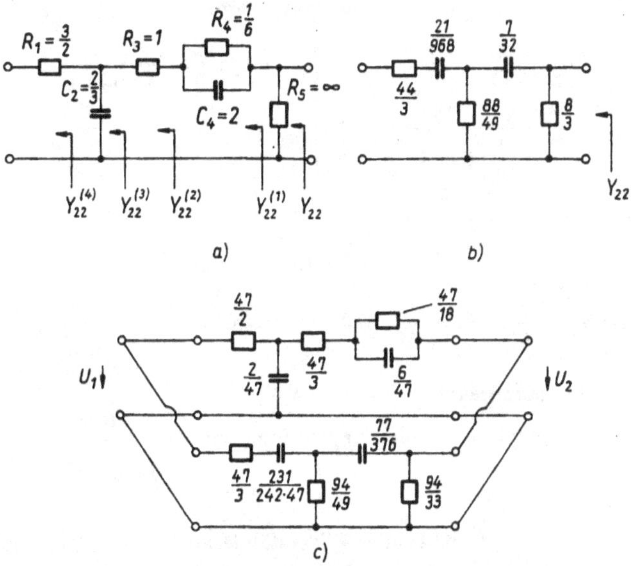

Abb. 3.13. Beispiel, das $T_{UL} = K \dfrac{p^2 + p + 3}{(p + 2)(p + 4)}$ realisiert

a) Teilvierpol gehörend zu $-Y_{21}^{(1)}$ und Y_{22}
b) Teilvierpol gehörend zu $-Y_{21}^{(2)}$ und Y_{22}
c) Gesamtschaltung

Konstantenbestimmung nach (3.11a) und (3.11b)

Aus der

Abb. 3.13a | Abb. 3.13b

lesen wir ab bei

$$-Y_{21}^{(1)} = \frac{K_1(p + 3)}{(p + 2)(p + 4)} \qquad \Bigg| \qquad -Y_{21}^{(2)} = \frac{K_2 p^2}{(p + 2)(p + 4)}$$

die realisierten Werte

$-Y_{21}^{(1)}(0) = K_1 = \dfrac{1}{\dfrac{1}{6} + 1 + \dfrac{3}{2}} = 1$	$-Y_{21}^{(2)}(\infty) = \dfrac{-I_2}{U_1}\Big\|_{p=\infty} = K_2 = \dfrac{3}{44}$

Damit gilt $\alpha_1 + \alpha_2 = 1$

$$\alpha_1 = \alpha_2 \frac{3}{44}$$

oder $\alpha_1 = \dfrac{3}{47}$, $\alpha_2 = \dfrac{44}{47}$ und $K = \alpha_1 K_1 = \dfrac{3}{47}$.

Leitwertanpassung

Durch Multiplizieren aller Kapazitäten mit

$\dfrac{3}{47}$	$\dfrac{44}{47}$

bzw. aller Widerstände mit

$\dfrac{47}{3}$	$\dfrac{47}{44}$

erzielen wir die notwendige Leitwertanpassung in

Teilvierpol 1	Teilvierpol 2

Abb. 3.13c zeigt das gesamte RC-Netzwerk, das

$$T_{UL} = \frac{3}{47} \frac{p^2 + p + 3}{(p+2)(p+4)} = \frac{U_{2L}}{U_1}$$

verwirklicht. Durch „Herausziehen des Querwiderstandes $\dfrac{94}{33}$"
ließe sich ein Spannungsübertragungsfaktor mit endlichen Lastwiderstand realisieren. Dieses Beispiel verdeutlicht die Eigentümlichkeit jeder passiven RC-Realisierung: Es kann nur ein vergleichsweise kleiner Faktor K verwirklicht werden.

Eine interessante Erweiterung der Kettenentwicklung ist die Dasher-Methode [D 11]. Damit können minimalphasige Übertragungsfunktionen bestimmt werden. Wie wir aus Abschnitt I.2.7 wissen, liegen die Übertragungsnullstellen dann in der Linken p-Halbebene einschließlich der $j\omega$-Achse. Abb. 3.14a erläutert den Sachverhalt global. Während die negativ reellen Übertragungsnullstellen in der Form einer „einfachen RC-Realisierung" (Abschn. 3.2.1) verwirklicht werden, erzeugen Doppel-T-Glieder die nunmehr auch möglichen komplexen Übertragungsnullstellen. Hinsichtlich der formelmäßigen

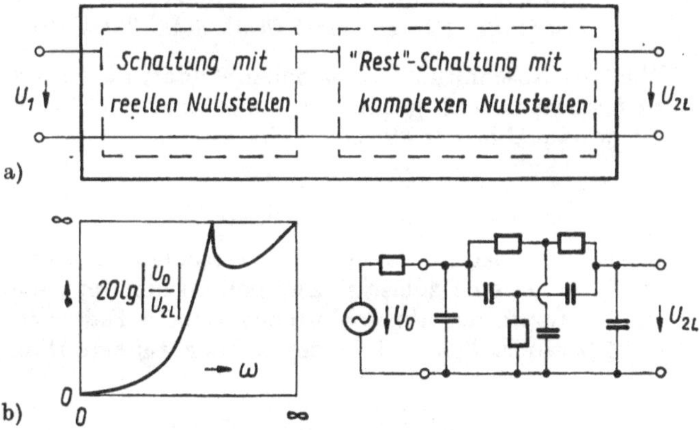

Abb. 3.14. Prinzipielle Erläuterung der Dasher-Realisierung

a) Aufspaltung der Übertragungsfunktion in einen Teil mit negativ-reellen und in einen Teil mit komplexen „minimalphasigen" Übertragungsnullstellen

b) Beispiel eines katalogisierten passiven RC-Filters [F 19] mit rein imaginären Übertragungsnullstellen

und numerischen Durchführung verweisen wir auf weiterführende Literatur [D 11], [F 1], [R 1], [T 1], [U 1]. Allgemein kann man aussagen, daß die Dasher-Entwicklung besonders in höhergradigen Fällen viel weniger Schaltelemente benötigt und außerdem damit oft größere K-Werte erzielt werden.

Wenn Selektions- oder Filterforderungen dominieren, sind nur Übertragungsfunktionen mit Sperrstellen bei

$0 \leqq \omega \leqq \infty$ interessant. Dafür sind in [F 20] für Standardfälle sowohl mit monotoner Charakteristik als auch mit TSCHEBYSCHEFF-Verhalten im Sperrbereich Daten katalogisiert, die einen rationellen Entwurf passiver *RC*-Filter erlauben. (Ein Beispiel mit dem Prinzipverlauf der Dämpfung und mit der realisierenden Struktur zeigt Abb. 3.14b).

3.3. Realisierung von Übertragungsfunktionen minimaler Phase[1] *durch überbrückte T-Glieder*

Wie aus Abschnitt I.3.1.2.2 bekannt (dort als Grundform 5 ausgewiesen), gehört zu einem überbrückten T-Glied, wie in Abb. 3.15 skizziert, ein

$$T_U = \frac{U_2}{U_1} = \frac{1}{1 + R_1(p)}, \tag{3.12}$$

wenn wir normiert, d. h. mit $R = 1$ rechnen. Dadurch wird T_U durch eine zulässige Zweipolfunktion repräsentiert, die nur in der abgeschlossenen Linken Halbebene $\operatorname{Re} p \leqq 0$ Nullstellen und in der offenen Linken Halb-

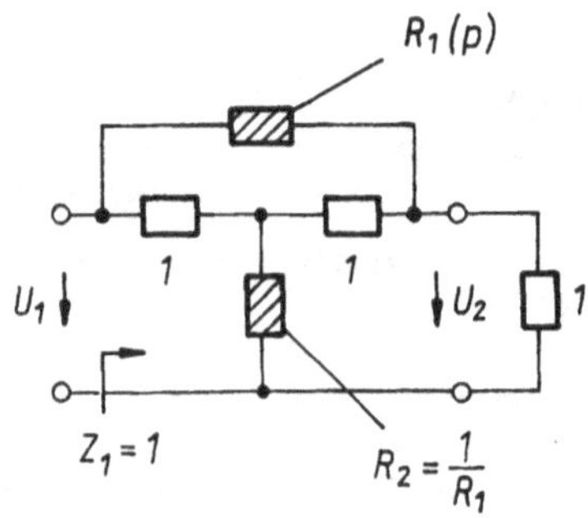

Abb. 3.15. Überbrücktes T-Glied mit dualen Zweigwiderständen

---

[1]) Gemeint sind Übertragungsfunktionen, die polfrei in der abgeschlossenen RHE sind, was aus Stabilitätsgründen im Vierpolfall immer vorausgesetzt werden muß.

ebene Re $p < 0$ besitzt. Diese Aussage ist aber identisch mit den Forderungen an eine minimalphasige Vierpolübertragungsfunktion. Umgeformt können wir anstelle von (3.12) auch schreiben

$$T_U(p) - \frac{1}{2} = \frac{1}{2}\,\frac{1 - R_1(p)}{1 + R_1(p)}. \tag{3.12a}$$

Damit gilt

Satz 3.2:

> Eine rationale, reelle und in Re $p < 0$ polfreie $T_U(p)$ kann mit einem überbrückten T-Glied realisiert werden, wenn $\left|T_U(j\omega) - \frac{1}{2}\right| \leq \frac{1}{2}$ für alle ω erfüllt ist.

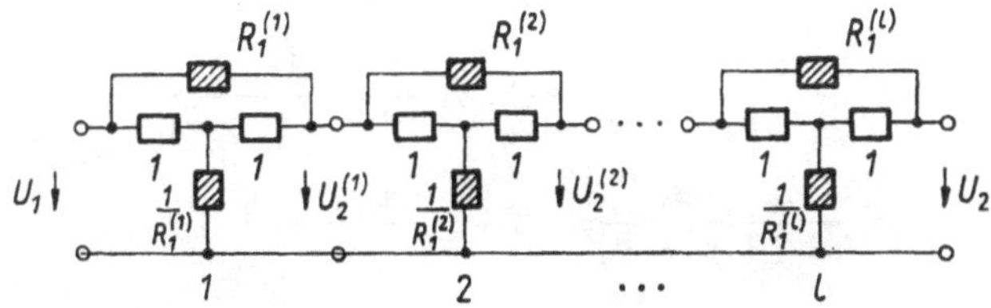

Abb. 3.16. Erläuterung der angepaßten Kettenschaltung zur Erzielung höhergradiger Übertragungsfunktionen

(3.12) umgestellt führt auf die Bestimmungsgleichung

$$R_1(p) = \frac{1}{T_U(p)} - 1. \tag{3.12b}$$

Da die in Abb. 3.15 dargestellte Struktur außerdem eine konstante Eingangsimpedanz $Z_1 = 1$ hat, liegt es nahe, höhergradige $T_U(p)$ durch eine *Kettenschaltung angepaßter Teilglieder* zu verwirklichen. Abb. 3.16 zeigt dazu den Sachverhalt.

Formelmäßig gilt damit

$$T_U = \frac{U_2}{U_1} = \prod_{\lambda=1}^{l} T_U{}^{(\lambda)} \tag{3.13}$$

mit $T_U^{(\lambda)} = \dfrac{U_2^{(\lambda)}}{U_2^{(\lambda-1)}}, \quad \lambda = 1, 2, 3, \ldots, l,$

$$U_1 = U_1^{(0)}, \quad U_2^{(l)} = U_2.$$

Der Kaufpreis für diese einfache und übersichtliche Realisierungsmöglichkeit ist ein hinreichend kleiner „Verstärkungsfaktor“ K in

$$T_U(p) = \frac{KF(p)}{G(p)}, \tag{3.12c}$$

da für jedes Glied Satz 3.2 gilt.

Es ist zweckmäßig und hinreichend, als Teilübertragungsfaktoren Formen ersten und zweiten Grades zu wählen, d. h., die Beschränkung auf

$$\begin{aligned} &K\frac{1}{p+b_0}, \quad K\frac{p+a_0}{p+b_0}, \quad K\frac{1}{p^2+b_1p+b_0}, \\ &K\frac{p+a_0}{p^2+b_1p+b_0}, \quad K\frac{p^2+a_1p+a_0}{p^2+b_1p+b_0} \end{aligned} \tag{3.14}$$

mit $b_1, b_0 > 0$, $a_0, a_1 \geqq 0$, $K > 0$ genügt. Eine Nachprüfung zeigt, daß sich dann — u. U. unter Hinzunahme von Erweiterungsfaktoren — stets realisierbare $R_1(p)$ bestimmen lassen. In Tafel 3.12 sind für die ersten drei Teilübertragungsfaktoren Nebenbedingungen und der formelmäßige Zusammenhang $R_1(p)$ einschließlich der zugehörigen Struktur aufgeschrieben. (Die Nachrechnung wird als Übung für den Leser empfohlen.)

Elementesparender ist es möglich, anstelle des überbrückten T-Gliedes übertragungsäquivalente Halbglieder mit $Z_1 = 1$ einzusetzen, Abb. 3.17 zeigt die zugehörigen (ebenfalls aus Abschn. I.3.1.2.2 bekannten) Strukturen.

Beispiel 3.11

Kennenlernen der Realisierung mit angepaßten überbrückten T-Gliedern.

Tafel 3.12 Nebenbedingungen und Realisierungen für minimalphasige Teilübertragungsfunktionen zur angepaßten Kettensynthese

$T(p)$	Nebenbedingungen	$R_1(p)$ Formel	$R_1(p)$ Realisierung
$\dfrac{K}{p + b_0}$	$K_{\max} = b_0$	$\dfrac{1}{b_0}\,p$	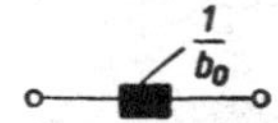
$K\,\dfrac{p + a_0}{p + b_0}$	Fall: $a_0 < b_0$ (HP) $K_{\max} = 1$	$\dfrac{b_0 - a_0}{p + a_0}$	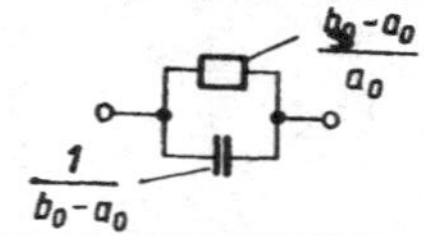
	Fall: $a_0 > b_0$ (TP) $K_{\max} = \dfrac{b_0}{a_0}$	$\dfrac{(a_0 - b_0)\,p}{b_0(p + a_0)}$	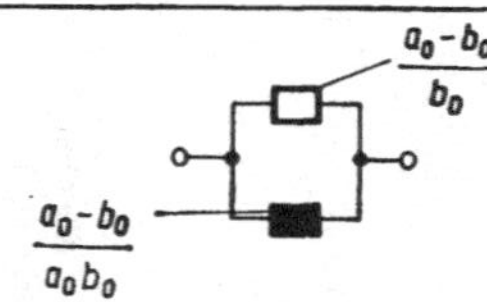
$K\,\dfrac{1}{p^2 + b_1p + b_0}$ $= K_1\,\dfrac{1}{p + \bar{b}_0}$ $\times K_2\,\dfrac{p + \bar{b}_0}{p^2 + b_1p + b_0}$	Zerlegung in 2 einfachere Ü-Faktoren $K_{\max} = K_1K_2$ mit $K_1 = K_2 = \dfrac{b_1}{2} = \bar{b}_0$	$\dfrac{1}{\bar{b}_0}\,p$ und $\dfrac{1}{\bar{b}_0}\,p + \dfrac{b_0 - \bar{b}_0^2}{\bar{b}_0(p + \bar{b}_0)}$	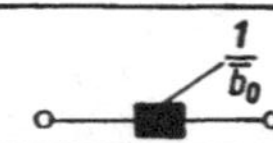 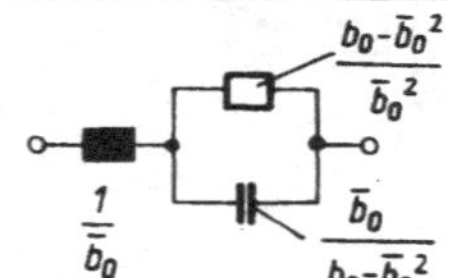

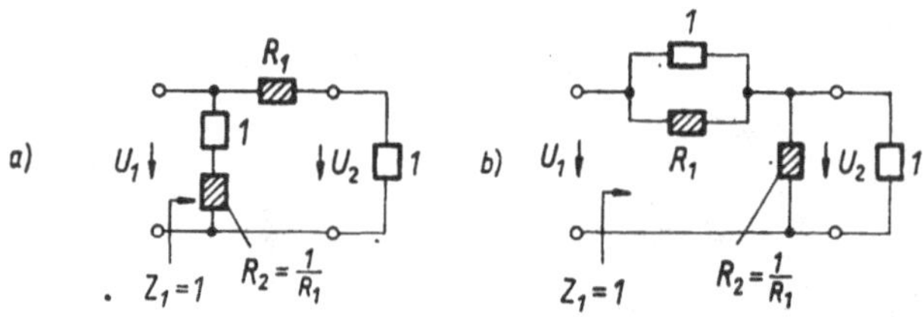

Abb. 3.17. Weitere Teilglieder, die hinsichtlich T_u und Z_1 mit dem Netzwerk in Abb. 3.15 äquivalent sind

Gegeben: $T_{UL} = \frac{U_2}{U_1}$ und eine Betriebsanordnung wie in Abb. 3.18 dargestellt.

Gesucht: Realisierende *RLC*-Struktur (mit durchgehender Erdverbindung und konstantem Eingangswiderstand)

Lösung:

Die Zerlegung

$$T_U = K_1 \frac{1}{p+1} \times K_2 \frac{1}{p+\bar{b}_0} \times K_3 \frac{p+\bar{b}_0}{p^2+b_1 p+b_0}$$

ist eine geeignete Aufbereitung zur Gewinnung zulässiger $R_1^{(\lambda)}$ ($\lambda = 1, 2, 3$). Mit dem Ziel

$$K = K_1 K_2 K_3 = K_{\max}$$

gilt nach Tafel 3.12 $K_1 = 1$, $K_2 = \frac{1}{2} = K_3 = \bar{b}_0$, und wir finden damit die in Abb. 3.18b gezeichneten $R_1^{(\lambda)}$. Bei einer Realisierungsform, basierend auf Teilstrukturen der Art wie in Abb. 3.17a dargestellt, erhalten wir schließlich die in Abb. 3.18c skizzierte Gesamtschaltung. Das mit dem Netzwerk realisierte K lesen wir (wie vorausberechnet) mit

$$\left.\frac{U_2}{U_1}\right|_{p=0} = K = \frac{1}{1+3} = \frac{1}{4}$$

ab. Wie wir noch sehen werden (Abschn. 7) haben wir kopplungsfrei die Vorschrift mit einem Minimum an Reaktanzelementen verwirklicht. Dagegen sind überflüssige ohmsche

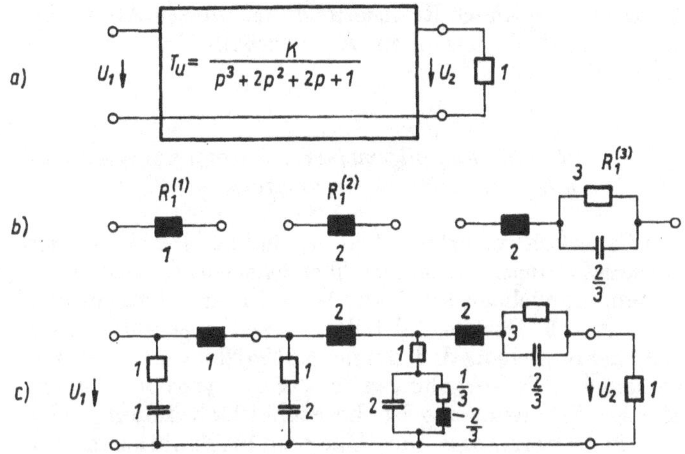

Abb. 3.18. Zahlenbeispiel für eine angepaßte *RLC*-Kettensynthese von überbrückten T-Gliedern

a) Vorgaben

b) Realisierende Teilvierpole $R_1^{(\lambda)}$ ($\lambda = 1, 2, 3$)

c) Errechnete Gesamtschaltung

Widerstände enthalten, die unnötige Wirkleistung verbrauchen und speziell K klein halten. Aus einfachen physikalischen Überlegungen geht hervor, daß $K = 1$ (das entspricht einer ungehinderten Gleichstromübertragung) ein auch für passive Realisierungen erzielbarer Höchstwert ist. Diesen Nebeneffekt müssen wir in Kauf nehmen, weil es mit eingeschränkten Zweipolrealisierungen möglich ist, allgemeine minimalphasige Vierpolübertragungsfunktionen durch die *angepaßte* Kettenschaltung von Teilgliedern zu erzeugen.

Die in Tafel 3.12 notierten Teilübertragungsfunktionen sind hinsichtlich K auf den Maximalwert optimiert, d. h. bei den Zweipolrealisierungen für $R_1^{(\lambda)}$ fehlen ohmsche Serienwiderstände, die zwangsläufig für $0 < K < K_{\max}$ auftreten. Es ist offensichtlich, daß dadurch die (unerwünschte) Grunddämpfung erhöht wird. Außerdem nimmt die Anzahl der zur Realisierung notwendigen Schaltelemente zu. Deutlich wird dadurch auch: Es gibt prinzipiell unzählige Realisierungsvarianten in Abhängigkeit von dem gewählten K innerhalb des erlaubten Intervalls.

3.4. *Realisierung allgemeiner Übertragungsfunktionen mit symmetrischen Kreuzschaltungen*

Wie schon mehrfach betont, haben *Brücken- oder Kreuzschaltungen* besonders übersichtliche Gesetzmäßigkeiten, die vielfach für theoretische Untersuchungen vorteilhaft sind. Für die Zielstellung dieses Abschnittes wird sich herausstellen, daß damit *RLCü*-Netzwerke bei allgemeinen PN-Verteilungen realisiert werden können. Einzige Voraussetzung ist die Stabilitätsbedingung oder die Forderung, daß nur Übertragungsfunktionen mit Polen in der offenen linken Halbebene vorkommen dürfen.

3.4.1. *Eigenschaften des symmetrischen Kreuzgliedes*

Basis der folgenden Betrachtungen ist die zwischen R_1 und R_2 eingebettete symmetrische Kreuzschaltung wie in Abb. 3.19 skizziert. Die Analyse liefert (dazu können wir das in (I.2.5) gefundene Ergebnis verwenden, wenn wir die in Abb. 3.19 eingeführten Bezeichnungen einsetzen)

$$T(p) = \frac{U_2}{U_0} = \frac{(Z_{2x} - Z_{1x})\,R_2}{2R_1R_2 + 2Z_{1x}Z_{2x} + (R_1 + R_2)\,(Z_{1x} + Z_{2x})}. \tag{3.15}$$

Damit wird deutlich, daß die Übertragungsnullstellen durch die Differenz zweier Zweipolfunktionen erzeugt werden. Und es ist einleuchtend: kleine Änderungen der Elementewerte können beträchtliche Änderungen der Übertragungseigenschaften zur Folge haben. Diese Toleranzempfindlichkeit ist charakteristisch für Brückenschaltungen.

(3.15) läßt sich wahlweise auflösen nach $Z_{1x} = f(Z_{2x}, R_1, R_2)$ bzw. nach $Z_{2x} = f(Z_{1x}, R_1, R_2)$. Formelmäßig erhalten wir im ersten Fall

$$Z_{1x} = Z_{2x} \frac{1 - T(p)\left(\frac{2R_1}{Z_{2x}} + \frac{R_1 + R_2}{R_2}\right)}{1 + T(p)\left(\frac{2Z_{2x}}{R_2} + \frac{R_1 + R_2}{R_2}\right)}. \qquad (3.16)$$

Mit Hilfe der Vierpoltheorie findet man ebenso die Betriebswiderstände der in Abb. 3.19 gewählten Grundform

$$Z_{1,2} = \frac{2Z_{1x}Z_{2x} + R_{2,1}(Z_{1x} + Z_{2x})}{Z_{1x} + Z_{2x} + 2R_{2,1}}. \qquad (3.17)$$

Damit können wir feststellen, daß sowohl die Übertragungseigenschaften als auch die Zweig- und Betriebswiderstände durchsichtig miteinander verknüpft sind. Durch spezielle Annahmen für Z_{1x} und Z_{2x} entstehen wichtige Unterklassen.

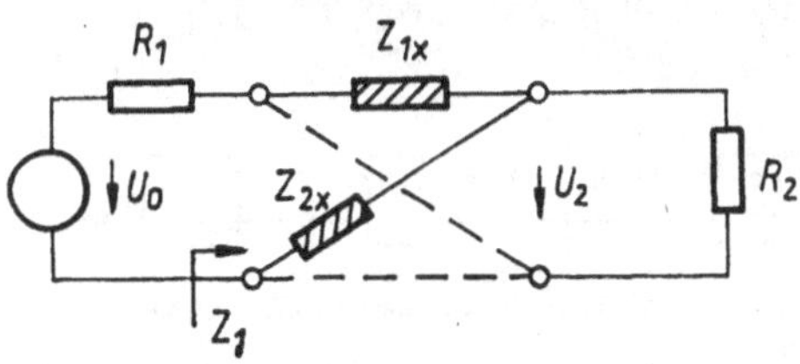

Abb. 3.19. Grundform einer Kreuzschaltung, die zwischen R_1 und R_2 eingebettet ist

3.4.2. *Realisierung durch Kaskadenschaltung von Elementargliedern*

Wenn

$$R_1 = R_2 = R, \qquad Z_{1x} \cdot Z_{2x} = 1, \qquad (3.18)$$

dann besitzt die Grundform (Abb. 3.19) konstante Betriebswiderstände der Größe

$$Z_1 = R = Z_2 = 1. \qquad (3.18a)$$

Außerdem gilt

$$T(p) = \frac{1}{2} \frac{1 - Z_{1x}}{1 + Z_{1x}} \tag{3.18b}$$

und

$$Z_{1x} = \frac{1}{Z_{2x}} = \frac{1 - 2T(p)}{1 + 2T(p)}. \tag{3.18c}$$

Analog wie in Satz 3.2 formuliert ist $\frac{Z_{1x}}{R}$ nach (3.18c) genau dann eine zulässige Zweipolfunktion, wenn die Bedingung $|T(j\omega)| \leqq \frac{1}{2}$ für alle ω-Werte erfüllt ist und $T(p)$ in der Halbebene $\operatorname{Re} p \geqq 0$ keine Pole hat. Gleichzeitig ist wegen (3.18) dann auch Z_{2x} eine solche.

Entsprechend Abschnitt 3.3 können mit dieser modifizierten Grundform höhergradige $T_U(p)$-Funktionen gemäß

$$T_U = \frac{U_2}{U_1} = \frac{U_2^{(1)}}{U_1} \cdot \frac{U_2^{(2)}}{U_2^{(1)}} \frac{U_2^{(3)}}{U_2^{(2)}} \cdots \frac{U_2^{(l)}}{U_2^{(l-1)}} = \prod_{\lambda=1}^{l} T_U^{(\lambda)} \tag{3.19}$$

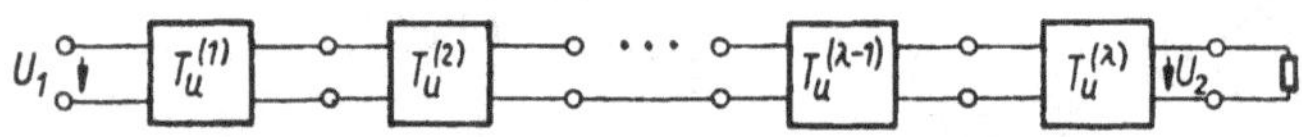

Abb. 3.20. Wirkprinzip für die angepaßte Kaskadenschaltung von elementaren Kreuzgliedern

durch eine Kaskade von elementaren Kreuzgliedern (erster und zweiter Ordnung) mit dem in Abb. 3.20 erläuterten Wirkprinzip realisiert werden. Da

$$T(p) = \frac{U_2}{U_0} = \frac{U_2}{2U_1} = \frac{1}{2} T_U \tag{3.19a}$$

auch für jedes Teilglied gilt, muß nur wegen (3.18b)

$$2|T^{(\lambda)}(j\omega)| = T_U^{(\lambda)}(j\omega) \leq 1 \tag{3.19b}$$

befriedigt werden. Für die Zweigwiderstände der Teilglieder gilt, ausgedrückt durch $T_U^{(\lambda)}(p)$

$$Z_{1x}^{(\lambda)} = \frac{1}{Z_{2x}^{(\lambda)}} = \frac{1 - T_U^{(\lambda)}(p)}{1 + T_U^{(\lambda)}(p)}. \tag{3.19c}$$

Beispiel 3.12

Realisierung einer allgemeinen T_U mit komplexen Nullstellen in der rechten p-Halbebene.

Gegeben: $T_U(p) = \dfrac{K(p^2 - 2p + 3)}{(p + 1)(p^2 + 3p + 3)}$.

Gesucht: Realisierende Struktur und Bemessung.

Lösung:

Mit der Zerlegung

$$T_U = K_1 \frac{1}{p + 1} \times K_2 \frac{p^2 - 2p + 3}{p^2 + 3p + 3}$$

gilt wegen 3.19b $K_1 = K_{1\max} = 1$ und $K_2 = K_{2\max} = 1$. Damit folgt aus (3.19c)

$$Z_{1x}^{(1)} = \frac{p + 1 - 1}{p + 1 + 1} = \frac{p}{p + 2} = \frac{1}{1 + \dfrac{2}{p}}, \quad Z_{2x}^{(1)} = 1 + \frac{2}{p},$$

$$Z_{1x}^{(2)} = \frac{p^2 + 3p + 3 - p^2 + 2p - 3}{p^2 + 3p + 3 + p^2 - 2p + 3} = \frac{5p}{2p^2 + p + 6}$$

$$= \frac{1}{\dfrac{2}{5}p + \dfrac{1}{5} + \dfrac{6}{5p}},$$

$$Z_{2x}^{(2)} = \frac{2}{5}p + \frac{1}{5} + \frac{6}{5} + \frac{6}{5p}.$$

Abb. 3.21 zeigt die realisierte Struktur. Schaltungen, nach dieser Methode entworfen, benötigen vergleichsweise viel Schaltelemente.

Durch äquivalente Strukturen gemäß Abb. 1.4 läßt sich die Anzahl der Bauelemente auf die Hälfte reduzieren, wenn die idealen Übertrager nicht mitgezählt werden. Wegen $U_1 = R_1 I_1$ und $U_2 = -I_2 R_2$ sind auf diese Weise ebenso allgemeine T_I-, $Z_Ü$- und $Y_Ü$-Vorschriften realisierbar.

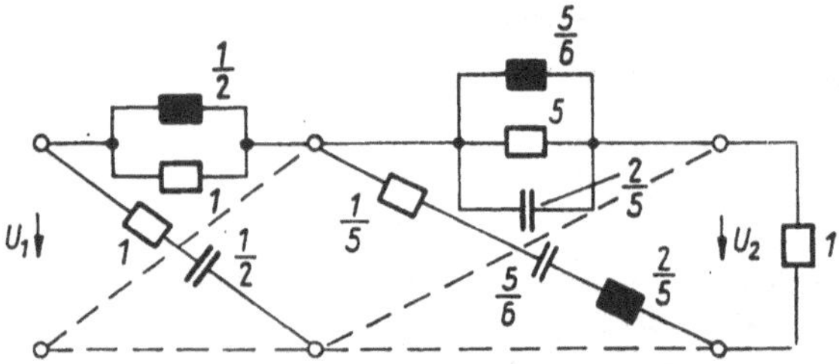

Abb. 3.21. Realisierung der allgemeinen Übertragungsfunktion

$$T_u = \frac{U_2}{U_1} = \frac{p^2 - 2p + 3}{(p + 1)(p^2 + 3p + 3)}$$

Bemerkenswert ist der Übergang zu Schaltungen, wie sie in Abschn. 3.3 besprochen wurden. Das gelingt nur, wenn bei $Z_{1x}^{(\lambda)}$ ein ohmscher Leitwert $\geqq 1$ und damit in dualer Abhängigkeit bei $Z_{2x}^{(\lambda)}$ ein ohmscher Widerstand $\geqq 1$ (Abb. 3.22a) extrahiert werden kann. Durch Analyse ist leicht nachzuprüfen [F 2], daß dann die Strukturen Abb. 3.22a und b äquivalent sind. Dieser Fall tritt genau dann ein, wenn eine minimalphasige Übertragungsfunktion mit Übertragungsnullstellen in der abgeschlossenen linken Halbebene vorliegt. Bei Allpaßfunktionen entarten Z_{1x} und Z_{2x} in eine LC-Zweipolfunktion. Diesen weiteren Sonderfall besprechen wir in Abschn. 3.5.

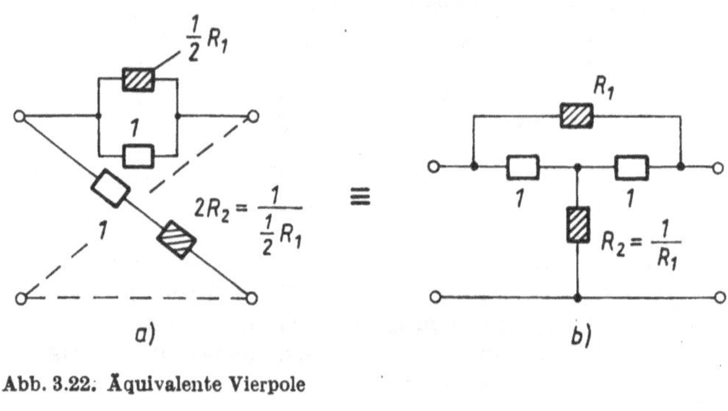

Abb. 3.22. Äquivalente Vierpole

3.4.3. *Realisierung bei der* DARLINGTON-*Bedingung* $Z_{\nu x} = \sqrt{R_1 R_2}$

Beispielsweise kann durch die Vorgabe

$$Z_{2x} = \sqrt{R_1 R_2} = R \tag{3.20}$$

in der Grundform (Abb. 3.19) bei der praktischen Ausführung oft eine nützliche Vereinfachung vorgenommen werden. Die Nebenbedingung (3.20) führt auf

$$T(p) = \frac{U_2}{U_0} = \frac{[R - Z_{1x}]\, R_2}{2R^2 + 2RZ_{1x} + (R_1 + R_2)\,(R + Z_{1x})} \tag{3.21a}$$

bzw. umgestellt auf

$$Z_{1x} = R\,\frac{1 - T(p)\,(1 + \sqrt{R_1/R_2})^2}{1 + T(p)\,(1 + \sqrt{R_1/R_2})^2}. \tag{3.21b}$$

Daher läßt sich die gleichzeitige Forderung nach konstanten Betriebswiderständen nicht aufrechterhalten. Formelmäßig gilt damit stets

$$Z_{1,2} \neq \text{const}. \tag{3.21c}$$

Das ist der Grund, warum der Aufbau von höhergradigen Funktionen durch Kaskadenschaltung nicht mehr möglich ist. Trotz der Beschränkung auf die Grundform kann diese Lösungsvariante vorteilhaft sein. Obwohl zunächst immer R_1 und R_2 ungleich Null vorausgesetzt wird, ist auch der Grenzfall $R_1 = 0$ und $R_2 = \infty$ (bei $\sqrt{R_1 R_2} = R = 1$ als Rechengröße) erlaubt. Anstelle von $T_U = \frac{U_2}{U_1}$ kann dann nur ein $T_{UL} = \frac{U_{2L}}{U_1}$ verwirklicht werden. Aus (3.21b) lesen wir ab, daß bei beliebiger Wahl von positiven R_1 und R_2 für alle ω-Werte die Ungleichung

$$|T(j\omega)| \leqq \frac{1}{\left(1 + \sqrt{\frac{R_1}{R_2}}\right)^2} \tag{3.21d}$$

erfüllt sein muß.

Die Zweigimpedanzen des Kreuzgliedes sind durch (3.20) und (3.21b) bestimmt, wobei Z_{2x} durch einen (einfachen) ohmschen Widerstand und Z_{1x} i. allg. durch einen *RLCü*-Zweipol repräsentiert wird.

Natürlich ist auch die Vertauschung $Z_{1x} = \sqrt{R_1 R_2} = R$ und $Z_{2x} = f\left(T(p), R_1, R_2\right)$ bei Beachtung von (3.21d) eine weitere Variante.

Beispiel 3.13.

Gegeben: $T(p) = \frac{U_2}{U_0}$ und eine Betriebsanordnung wie in Abb. 3.23a skizziert.

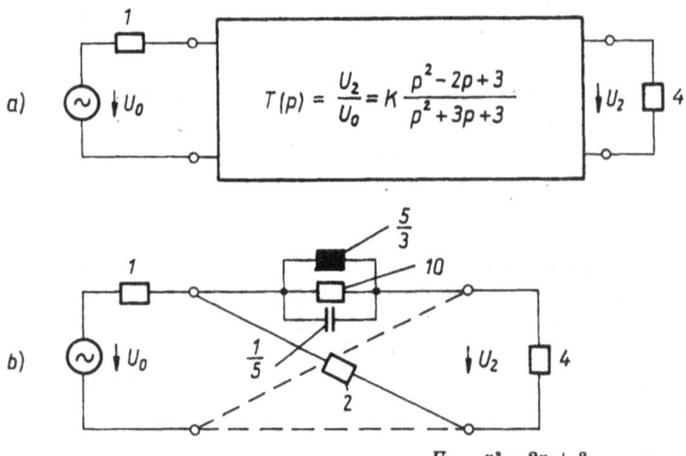

Abb. 3.23. DARLINGTON-Realisierung von $T = \frac{U_2}{U_0} = \frac{p^2 - 2p + 3}{p^2 + 3p + 3}$ bei $R_1 = 1$ und $R_2 = 4$

a) Vorschrift und Betriebsanordnung

b) Errechnete Schaltung

Gesucht: Realisierende Struktur.

Lösung:

Aus (3.21 d) folgt zunächst

$$|T(j\omega)|_{\max} = T(0) = K_{\max} = \frac{1}{\left(1 + \sqrt{\frac{1}{4}}\right)^2} = \frac{4}{9}.$$

Eingesetzt in die Bestimmungsgleichungen (3.21 b) und (3.20) für die Zweigwiderstände finden wir

$$Z_{1x} = 2\,\frac{p^2 + 3p + 3 - p^2 + 2p - 3}{p^2 + 3p + 3 + p^2 - 2p + 3}$$

$$= \frac{10p}{2p^2 + p + 6} = \frac{1}{\frac{1}{5}p + \frac{1}{10} + \frac{3}{5p}},$$

$$Z_{2x} = \sqrt{1 \cdot 4} = 2.$$

Ein anderer Ausgangspunkt sind die in Tafel 3.13 aufgeführten (einseitig beschalteten) Grundformen. Auch bei dieser Netzwerkklasse bestehen zwischen T_U, $Y_{\ddot{U}}$, T_{UL}, $Y_{\ddot{U}K}$ einerseits und T_I, $Z_{\ddot{U}}$, Z_{KI}, $Z_{L\ddot{U}}$ andererseits einfache Umrechnungsregeln. Bei symmetrischen Brücken- oder Kreuzschaltungen können alle diese Übertragungsfunktionen allgemein als f (Zweigimmittanzen) ausgedrückt werden. Wiederum sind die Zähler stets Differenzen von Zweipolfunktionen, und Vereinfachungen treten bei dualen Zweigimmittanzen auf.

3.5. *Realisierung von Allpaß-Übertragungsfunktionen*

Genau wie die Dämpfungsverzerrungen (= Abweichungen des Frequenzganges von einer Konstanten im Nutzbereich) sind die Phasenverzerrungen (= Abweichungen von einem linearen Frequenzgang bzw. von einer konstanten Gruppenlaufzeit im Nutzbereich) natürliche Merkmale technischer Übertragungsmittel. Deshalb ist es notwendig, besonders bei Bildtelegrafie- und Fernsehübertragung, entstandene Laufzeitunterschiede durch

Tafel 3.13
Übertragungsfunktionen, ausgedrückt durch die Zweigwiderstände des einseitig belasteten Kreuzgliedes

Grundformen

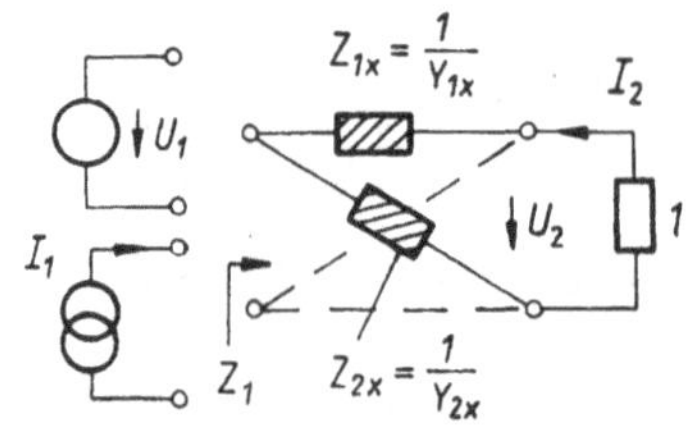

$$Z_{12} = Z_{21} = \frac{Z_{2x} - Z_{1x}}{2}$$

$$Z_{11} = Z_{22} = \frac{Z_{2x} + Z_{1x}}{2}$$

$$Y_{21} = Y_{21} = \frac{Y_{2x} - Y_{1x}}{2}$$

$$Y_{11} = Y_{22} = \frac{Y_{2x} + Y_{1x}}{2}$$

$$T_U = \frac{U_2}{U_1} = \frac{-(Y_{2x} - Y_{1x})/2}{1 + (Y_{2x} + Y_{1x})/2} = -Y_Ü = -\frac{I_2}{U_1}$$

$$T_{LU} = \left.\frac{U_2}{U_1}\right|_{R_2=\infty} = \frac{-(Y_{2x} - Y_{1x})}{Y_{2x} + Y_{1x}}, \quad Y_{KÜ} = \left.\frac{I_2}{U_1}\right|_{R_2=0} = \frac{Y_{2x} - Y_{1x}}{2}$$

$$T_I = \frac{I_2}{I_1} = \frac{-(Z_{2x} - Z_{1x})/2}{1 + (Z_{2x} + Z_{1x})/2} = -Z_ü = -\frac{U_2}{I_1}$$

$$T_{IK} = \left.\frac{I_2}{I_1}\right|_{R_2=0} = \frac{-(Z_{2x} - Z_{1x})}{Z_{2x} + Z_{1x}}, \quad Z_{ÜL} = \left.\frac{U_2}{I_1}\right|_{R_2=\infty} = \frac{Z_{2x} - Z_{1x}}{2}$$

Sonderfall: $Z_1 = R = 1$ verlangt $Z_{1x} \cdot Z_{2x} = R^2$

$$T_U = \frac{U_2}{U_1} = \frac{2U_2}{U_0} = \frac{Y_{1x} - 1}{Y_{1x} + 1} = \frac{1 - Y_{2x}}{1 + Y_{2x}} = \frac{Z_{2x} - 1}{Z_{2x} + 1} = \frac{1 - Z_{1x}}{1 + Z_{1x}}$$

$$T_I = \frac{I_2}{I_1} = \frac{2I_2}{I_0} = \frac{Z_{1x} - 1}{Z_{1x} + 1} = \frac{1 - Z_{2x}}{1 + Z_{2x}} = \frac{Y_{2x} - 1}{Y_{2x} + 1} = \frac{1 - Y_{1x}}{1 + Y_{1x}}$$

zusätzliche Netzwerke vorgeschrieben klein zu halten. Dazu dienen *Allpässe* (AP), deren prinzipielle Eigenschaften wir bereits in Abschn. I.2.8 kennengelernt haben. Danach ließ sich jede allgemeine Übertragungsfunktion (I.2.38) durch

$$T(p) = T_{\min}(p)\, T_{\mathrm{AP}}(p)$$

mit der Allpaß-Übertragungsfunktion

$$T_{\mathrm{AP}}(p) = \frac{F(-p)}{F(p)} \tag{3.22}$$

ausdrücken.

Da $F(p)$ ein HURWITZ-Polynom ist, können wir schreiben

$$T_{\mathrm{AP}}(p) = \frac{F_g(p) - F_u(p)}{F_g(p) + F_u(p)} = \frac{1 - \dfrac{F_u(p)}{F_g(p)}}{1 + \dfrac{F_u(p)}{F_g(p)}}, \tag{3.22a}$$

und für den Betrag gilt

$$|T_{\mathrm{AP}}(j\omega)| = 1. \tag{3.22b}$$

(Die Bezeichnung Allpaß bedeutet, daß der zugehörige Vierpol alle Frequenzen ungehindert passieren läßt.)

Zur Vereinfachung lassen wir nachstehend den Index AP bei $T(p)$ fort, da wir ausschließlich nur solche betrachten.

3.5.1. Reaktanzallpässe

Besonders übersichtlich und einfach werden die Realisierungen für (3.22), wenn Reaktanz- oder *LC*-Allpässe verwendet werden. Ausgehend von der Grundform

$$T(p) = T_U = \frac{U_2}{U_1} \quad \text{bei} \quad R_1 = 0 \quad \text{und} \quad R_2 = 1 \tag{3.23}$$

gilt bei dualen Zweigimmittanzen $Z_{1x}Z_{2x} = 1$ nach Tafel 3.13 bei Beachtung von (3.22a)

$$Z_{1x} = \frac{1}{Z_{2x}} = \frac{F_u(p)}{F_g(p)}. \tag{3.23a}$$

Z_{1x} und Z_{2x} sind damit (nach (I.3.15a)) *Reaktanzzweipolfunktionen*, die sich stets kopplungsfrei realisieren lassen.

Zugleich ist damit das vorgegebene $T(p)$ verwirklicht. Durch Anwendung der in Abb. 1.4 genannten Äquivalenz kann die Grundform des Kreuzgliedes in eine erdunsymmetrische Struktur mit der halben Anzahl von Energiespeichern umgewandelt werden.

Die Eigenschaft $Z_1 = 1$ ausnutzend ist es praktisch, höhergradige $T(p)$ durch eine Kaskade von Teilallpässen $T^{(\lambda)}(p)$ erster und zweiter Ordnung zu realisieren. Abb. 3.24 zeigt das Konstruktionsprinzip hierfür.

Insgesamt stellen wir abschließend fest, daß der theoretische Entwurf von Allpässen eine vergleichsweise einfache Angelegenheit ist.

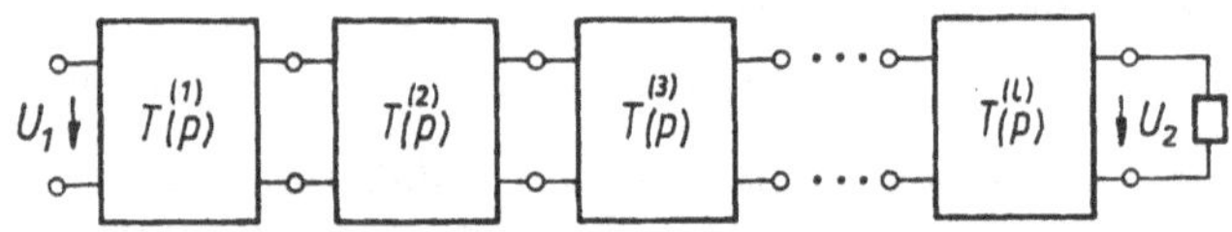

Abb. 3.24. Kaskadenprinzip zum Aufbau höhergradiger Allpaßfunktionen au Teilfunktionen 1. oder 2. Ordnung

Allpaßfunktionen erster Ordnung. Aus

$$T(p) = \frac{b_0 - p}{b_0 + p} \quad \text{mit} \quad b_0 > 0, \tag{3.24}$$

das einen reellen Pol und eine reelle Nullstelle (symmetrisch zur $j\omega$-Achse) repräsentiert, erhalten wir mit (3.23a)

$$Z_{1x} = \frac{F_u(p)}{F_g(p)} = \frac{p}{b_0} = pL_1 = \frac{1}{Z_{2x}} = pC_2. \tag{3.24a}$$

Abb. 3.25 zeigt zwei damit realisierte Schaltungsstrukturen einschließlich Bemessungsgleichungen. Im Beispielfall kann der nach Abb. 1.4 ursprünglich notwendige ideale Übertrager durch Verwendung eines gekoppelten Induktivitätenpaares eingespart werden. Somit ist praktisch lediglich eine in der Mitte angezapfte Induktivität (Abb. 3.25b) der Größe $\frac{2}{b_0}$ erforderlich. Die verlangte feste Kopplung wird durch eine „bifilare Wicklung“ erreicht (≙ Aufbringen eines Doppeldrahtes auf einen Kern, dessen Enden in der durch den Punkt gekennzeichneten Weise zu verbinden sind). (Vereinbarung: Vom „Standort des Punktes“ gesehen muß gleicher Wicklungssinn vorliegen.)

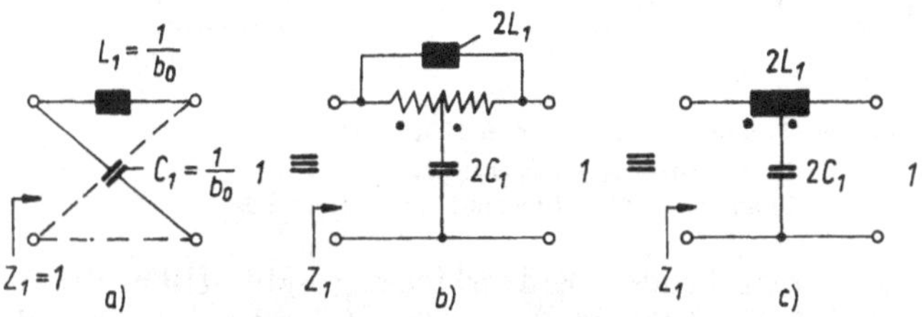

Abb. 3.25. Realisierung von Allpässen 1. Ordnung

a) symmetrische Kreuzschaltung
b) äquivalente Schaltung mit idealem Übertrager
c) äquivalente Schaltung mit angezapfter Spule

Allpaßfunktionen zweiten Grades. Aus

$$T(p) = \frac{b_0 - b_1 p + p^2}{b_0 + b_1 p + p^2} \quad \text{mit} \quad 0 < \frac{b_1}{2} < \sqrt{b_0}, \tag{3.25}$$

das ein komplexes Pol- und Nullstellenpaar (symmetrisch zur $j\omega$-Achse) repräsentiert, folgt mit (3.23a)

$$Z_{1x} = \frac{F_u(p)}{F_g(p)} = \frac{b_1 p}{b_0 + p^2} = \frac{1}{\dfrac{b_0}{b_1 p} + \dfrac{p}{b_1}}$$

$$= \frac{1}{pL_1 + \dfrac{1}{pC_1}} = \frac{1}{Z_{2x}} = \frac{1}{\dfrac{1}{pC_2} + pL_2}. \tag{3.25a}$$

Abb. 3.26a zeigt die realisierende Kreuzstruktur. Von Interesse sind zusätzlich elementesparende Netzwerke

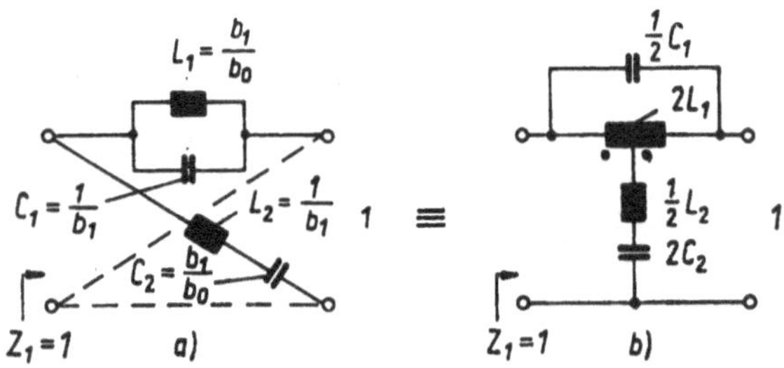

Abb. 3.26. Realisierung von Allpässen 2. Ordnung
a) symmetrische Kreuzschaltung
b) äquivalente Schaltung mit angezapfter Spule

mit durchgehender Erdverbindung. Mit Hilfe der in Abb. 1.4 vorgestellten Äquivalenz folgt bei bezüglich L_1 gleichem Sonderfall wie in Abb. 3.25c die in Abb. 3.25b dargestellte Struktur. Auf der Suche nach kopplungsfreien Schaltungen mit durchgehender Erdverbindung bietet sich u. a. ein Netzwerk, wie in Abb. 3.27c skizziert, an. (In Abb. 3.27a und 3.27b ist das Zustandekommen erläutert.) Setzen wir die nach (3.25a) errechneten Werte ein, so finden wir für das Quer-C

$$2\,\frac{C_1 C_2}{C_1 - C_2} = \frac{2b_1}{b_0 - b_1^2}. \tag{3.26}$$

Fordern wir dafür einen Wert $\geqq 0$, so muß die Zusatzbedingung

$$b_0 \geqq b_1^2 \tag{3.26a}$$

erfüllt sein, die identisch mit einem Nullstellenwinkel

$$60^\circ \leqq \varphi < 90^\circ \tag{3.26b}$$

ist. Dieses geht nach Abb. 3.27 aus

$$p_0 = \frac{b_1}{2} + \sqrt{b_0 - \frac{b_1^2}{4}} \quad \text{oder} \quad \cos\varphi = \frac{b_1}{2\sqrt{b_0}} \leqq \frac{1}{2}$$

hervor. (3.26c)

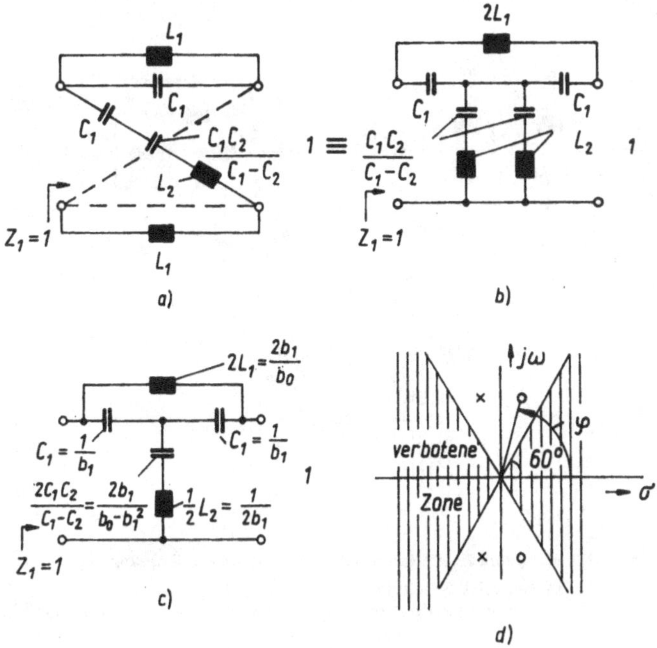

Abb. 3.27. Kopplungsfreie Realisierung für den Allpaß 2. Ordnung als überbrückte T-Schaltung
a) symmetrische Kreuzschaltung mit extrahiertem C_1 im Längszweig
b) äquivalente Schaltung mit durchgehender Erdverbindung und zwei Querzweigen
c) äquivalente überbrückte T-Schaltung mit $3C$ und $2L$
d) Veranschaulichung des Zulässigkeitsbereiches durch den Nullstellenwinkel φ in der p-Ebene

Entsprechend zeigt eine Analyse, daß die Doppel-T-Schaltung nach Abb. 3.28a ebenfalls mit der symmetrischen Kreuzschaltung in Abb. 3.26a äquivalent ist. (Auf die Durchrechnung im einzelnen wird hier verzichtet. Sie wird dem Leser als zusätzliche Übung empfohlen.) Für den tatsächlichen Einsatz sind positive Netzwerkelemente erforderlich.

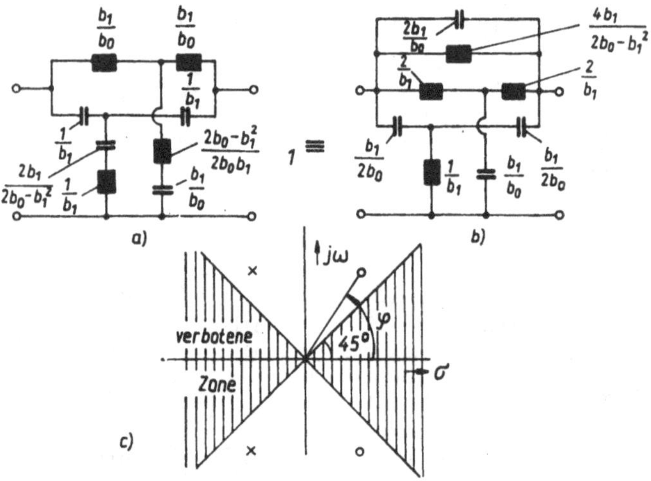

Abb. 3.28. Kopplungsfreie Realisierungen für Allpässe 2. Ordnung

a) Doppel-T-Schaltung

b) äquivalente Struktur, die durch Umwandlung der Spulen- und Kapazitätssterne aus a) entstanden ist

c) Veranschaulichung des Zulässigkeitsbereiches durch den Nullstellenwinkel φ in der p-Ebene

Aus der Netzwerkbemessung lesen wir, daß dazu

$$b_0 \geqq \frac{b_1{}^2}{2} \tag{3.27}$$

sein muß. Anschaulich heißt das gemäß (3.26b): Es sind nur Nullstellenwinkel

$$45° \leqq \varphi < 90° \tag{3.27a}$$

zugelassen. Die Veranschaulichung dieses Tatbestandes siehe Abb. 3.28c.

Durch Umrechnung der Spulen- bzw. Kapazitätsterne in entsprechende Dreiecke erhalten wir das Netzwerk in Abb. 3.28b, wofür ebenfalls (3.27a) gilt.

Beispiel 3.14

Vertrautwerden mit Allpaßrealisierungen.

Gegeben: Sachverhalt wie in Abb. 3.29a skizziert.

Gesucht: Realisierende Struktur mit durchgehender Erdverbindung.

Lösung:

Durch Zerlegung von $T(p)$ in Faktoren zweiten Grades erhalten wir

$$T(p) = \frac{(8 - 4p + p^2)\,(16 - 4p + p^2)}{(8 + 4p + p^2)\,(16 + 4p + p^2)}$$

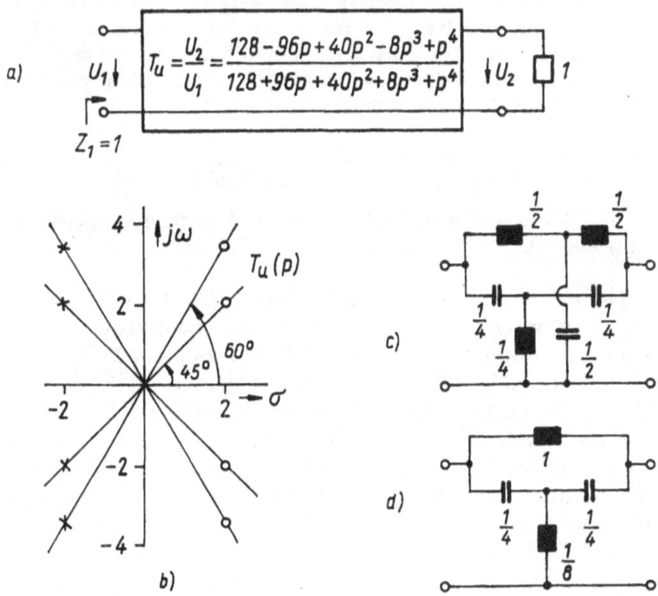

Abb. 3.29. Realisierung einer Allpaßfunktion 4. Grades

a) Vorschrift und Betriebsanordnung

b) PN-Plan von $T_U(p)$

c) Realisierung des AP mit $\varphi = 45°$

d) Realisierung des AP mit $\varphi = 60°$

mit dem in Abb. 3.29b skizzierten PN-Plan. Da wir Nullstellenwinkel $\varphi_1 = 45°$ und $\varphi_2 = 60°$ ablesen, können wir die verlangte erdunsymmetrische Ausführung kopplungsfrei realisieren. Da zufällig Grenzfälle wirksam sind, können wir zusätzlich Netzwerkelemente einsparen. Mit der Zerlegung in Teilübertragungsfaktoren zweiten Grades gemäß

$$T(p) = T^{(1)}(p)T^{(2)}(p)$$

gilt für

$$T^{(1)}(p) = \frac{8 - 4p + p^2}{8 + 4p + p^2}$$

— bei Bezug auf Abb. 3.28a — die in Abb. 3.29c skizzierte Realisierung.

Da das Reihen-C im ersten Querzweig (von links gesehen) unendlich und das Reihen-L im zweiten Querzweig Null wird, sind diese Elemente durch Kurzschlußverbindungen zu ersetzen. $T^{(1)}(p)$ wird damit durch sechs kopplungsfreie Elemente ($3L$, $3C$) verwirklicht. Entsprechend erhalten wir für

$$T^{(2)}(p) = \frac{16 - 4p + p^2}{16 + 4p + p^2}$$

— bei Bezug auf Abb. 3.27c — die in Abb. 3.29d gezeichnete Realisierung.

Da hier ebenfalls ein Grenzfall vorliegt, ist das Reihen-C im Querzweig durch eine Kurzschlußverbindung zu ersetzen. In diesem Falle verwirklichen vier kopplungsfreie Elemente ($2L$, $2C$) das vorgeschriebene $T^{(2)}(p)$. Die Gesamtschaltung entsteht durch Kettenschaltung der beiden Teilstrukturen. Die letzte (im Beispiel die zweite) Teilrealisierung ist mit $R = 1$ abzuschließen. Der Betriebswiderstand vorwärts Z_1 ist dann gleich 1 und frequenzunabhängig.

3.5.2. *RLCü-Allpässe*

Ausgangspunkt sind die Resultate von Abschn. 3.4.3. Für den Grenzfall

$$R_1 = 0, \quad R_2 = \infty \quad \text{und} \quad \sqrt{R_1 R_2} = R = 1 \qquad (3.28)$$

erhalten wir aus (3.21a) den sogenannten DARLINGTON-Allpaß mit

$$T(p) = T_{UL}(p) = \frac{U_{2L}}{U_1} = \frac{1 - Z_{1x}}{1 + Z_{1x}}. \qquad (3.28\text{a})$$

Damit sind die Bestimmungsgleichungen

$$Z_{1x} = \frac{1 - T_{UL}(p)}{1 + T_{UL}(p)}, \qquad (3.28\text{b})$$

$$Z_{2x} = 1 \qquad (3.28\text{c})$$

festgelegt. Abb. 3.30a veranschaulicht das zugehörige Netzwerkmodell in der Kreuzform. Äquivalente Schaltungen mit durchgehender Erdverbindung gewinnen wir daraus mit den Umwandlungsbeziehungen in Abb. 1.4. Die Dimensionierungen für Allpässe erster Ordnung

$$T_{UL}(p) = \frac{b_0 - p}{b_0 + p}$$

sind in Abb. 3.30b und für Allpässe zweiter Ordnung

$$T_{UL} = \frac{b_0 - b_1 p + p^2}{b_0 + b_1 p + p^2}$$

in Abb. 3.30c aufgeschrieben. Vorteilhaft ist zunächst die Realisierung mit nur einem bzw. zwei Blindschalt-

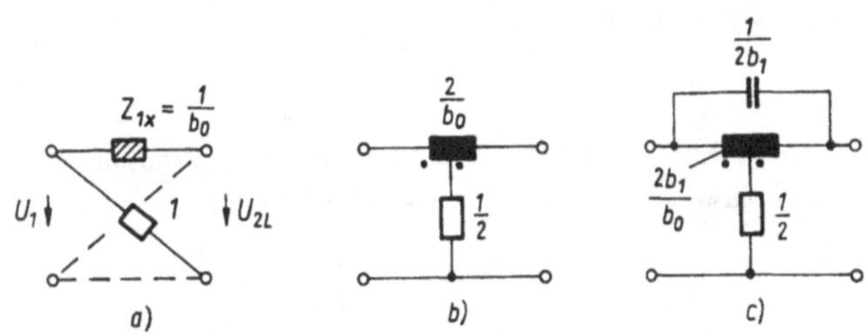

Abb. 3.30. Realisierungen des DARLINGTON-Allpasses

a) symmetrische Kreuzform mit Ohmwiderständen in den Diagonalzweigen

b) Realisierung mit angezapfter Spule für den AP 1. Ordnung

c) Realisierung mit angezapfter Spule für den AP 2. Ordnung

elementen. Allerdings ist keine angepaßte Kaskadenschaltung mehr möglich, da bekanntlich

$$Z_1 \neq \text{const} \tag{3.28d}$$

gilt.

Beispiel 3.15

Entwurf eines Allpaßgliedes mit vorgeschriebenem Laufzeitverhalten.

Gegeben: Toleranzfeld der Gruppenlaufzeit und Betriebsanordnung wie in Abb. 3.31 skizziert.

Gesucht: DARLINGTON-Allpaß, der diese Vorschrift mit maximalflacher T_{gr}-Charakteristik bei $f = 0$ realisiert.

Lösung:

Aufwandbestimmung. Nach (2.11) gilt für die „Eckwerte" der ausnutzbaren Gruppenlaufzeitfläche (Vergleich der tatsächlichen mit den normierten Werten)

$$T_{gr}(0) \cdot 2\pi f_g = \tau_{0g}.$$

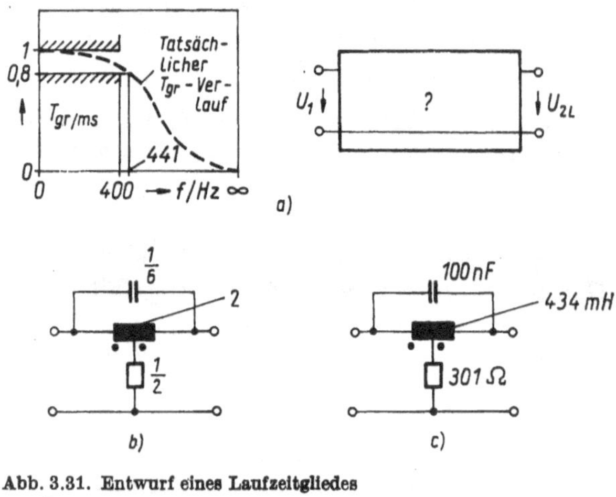

Abb. 3.31. Entwurf eines Laufzeitgliedes

a) Vorschriften

b) normiertes Laufzeitglied

c) tatsächliches Laufzeitglied bei $C = 100$ nF

Im Allpaßfall ist $\tau_0 = 2$, und wir finden aufgelöst

$$\omega_g = \frac{T_{gr}(0) \cdot 2\pi f_g}{2} = 1{,}257\,.$$

Diesen Kennwert können wir nach Tafel 2.12 (bei $\delta = 0{,}2$) mit einem Allpaß 2. Ordnung befriedigen. Da der genaue Sollwert lt. Tabelle 1,386 beträgt, ist eine Reserve vorhanden. Damit $T_{gr}(0) = 1$ ms verwirklicht wird, ist als Rechenwert für die Entnormierung

$$f_B = f_g \frac{1{,}386}{1{,}257} = 441 \text{ Hz}$$

zu verwenden. Tatsächlich wird damit von $f = 0, \ldots, 441$ Hz die zulässige Gruppenlaufzeitforderung verwirklicht.

Bestimmung der Übertragungsfunktion. Zur ausgewählten Approximation AP B n = 2 gehört nach Tafel 2.11 die normierte Übertragungsfunktion

$$T_{UL} = \frac{3 - 3p + p^2}{3 + 3p + p^2}\,.$$

Normierter DARLINGTON-*Allpaß.* Aus Abb. 3.30c leiten wir mit $b_1 = b_0 = 3$ das in Abb. 3.31b skizzierte Netzwerk ab.

Entnormierung. Da extreme Abschlußgrößen ($R_1 = 0$, $R_2 = \infty$) vorliegen und nur f_B vorgegeben ist, können wir ein Netzwerkelement (d. h. C oder L oder R) frei wählen. Aus der Vorgabe

$$C = 100 \text{ nF}$$

folgt (wenn wir die normierten Werte zur Unterscheidung mit dem Index n vorgeben)

$$R_B = \frac{C_n}{2\pi f_B C} = 602\ \Omega\,,$$

$$R = R_b R_B = 301\ \Omega$$

und

$$L = L_u \frac{R_B}{2\pi f_B} = 0{,}434\ \text{H}\,.$$

Abb. 3.31c zeigt das tatsächliche Laufzeitglied, welches die Vorschrift in Abb. 3.31a erfüllt.

3.6. *Kurzer Rück- und Ausblick*

Beim Entwurf linearer, zeitinvarianter und passiver Analogvierpole mit endlich vielen konzentrierten Elementen R, L, C, idealen Übertragern und gekoppelten Induktivitätspaaren ist der Realisierungsschritt eine wichtige Teilaufgabe. Wir verstehen darunter die schlüssige Herleitung einer oder mehrerer äquivalenter Schaltungen aus einer vorgegebenen zulässigen Übertragungsfunktion, die als Approximationsergebnis eine geforderte Vorschrift approximiert. Vorwiegend in der angelsächsischen Literatur ist es üblich, diesen Realisierungsprozeß als *Netzwerksynthese* zu bezeichnen. (Treffender müßte man „im engeren Sinne" dazufügen, weil nur die genannte Prozedur

Übertragungsfunktion (bzw. daraus herleitbare Vierpol- oder Netzwerkparameter) $\longrightarrow$ Netzwerk (oder Schaltung)

gemeint ist.)

Ausgangspunkt der Realisierungsmethoden ist die Tatsache, daß zwischen den Vierpolparameterfunktionen in Abhängigkeit von der „Betriebsanordnung des Netzwerkes" d. h. beiderseitig nicht, oder einseitig oder beiderseitig beschaltet und den Sende- und Empfangsfunktionen eindeutige gesetzmäßige Beziehungen bestehen. Dieser Ansatz wird durchgängig angewandt. Eine hier nicht weiter verfolgte Variante ist die DARLINGTON-Realisierung [D 10] für Filter, die von den Betriebswiderständen ausgeht und bei zusätzlicher Beachtung der Übertragungsnull- (oder Sperr-) stellen einer Zweipol-LC-Realisierung mit einem Ohmwiderstand entspricht.

Entsprechend der praktischen Bedeutung und wegen der besseren Übersicht entwickeln wir die Realisierungsverfahren klassifiziert nach Eigenschaften der Übertragungsfunktionen und u. U. weiter unterteilt nach spezifischen Betriebsbedingungen. Herausragenden Anwendungswert hat die *LC-Realisierung für* Selektivnetzwerke oder *Filter*. Aus einleuchtenden Gründen können wir uns auf Kettenvierpole beschränken, die minimalphasig und toleranzunempfindlich vorgegebene Übertragungsfaktoren verwirklichen. Als „Abbaumethode" wird die Kettenentwicklung bevorzugt, nachdem schon anhand des Sperrstellensatzes qualitativ potentielle Strukturen gewonnen werden können. Als Grundformen dienen

a) bei *einseitiger Beschaltung* der Spannungs- bzw. der Stromübertragungsfaktor. Bemerkenswert sind in diesem Zusammenhang die physikalischen Deutungen auf Grund der Wirkleistungsbilanz $P_1 = P_2$ (Tafel 1.3). Danach gilt

$$|T_U(j\omega)|^2 = \operatorname{Re} Y_1(j\omega), \quad |T_I(j\omega)|^2 = \operatorname{Re} Z_1(j\omega). \tag{3.29}$$

Damit können die Resultate zur Realisierung von Zweipolen mit vorgeschriebenen Realteilvorschriften mitgenutzt werden. (Das ist auch der Grund, warum wir willkürlich die *Kettenentwicklung von rückwärts*, d. h. z. B. Abbau von Y_{22} oder Z_{22}, bevorzugen. Anderenfalls müßten wir Betriebsanordnungen mit einem reellen Quellwiderstand wählen und die Übertragungsfunktion $\frac{U_{2L}}{U_0}$ bzw. $\frac{I_{2K}}{I_0}$ zugrunde legen. Dann wäre entsprechend Y_{11} oder Z_{11} abzubauen. Die Reduktionsreihenfolge würde dann, wie in Tafel 3.1 angenommen, vor sich gehen.) Da direkt aus der zulässigen Übertragungsfunktion die notwendigen zwei Vierpolparameter bestimmbar sind, ist der Berechnungsgang vergleichsweise einfach und übersichtlich.

b) bei *zweiseitiger Beschaltung* der Betriebsübertragungsfaktor. Im Regelfall sind sowohl $D(p)$ — als Approximationsfunktion — und $T_B(p)$ bekannt. Damit sind zugleich nach Tafel 1.6 die Vierpolparameter gegeben. Wenn nur $T_B(p)$ vorliegt, muß erst aus der Bestimmungsgleichung

$$H(p)\,H(-p) = G(p)\,G(-p) - K^2F(p)\,F(-p) \quad (3.30)$$

ein geeignetes $H(p)$ ermittelt werden, wobei zu beachten ist, daß bei mehreren Zerlegungsmöglichkeiten von $H(p)\,H(-p)$ die Betriebsreflexionsfaktoren gewollt beeinflußt werden können.

Die spulenarmen und sehr leistungsfähigen Zick-Zack-Strukturen werden erwähnt. Ferner werden Katalogauszüge abgedruckt, die den Leser zur Anwendung tabellierter Daten anregen sollen.

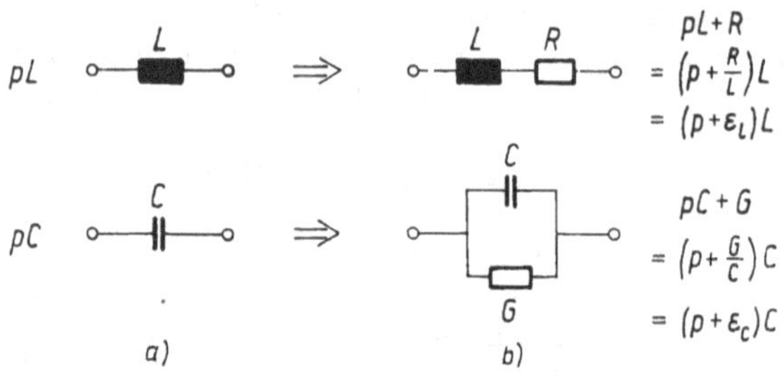

Abb. 3.32. Zur Erläuterung der Verlusttransformation
a) verlustlose Elemente
b) verlustbehaftete Elemente

Bei bestimmten Anwendungen ist der Verlusteinfluß — hervorgerufen durch die endlichen Spulen- bzw. Kondensatorgüten — so merklich, daß die LC-Entwurfstheorie nicht mehr als Konstruktionsgrundlage ausreicht. Während für Bandpässe mit kleiner relativen Bandbreite die HF-Bandfiltertheorie (Grundzüge dazu siehe Abschn. 6) zur Verfügung steht, kann man bei höhergradigen Selektivschaltungen mit steilen Flanken durch *Vorverzerrung* eine Verlustkompensation vornehmen. Für kopplungsfreie Strukturen — nur hierfür gibt es eine allgemeine Theorie — verwenden wir die in Abb. 3.32 veranschaulichten Substitutionen. ε_l und ε_c sind die „*Verlustfrequenzen*", die zur Vereinfachung meist als konstante Größen angenommen werden. Der Fall $\varepsilon_l = \varepsilon_c = \varepsilon = \text{const}$ ist theoretisch besonders einfach, da diese spezielle Form einer Parallelverschiebung des ganzen PN-Planes gleichkommt. Enthält die Schaltung Sperrstellen bei endlichen Frequenzen, so ist es üblich, nur im Nennerpolynom von $T(p)$ die genannte Vorverzerrung einzuführen. Die so berechneten Netzwerke sind i. allg. sehr abschlußempfindlich.

Weitere Einzelheiten siehe Spezialliteratur: [B 12], [B 13], [C 1], [F 1], [F 5], [M 10], [M 11], [S 3].

Pädagogisch ist es interessant, daß für *RC-Realisierungen* mit nur reellen Übertragungsnullstellen (ganz analog wie im *LC*-Fall) die Kettenentwicklung mit Bezug auf zwei Elementarglieder nützlich ist.

Der Fall allgemein verteilter Übertragungsnullstellen (ausgenommen die positive $j\omega$-Achse) wird mit parallelgeschalteten *RC*-Kettenvierpolen abgehandelt. Bezüglich der i. allg. leistungsfähigeren minimalphasigen *RC*-Ketten wird auf Spezialliteratur bzw. auf katalogisierte Lösungen verwiesen.

Explizit wird die Realisierung von minimalphasigen bzw. allgemeinen Übertragungsfunktionen auf der Basis von *überbrückten T*- bzw. *symmetrischen Kreuzschaltungen* besprochen. Die Methoden sind durchsichtig, da das sehr einfache *angepaßte Kaskadenprinzip* wirksam wird. Der Kaufpreis ist eine beachtliche Anzahl von Netzwerkelementen und ein u. U. sehr kleiner „Verstärkungsfaktor". Wegen der Bedeutung in der Praxis werden die als Spezialfälle daraus ableitbaren *Allpaßrealisierungen* getrennt dargestellt. Sie zeichnen sich (ausgenommen die DARLINGTON-Variante) durch Reduktion auf Glieder 1. und 2. Ordnung aus, für die Direktbeziehungen zwischen den Teilübertragungsfunktionen und den Netzwerkelementen hergestellt werden können. Hinsichtlich der „Verlusteinrechnung" wird auf Spezialliteratur verwiesen. Beim Allpaß 2. Ordnung lassen sich Übertragungsfaktoren mit einem Nullstellenwinkel $\varphi = 45°$ kopplungsfrei mit durchgehender Erdverbindung verwirklichen.

Ergänzungsliteratur

Bücher: [B 1], [C 1], [C 2], [C 3], [C 4], F 1], [F 2], [F 3], [F 4], G 1], [H 1], [H 2], [K 2], [K 3], [L 1], [R 1], [S 2], [T 1], [V 1], [W 1], [Z 1].

Aufsätze: [B 11], [B 12], [B 13], [D 10], [D 11], [F 11], [F 12], [F 14], [F 19], [G 11], [M 10], [M 11], [R 10], [S 10], [S 11], [S 12].

4. Frequenztransformationen

Das Anliegen dieses Abschnittes ist es, rationelle Methoden für die *Transformation* der Tiefpässe (TP) in Strukturen mit anderen Frequenzaufteilungen, d. h.

- *in Hochpässe* (HP),
- *in Bandpässe* (BP und
- in Bandsperren (BS)

bereitzustellen.

Der Grundgedanke besteht darin, in die bekannte TP-Netzwerkfunktion statt p mit anderen einheitenlosen „Reaktanzfunktionen“ z. B.

beim	HP	BP	BS
mit	$\frac{\omega_0}{p}$	$\frac{1}{\delta_{BP}}\left(\frac{\omega_0}{p}+\frac{p}{\omega_0}\right)$	$\frac{1}{\frac{1}{\delta_{BS}}\left(\frac{\omega_0}{p}+\frac{p}{\omega_0}\right)}$

(4.1)

zu rechnen. (Damit für die technischen Frequenzen $p = j2\pi f$ positive Werte entstehen, ist eine Frequenzskala $-\infty \leqq \omega \leqq \infty$[1]) erforderlich.) ω_0 ist eine *wählbare normierte oder* (wenn p eine entnormierte Größe ist) eine *einheitenbehaftete* Konstante.

[1]) Zur Vereinfachung wird, wie in Abschn. I.1.3. vereinbart, der Index n weggelassen.

In Tafel 4.1 ist ein *verallgemeinertes* $A(\omega)$-Toleranzfeld (mit einer CAUER-Charakteristik) über einer normierten ω-Achse ($-\infty \leqq \omega \leqq \mathrm{M}\,\infty$) dargestellt. Danach können wahlweise auf Grund von (4.1) den ω-Werten tatsächliche Frequenzen $f(0 \leqq f \leqq \infty)$ zugeordnet werden, die gegebene TP-Vorschriften in HP-, BP- und BS-Charakteristiken transformieren (Tafel 4.2). Diese Umwandlung ist besonders effektiv, wenn wir damit *gleichzeitig* eine *Entnormierung* der Frequenzachse (d. h., aus dem normierten ω leiten wir direkt das einheitenbehaftete f ab.) Während der Übergang zum wirklichen TP- und HP-Frequenzgang einleuchtend ist, erläutern wir detaillierter den Sachverhalt für den BP-Fall.

Mit $\omega_0 \triangleq f_B$ und (4.1) gilt für $j\omega$ (normierte Kreisfrequenz) $= f$ (technische Frequenz f)

$$j\omega = \frac{1}{\delta_{\mathrm{BP}}}\left(\frac{f_B}{jf} + \frac{jf}{f_B}\right)$$

oder

$$= \frac{1}{\delta_{\mathrm{BP}}}\,\frac{f^2 - f_B^2}{jf_B}. \tag{4.2}$$

Aufgelöst heißt das

$$f = \frac{\omega}{2}\,\delta_{\mathrm{BP}} f_B \pm f_B \sqrt{1 + \left(\frac{\omega\delta_{\mathrm{BP}}}{2}\right)^2}. \tag{4.2a}$$

Da ω nach Tafel 4.1 Werte von $-\infty \leqq \omega \leqq \infty$ annehmen kann und f stets positiv sein muß, ist nur das Pluszeichen vor der Wurzel in (4.2a) brauchbar. Mit der Abkürzung

$$\delta_{\mathrm{BP}} = \frac{f_1 - f_{-1}}{f_B} = \frac{\Delta f}{f_B} \tag{4.3}$$

gilt dann auch

$$f = \sqrt{f_B^2 + \left(\frac{\Delta f}{2}\,\omega\right)^2} + \frac{\Delta f}{2}\,\omega. \tag{4.2b}$$

Tafel 4.1
Zur Erläuterung der Reaktanztransformationen (Zusammenhang zwischen ω und den tatsächlichen Frequenzen im TP-, HP-, BP- und BS-Fall)

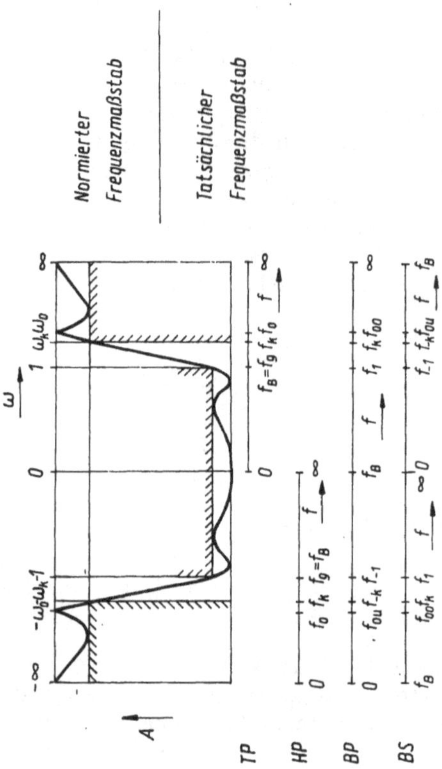

Tafel 4.2
Formelmäßige Zusammenhänge für verschiedene Frequenzverteilungen

Gegeben	TP	HP	BP	BS
ω $(-\infty \leqq \omega \leqq \infty)$	ωf_B	$-\dfrac{f_B}{\omega}$	$\sqrt{f_B^2 + \left(\dfrac{\Delta f}{2}\,\omega\right)^2} + \dfrac{\Delta f}{2}\,\omega$	$\sqrt{f_B^2 + \left(\dfrac{\Delta f}{2\omega}\right)^2} - \dfrac{\Delta f}{2\omega}$
ω $(0 \leqq \omega \leqq \infty)$	ωf_B	$\dfrac{f_B}{\omega}$	$\sqrt{f_B^2 + \left(\dfrac{\Delta f}{2}\,\omega\right)^2} \pm \dfrac{\Delta f}{2}\,\omega$	$\sqrt{f_B^2 + \left(\dfrac{\Delta f}{2\omega}\right)^2} \pm \dfrac{\Delta f}{2\omega}$

Ergänzung: Zu diskreten ω_ν-Werten gehören entsprechende f_ν-Werte, z. B.

ω_k	$f_k = \omega_k f_B$	$f_k = \dfrac{f_B}{\omega_k}$	$f_{\pm k} = \sqrt{f_B^2 + \left(\dfrac{\Delta f}{2}\,\omega_k\right)^2} \pm \dfrac{\Delta f}{2}\,\omega_k$	$f_{\pm k} = \sqrt{f_B^2 + \left(\dfrac{\Delta f}{2\omega_k}\right)^2} \pm \dfrac{\Delta f}{2\omega_k}$
ω_0	$f_0 = \omega_0 f_B$	$f_0 = \dfrac{f_B}{\omega_0}$	$f_{\substack{00\\0u}} = \sqrt{f_B^2 + \left(\dfrac{\Delta f}{2}\,\omega_0\right)^2} \pm \dfrac{\Delta f}{2}\,\omega_0$	$f_{\substack{00\\0u}} = \sqrt{f_B^2 + \left(\dfrac{\Delta f}{2\omega_0}\right)^2} \pm \dfrac{\Delta f}{2\omega_0}$

Das zu einem Festwert ω_ν gehörende f_ν und das zu $-\omega_\nu$ gehörende $f_{-\nu}$ genügen wegen (4.2a) stets der Relation

$$f_{-\nu} f_\nu = f_B^2 . \tag{4.2c}$$

Damit trifft das auch für

$$f_{-1} f_1 = f_{-k} f_k = f_{0u} \cdot f_{00} = f_B^2 \tag{4.2d}$$

zu. Oder in Worten:

‖ Jede mit (4.1) gewonnene BP-Dämpfungscharakteristik verläuft *geometrisch-symmetrisch* zu $f_B = \sqrt{f_{-1} f_1}$.

Die in Tafel 4.2 (zweite Zeile) genannten Gesetze können modifiziert werden für *nur positive* ω-Werte, indem beim HP ein Vorzeichenwechsel und beim BP bzw. bei der BS die komplementären Vorzeichen hinzugenommen werden. In dieser Form werden vorzugsweise die Berechnungsgleichungen benutzt.

Für das Netzwerk bedeutet (4.1), daß beim

HP	BP	BS
an Stelle einer Spule (eines Kondensators)		
ein Kondensator (eine Spule)	ein LC-Reihenkreis (ein LC-Parallelkreis)	ein LC-Parallelkreis (ein LC-Reihenkreis)

einzufügen ist.

Besondere praktische Bedeutung hat die Berechnungsart

‖ normierte TP-Elemente → tatsächliche TP-, HP-, BP- oder BS-Elemente (Tafel 4.3).

Außer den Normalumformungen werden Direkttransformationen für die Umwandlung normierter TP-LC-Parallelkreise in BP- bzw. BS-Doppelkreise mit aufgeführt, die sich bei Anwendungen als sehr nützlich erweisen.

Ein besonders wichtiges Transformationsergebnis ist die Tatsache, daß die aus beliebigen TP herleitbaren (frequenzsymmetrischen) BP-PN-Pläne aufweisen, deren

Eigenwerte *paarweise* gleiche Polwinkel besitzen. Der spezielle Fall $\delta_{BP} \leqq 0{,}1$ (das sind sog. *Schmalbandsysteme*) hat einen näherungsweise BP-PN-Plan, der durch Maßstabsänderung des zugehörigen TP-PN-Planes mit dem Faktor $\delta_{BP}\omega_0$ bei gleichzeitiger Translation um $\pm j\omega_0$ entsteht, wenn außerdem zusätzlich Nullstellen wirksam werden, deren Anzahl mit den TP-Nullstellen im Unendlichen übereinstimmt (Abb. 4.1).

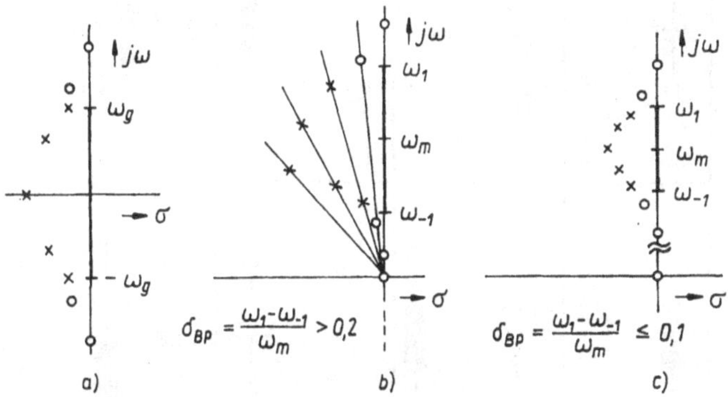

Abb. 4.1. PN-Geometrie bei der TP-BP-Transformation

a) Vorgegebener TP-PN-Plan

b) Davon ableitbarer BP-PN-Plan im Breitbandfall

c) Davon ableitbarer BP-PN-Plan im Schmalbandfall

Beispiel 4.1

Entwurf eines Bandpasses bestehend aus (gut abstimmbaren) Parallelkreisen.

Gegeben: $A_B(\omega)$-Toleranzfeld wie in Abb. 4.2a skizziert.

Gesucht: BP-Filter mit $R_1 = R_2 = 10\ \mathrm{k\Omega}$ in der in Abb. 4.2b gezeichneten Betriebsanordnung.

Lösung:

Mit $\delta_{BP} = \dfrac{f_\varkappa - f_{-\varkappa}}{\sqrt{f_{-\varkappa} f_\varkappa}} \approx 0{,}1$ ist ein Entwurf nach der Reaktanztheorie sinnvoll, wenn eine hinreichend große Spulengüte

Tafel 4.3 Umrechnung normierter TP-Elemente in tatsächliche TP-, HP-, BP- und BS-Elemente

Gegeben: Normierte TP-Elemente		 Ln_ν	 Cn_μ	
Gesucht:	**Bezugsgrößen**	**Wirkliche Schaltelemente**		**Bemerkungen**
Wirklicher TP	R_B f_B	$L_\nu = L_{n\nu} \frac{R_B}{2\pi f_B}$ 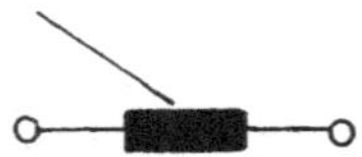	$C_\mu = C_{n\mu} \frac{1}{2\pi f_B R_B}$ 	$f = \omega f_B$ $t = \frac{t_n}{\omega_B}$
Wirklicher HP	R_B f_B	$C_\nu = \frac{1}{L_{n\nu}} \frac{1}{2\pi f_B R_B}$ 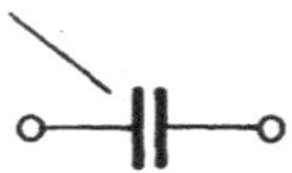	$L_\mu = \frac{1}{C_{n\mu}} \frac{R_B}{2\pi f_B}$ 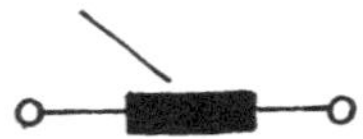	$f = \frac{f_B}{\omega}$
Wirklicher BP	R_B $f_B = \sqrt{f_1 f_1}$ $\delta_{BP} = \frac{f_1 - f_{-1}}{f_B}$	$L_\nu = \frac{L_{n\nu}}{\delta_{BP}} \frac{R_B}{2\pi f_B}$  $C_\nu = \frac{\delta_{BP}}{L_{n\nu}} \frac{1}{2\pi f_B R_B}$	$L_\mu = \frac{\delta_{BP}}{C_{n\mu}} \frac{R_B}{2\pi f_B}$ 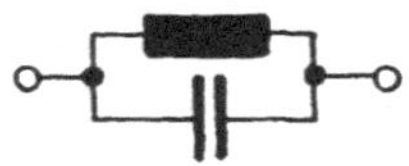 $C_\mu = \frac{C_{n\mu}}{\delta_{BP}} \frac{1}{2\pi f_B R_B}$	

Tafel 4.3 (Fortsetzung)

$$C_{v1,2} = \frac{1}{4\pi^2 f_B^2 L_{v2,1}} = \frac{C_{nv}}{\delta_{BP}}\left(1 + \eta_{v\pm}^2\right)\frac{1}{2\pi f_B R_B}$$

$$\text{mit } \eta_{v\pm} = \sqrt{1 + \left(\frac{\omega_{0v}}{2}\delta_{BP}\right)^2} \pm \frac{\omega_{0v}}{2}\delta_{BP}$$

$f_{0v1,2} = f_B \cdot \eta_{v\mp}$

L_{v1} L_{v2}

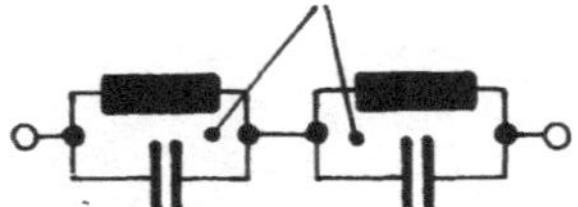

C_{v1} C_{v2}

Direkte Parallelkreisumformung

L_{nv}

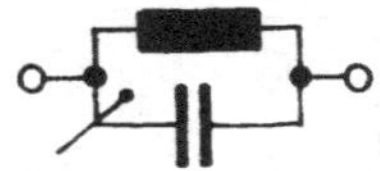

ω_{0v} C_{nv}

Wirkliche BS

R_B

$f_B = \sqrt{f_{-1} f_1}$

$\delta_{BS} = \frac{f_1 - f_{-1}}{f_B}$

$L_v = L_{nv}\delta_{BS}\frac{R_B}{2\pi f_B}$

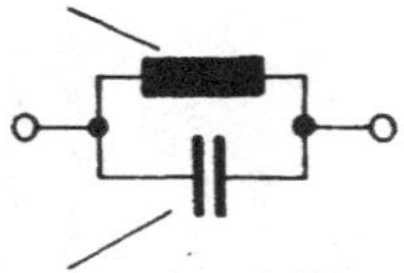

$C_v = \frac{1}{L_{nv}\delta_{BS}}\frac{1}{2\pi f_B R_B}$

$L_\mu = \frac{1}{C_{n\mu}\delta_{BS}}\frac{R_B}{2\pi f_B}$

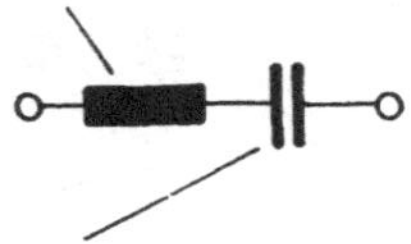

$C_\mu = C_{n\mu}\delta_{BS}\frac{1}{2\pi f_B R_B}$

$$C_{v1,2} = \frac{1}{4\pi^2 f_B^2 L_{v2,1}} = \frac{1}{L_{nv}\delta_{BS}}\left(1 + \eta_{v\pm}^2\right)\frac{1}{2\pi f_B R_B}$$

$$\text{mit } \eta_{v\pm} = \sqrt{1 + \left(\frac{\delta_{BS}}{2\omega_{0v}}\right)^2} \pm \frac{\delta_{BS}}{2\omega_{0v}}$$

$f_{0v1,2} = f_B \cdot \eta_{v\mp}$

L_{v1} L_{v2}

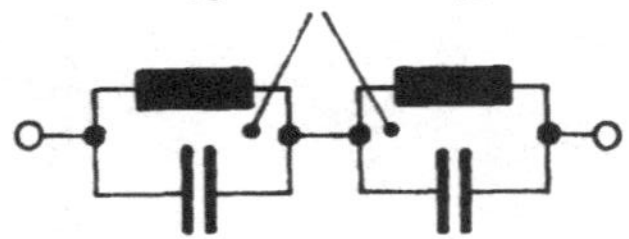

C_{v2} C_{v2}

Direkte Parallelkreisumformung

L_{v2}

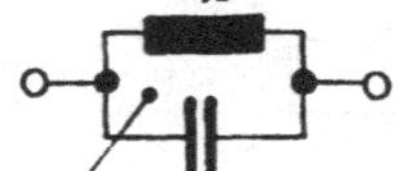

ω_{0v} C_{nv}

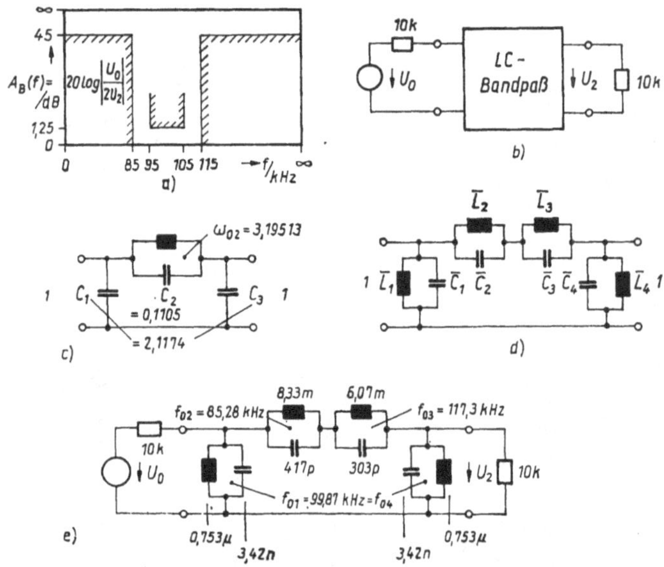

Abb. 4.2. **Entwurf eines Bandpasses**

a) **Betriebsdämpfungsvorschrift**
b) **Betriebsanordnung**
c) **Normierte TP-Schaltung**
d) **(Zwischen-) normierte BP-Schaltung**
e) **Tatsächliche BP-Schaltung**

zur Verfügung steht. Kritisch ist — da mit Abb. 4.2a ein arithmetisch-symmetrisches $A_B(\omega)$-Schema vorliegt — die „obere tote Zone", d. h., $f_\varkappa$ und f_k müssen zur Abschätzung des Grades herangezogen werden. Mit (4.2) erhalten wir bei $\delta_{BP} = 0{,}10013$ und $f_B = \sqrt{f_{-\varkappa} f_\varkappa} = 98{,}875$ kHz

$$\omega_k = \frac{1}{\delta_{BP}} \frac{f_k^2 - f_B^2}{f_k f_B} = 2{,}82595.$$

Aus Tafel 2.10 lesen wir für das errechnete ω_k in Zusammenhang mit dem bekannten $A_{max} = 1{,}25$ dB und $A_{min} = 45$ dB ab, daß $n = 3$ die Vorschrift erfüllt. Da der Fall TP C n $= 3 A_{max}$ $= 1{,}25$ $(O = 21°)$ tabelliert als TP-Schaltelementekatalog in

Tafel 3 gegeben ist, finden wir

$$C_1 = C_3 = 2{,}1174, \quad C_2 = 0{,}1105, \quad L_2 = 0{,}8866.$$

Mit den bekannten Bezugsgrößen

$$L_B = \frac{R_B}{\omega_B} = 15{,}9\,\mathrm{mH}, \quad C_B = \frac{1}{\omega_B R_B} = 159\,\mathrm{pF}$$

errechnen wir nach Tafel 4.3 zunächst L- und C-Bezugswerte als weitere Hilfsgrößen für die spätere Entnormierung.

Ferner gilt für den Übergang

normiertes TP-Modell (Abb. 4.2c)	⟶	normiertes BP-Modell (Abb. 4.2d)

bei den gewählten Bezeichnungen:

$$\bar{L}_1 = \frac{\delta_{\mathrm{BP}}}{c_1} = 0{,}04729 = \bar{L}_4, \quad \bar{C}_1 = \frac{C'}{\delta_{\mathrm{BP}}} = 21{,}15 = \bar{C}_4,$$

$$\eta_\pm = \sqrt{1 + \left(\frac{\omega_{02}}{2}\,\delta_{\mathrm{BP}}\right)^2} \pm \frac{\omega_{02}}{2}\,\delta_{\mathrm{BP}} = \bar{\omega}_{03,02} = \begin{cases} 1{,}17267 \\ 0{,}85275 \end{cases},$$

$$\bar{C}_{2,3} = \frac{C_2}{\delta_{\mathrm{BP}}}\,(1 + \eta_\pm^2) = \begin{cases} 2{,}621 \\ 1{,}906 \end{cases},$$

$$\bar{L}_{2,3} = \frac{1}{\bar{C}_{3,2}} = \begin{cases} 0{,}5246 \\ 0{,}3815 \end{cases}.$$

Diese *Zwischennormierung* hat Vorteile bei der numerischen Berechnung, weil die Resonanzfrequenzen aller BP-Kreise den Wert 1 annehmen und dadurch zahlenmäßig einfache Reziprozitätseigenschaften zwischen $\bar{L}_\nu$ und $\bar{C}_\nu$ wirksam werden. Außerdem gilt $\bar{\omega}^2_{02,03} = \dfrac{1}{\bar{L}_{2,3}\bar{C}_{2,3}}$.

Die wirklichen Schaltelemente erhalten wir durch Multiplikation mit der Bezugsinduktivität L_B bzw. der Bezugskapazität C_B. In Abb. 4.2e sind die so errechneten Zahlenwerte eingetragen. Die Struktur ist wegen der einfachen Abgleichmöglichkeit besonders praktisch. Ferner ist sie hinsichtlich verschiedener Widerstandsanpassungen sehr flexibel, da durch Anzapfungen in weiten Grenzen Widerstandstransformationen vorgenommen werden können. Für Transistorbetrieb stehen am Vierpolein- und -ausgang Gleichstromwege zur Verfügung.

Beispiel 4.2.

Entwurf einer HP-Schaltung.

Gegeben: $A(\omega)$-Toleranzfeld und Betriebsanordnung wie skizziert (Abb. 4.3a, b).

Gesucht: Aufbau und Bemessung einer kopplungsfreien und spulenarmen HP-Schaltung, welche den Vorschriften genügt.

Lösung:

Entscheidungsfindung auf Grund der Aufwandabschätzung. Mit den Gesetzen in Tafel 4.2 entspricht die ursprüngliche Vorschrift einer (normierten) TP-Forderung wie in Abb. 4.3c gezeichnet. Um von Anfang an wirkungsvoll zu bleiben, fassen wir nur Approximationen mit Sperrstellen ins Auge. Mit den bekannten Kennwerten $A_{\text{max}} = 3$ dB, $\omega_k = 1{,}625$ und $A_{\text{min}} = 40$ dB lesen wir für eine möglich T_2-Approximation (Tafel 2.4) $n = 5$ ab und für eine potentielle C-Approximation (Tafel 2.9) $n = 4$.

Da TP C_a n = 4 (Nach Tafel 2.8) nicht kopplungsfrei realisierbar ist, wählen wir die TP T_2 n = 5 Variante als Lösung, deren PN-Daten und Schaltelemente tabelliert vorliegen.

Normierte TP-Schaltung

Aus Tafel 3.5 lesen wir den in Abb. 4.3d skizzierten Aufbau einschließlich Bemessung ab, der einen Kurzschlußstromübertragungsfaktor

$$T_{IK} = \frac{-I_2}{I_1} \text{ bei } R_1 = 1 \text{ und } R_2 = 0$$

realisiert.

Erinnern wir uns, daß bei

$$T_U = \frac{U_2}{U_1} \text{ bei } R_1 = 0 \text{ und } R_2 = 1$$

nach Tafel 1.2 die Indentität

$$T_{IK} = T_U$$

besteht, wenn der von Haus aus übertragungssymmetrische Vierpol *umgekehrt* betrieben wird, so erhalten wir die in Abb. 4.3e dargestellte (und gewünschte) Betriebsanordnung.

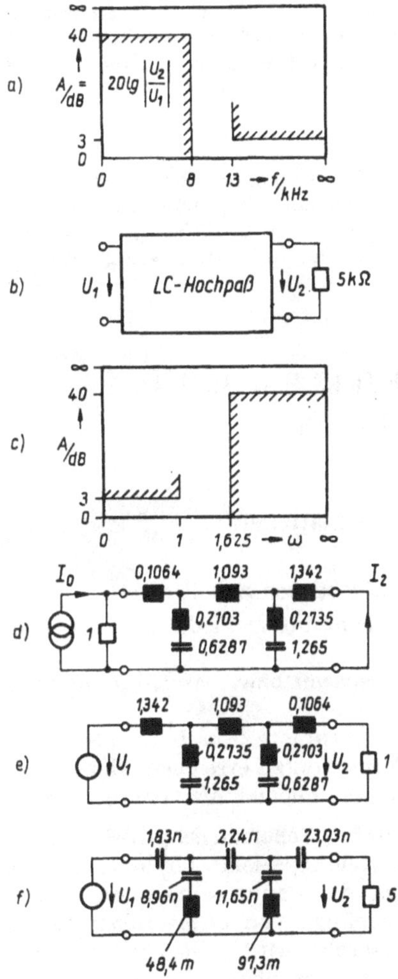

Abb. 4.3. Entwurf eines Hochpasses

a) Dämpfungsvorschrift

b) Betriebsanordnung

c) Zugehöriges normiertes TP-Toleranzfeld

d) Katalogisierte TP T_2 n = 5, A_{max} = 3 dB, R_1 = 1, R_2 = 0 Schaltung

e) Normierte TP T_2 n = 5, A_{max} = 3 dB, R_1 = 0, R_2 = 1 Schaltung

f) Tatsächlicher Hochpaß

Wirkliche HP-Schaltung

Setzt man $R_B = 5\,\text{k}\Omega$ und $f_B = 13\,\text{kHz}$ in die Bestimmungsgleichungen nach Tafel 4.3 ein, so ergibt sich die in Abb. 4.3f eingetragene Bemessung, die eine HP-Forderung, wie verlangt, verwirklicht.

Ergänzung

Durch Ausweichen auf die Approximationen TP C n = 4 (s. dazu Tafel 2.8) wäre ebenfalls eine kopplungsbehaftete Struktur vermeidbar. Die zugehörige Realisierung würde aber auch zwei Spulen aufweisen und damit nur wenig technologischen Gewinn bringen.

Ergänzungsliteratur

Bücher: [C 1], [C 2], [F 1], [F 2], [F 3], [L 1]

Originalaufsätze: [S 10], [Z 10]

5. Äquivalenztransformationen

Um bei tatsächlich aufgebauten Schaltungen

— geringere Schaltelementeunterschiede zu erzwingen oder

— Schaltelemente einzusparen bzw. parasitäre zu kompensieren oder

— eine Anpassung an bestimmte Abschlußwiderstände durch „innere" Transformation zu erreichen oder

— praktikablere Strukturen allgemein zu entwickeln,

ist es nützlich, Regeln für Schaltungsäquivalenzen zu kennen. Die wirkungsvolle spezielle Methode ist die Norton-*Transformation,* die dadurch neue Strukturen gewinnt, daß die Reihenfolge von *gleichartigen* Längs- und Querzweigen vertauscht wird. (Gleichartig heißt: Die im allgemeinen frequenzabhängigen Zweigimmittanzen unterscheiden sich nur durch einen reellen und konstanten Proportionalitätsfaktor.) Dieses Vorhaben läßt sich reduzieren auf die elementare Betrachtung von Halbgliedern, wobei insgesamt vier Varianten möglich sind.

Umwandlung eines T-Halbgliedes in ein Π-Halbglied:

Fall 1: Der primäre Betriebswiderstand bleibt erhalten und der sekundäre Betriebswiderstand wird — bei Wegfall des idealen Übertragers — mit dem Faktor $ü^2$ übersetzt. Dieses Problem ist zurückführbar auf die Fragestellung.

Gegeben: Äquivalente Schaltungen, wie in Abb. 5.1 skizziert.

Gesucht: $ü$ und Z_ν' als $f(Z_\nu)$.

Lösung:

Durch Vergleich der Kennwerte

$$Z_{11} = Z_{11}' = Z' + Z_2 = Z_2',$$

$$Z_{22} = Z_{22}' = Z_2 = \frac{1}{ü^2}(Z_1' + Z_2'), \qquad (5.1)$$

$$\frac{1}{Y_{22}} = \frac{1}{Y_{22}'} = \frac{Z_1 Z_2}{Z_1 + Z_2} = \frac{1}{ü^2} Z_1'$$

gewinnen wir durch Auflösung des simultanen Systems die Bestimmungsgleichungen

$$ü = 1 + \frac{Z_1}{Z_2} \quad \text{und} \quad Z_\nu' = ü Z_\nu \quad \text{mit} \quad \nu = 1, 2. \qquad (5.2)$$

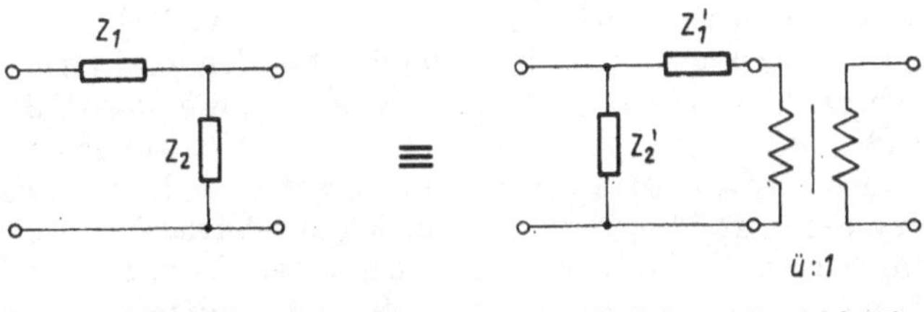

Abb. 5.1. Äquivalenztransformation eines T-Halbgliedes mit gleichartigen Zweigimmittanzen

Fall 2: Der sekundäre Betriebswiderstand bleibt erhalten und der primäre Betriebswiderstand wird — bei Wegfall des idealen Übertragers — mit dem Faktor $\ddot{u}^2$ untersetzt.

Dieses Problem ist zurückführbar auf die Fragestellung.

Gegeben: Äquivalente Schaltungen, wie in Abb. 5.2 skizziert.

Gesucht: $\ddot{u}$ und Z_ν'' als $f(Z_\nu)$, $\nu = 1, 2$.

Lösung:

Durch Vergleich der Parameter Z_{11}, Z_{22} und Y_{22} finden wir

$$\ddot{u} = 1 + \frac{Z_1}{Z_2} \quad \text{und} \quad Z_\nu'' = \frac{Z_\nu}{\ddot{u}} \quad \text{mit} \quad \nu = 1, 2. \tag{5.3}$$

Das sind denkbar einfache Beziehungen.

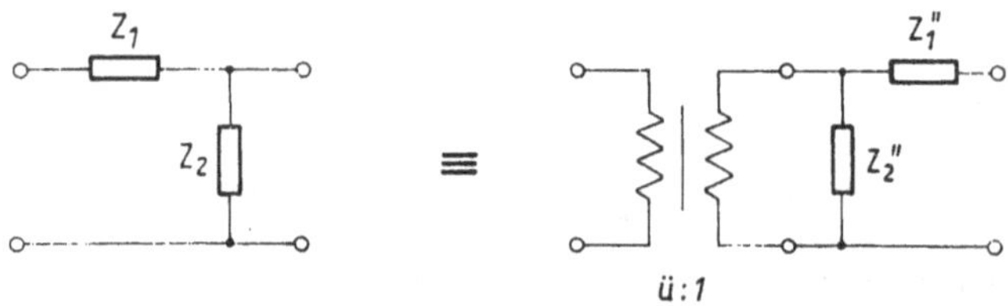

Abb. 5.2. Äquivalenztransformation eines Π-Halbgliedes mit gleichartigen Zweigimmittanzen

Für die Umwandlung eines Π-Halbgliedes in ein T-Halbglied (Fall 3 und 4) gelten entsprechend Relationen.

Die Ergebnisse sind in Tafel 5.1 für den praktischen Gebrauch aufbereitet, wobei für Z_1 und Z_2 rein kapazitive Widerstände gewählt wurden. Für Filterschaltungen hat diese Äquivalenztransformation besondere Bedeutung. Der Leser wolle bemerken, daß sich alle Varianten durch drei sehr einfache Gesetze erfassen lassen. Verzichten wir dabei auf den theoretisch stets notwendigen idealen Übertrager, so kann durch die so geänderte Struktur

Tafel 5.1
Gesetze für kapazitive Teiler

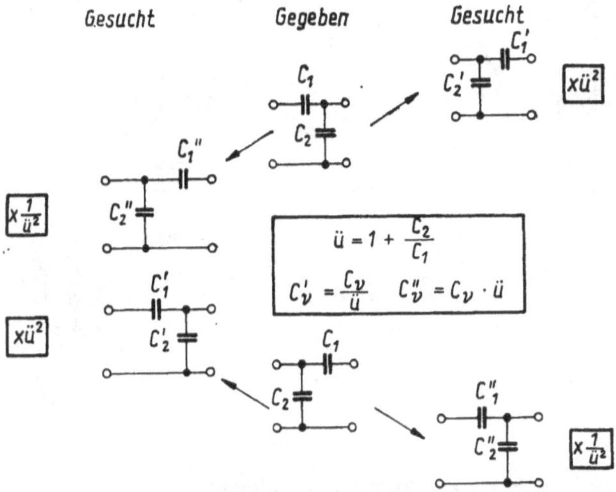

zusätzlich eine (u. U. gewollte) Widerstandstransformation erzielt werden.

Beispiel 5.1

Vertrautwerden mit der Impedanztransformation in einem Polynomfilter zur Erzielung gleicher L-Werte.

Gegeben: Normierte BP-Schaltung, wie in Abb. 5.3 skizziert, die durch TP-BP-Transformation mit $\delta_{\mathrm{BP}} = \dfrac{\omega_1 - \omega_{-1}}{\omega_0}$ und $\omega_0 = \sqrt{\omega_{-1}\omega_1} = 1$ aus TP P n = 3 $A_{\max} = 3$ dB hergeleitet wurde.

Gesucht: Äquivalente Schaltung mit $\bar{L}_1 = \bar{L}_2 = \bar{L}_3 = \dfrac{2}{3}\,\delta_{\mathrm{BP}}$ (da sich extrem unterschiedliche Induktivitäten nicht güteoptimal verwirklichen lassen).

Lösung:

Durch Aufteilung der Längskapazität in 2 gleiche Teile (Abb. 5.4a) können zusätzliche Querkapazitäten abgespalten

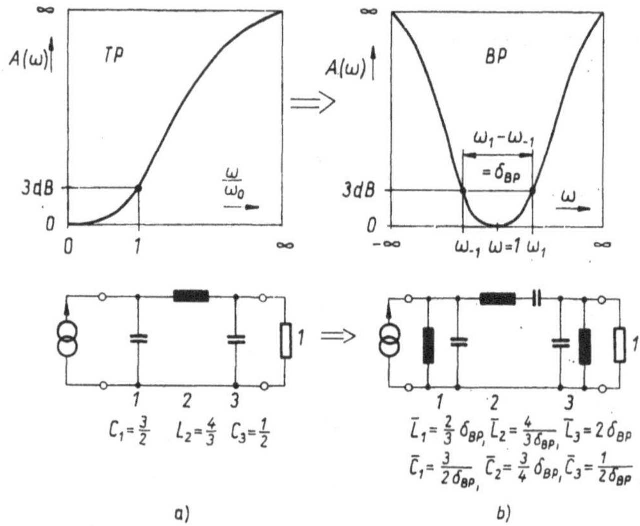

Abb. 5.3. Dämpfungscharakteristiken und Schaltung von

a) TP P N = 3, A_{max} = 3 dB

b) von der aus a) allgemein mit $\omega_0 = 1$ und $\delta_{BP} = \omega_1 - \omega_{-1}$ herleitbaren Bandpaßstruktur

und dadurch die geforderten gleichgroßen $\bar{L}$-Werte erzwungen werden. Dazu werden die Übersetzungsverhältnisse aus

$$\ddot{u}_a^2 = \frac{4}{3\delta_{BP}} \Big/ \frac{2}{3}\,\delta_{BP} \quad \text{oder} \quad \ddot{u}_a = \frac{\sqrt{2}}{\delta_{BP}}$$

$$\text{bzw. } \ddot{u}_b^2 = \frac{4}{3\delta_{BP}} \Big/ 2\delta_{BP} \quad \text{oder} \quad \ddot{u}_b = \frac{2}{\sqrt{6}\delta_{BP}}$$

bestimmt. Mit Hilfe von Tafel 5.1 sind dann auch die von $\bar{C}_1$ bzw. $\bar{C}_3$ abzuspaltenden Teilkapazitäten berechenbar. In Verbindung mit den Längs-C finden wir schließlich die gesuchten neuen Elementewerte C_1'', C_2'', C_1' und C_2'. (Auf eine Durchrechnung verzichten wir hier im einzelnen, da sie elementar ist.) [F 3]. Das Ergebnis zeigt Abb. 5.4c.

Wie gewünscht, weist die Struktur für *beliebige* δ_{BP} gleichgroße L-Werte auf. Außerdem fehlt der „HF-unfreundliche“

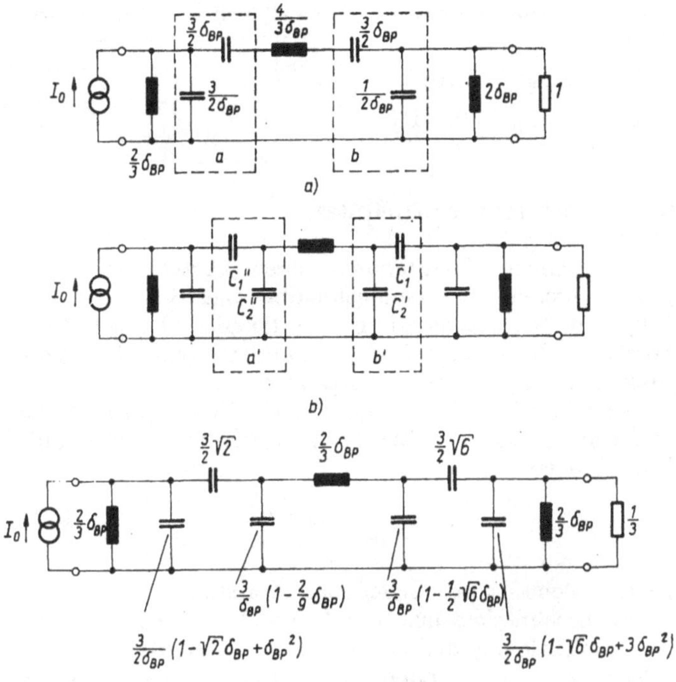

Abb. 5.4. Zur Erläuterung der Impedanztransformation

a) Längszweig mit zwei gleichgroßen Kapazitäten in Reihe

b) Notwendige C-Teiler um L_2 und L_3 an L_1 „anzupassen"

c) Struktur und formelmäßige Bemessung bei gleichen Induktivitätswerten

Reifenkreis. Interessant ist, daß die verbliebenen drei LC-Parallelkreise bei kleinen δ_{BP}-Werten (das ist der praktische Anwendungsfall) mit der Resonanzfrequenz ω_0 identisch sind und die Koppelkapazitäten $\left(\frac{3}{2}\sqrt{2}, \frac{3}{2}\sqrt{6}\right)$ konstant und vergleichsweise klein gegen die Quer-C ausfallen. Eine (tatsächlich unvermeidbare) kleine Parallelkapazität zu den Spulen kann in den Querzweigen „eingemessen" werden und im Längszweig führt sie zu einer gewünschten Versteilerung der oberen Filterflanke.

Ergänzungsliteratur

Bücher: [F 1], [F 2], [F 3].

6. Hochfrequenzbandfilter

Unter einem Hochfrequenz- oder (kürzer) HF-*Bandfilter*[1]) verstehen wir eine schmalbandige Bandpaßschaltung mit Berücksichtigung von HF-Bedingungen (insbesondere heißt das: Einbeziehung der ohmschen Verluste und der parasitären Kapazitäten).

Der schon in Tafel 2.1 eingeführte Kennwert Relative Bandbreite (vielfach wird die 3-dB-Bandbreite willkürlich bevorzugt)

$$\delta_{BP} = \frac{\Delta f}{f_0} \approx 1 \cdots 10\% \qquad (6.1)$$

ist für solche Anordnungen charakteristisch.

Wir beschränken uns bewußt auf LC-Schaltungen mit Berücksichtigung der Spulenverluste. (In der Technik gibt es zahlreiche andere Ausführungsformen, z. B. als mechanische Schwinger, als keramische Filter und Aufbauten mit Kristallen, die innerhalb einer Einführung in das Gebiet nicht besprochen werden können.)

Abb. 6.1 zeigt die typische Dämpfungsvorschrift und die prinzipielle Betriebsanordnung.

HF-Bandfilter arbeiten zwischen Verstärkerstufen und werden deshalb auch als *Selektiv-* oder *Schmalband-*

[1]) Es werden nur die einfachsten Arten der HF-Bandfilter kurz entwickelt und erläutert. Dabei wird von der Struktur ausgegangen. Für den klassisch behandelten zweikreisigen Fall werden außerdem eine frequenzunabhängige Kopplung und die frequenzlineare Näherung eingeführt. Das Dreikreisfilter ist eine Abwandlung eines Potenzbandpasses mit einer zusätzlichen Verlustabschätzung. Alle HF-Schaltungen lassen sich auch mit Hilfe einer *RLC*-Realisierung allgemeiner begründen.

verstärker bezeichnet. Wichtig ist dabei, daß die „Lastwiderstände" einschließlich der schädlichen Kapazitäten der Verstärker beachtet werden. Meist ist das Arbeiten mit der Stromersatzquelle und mit Leitwerten vorteilhaft. (Allgemein ist zur Analyse von HF-Schaltungen die Knotenanalyse vorzuziehen.)

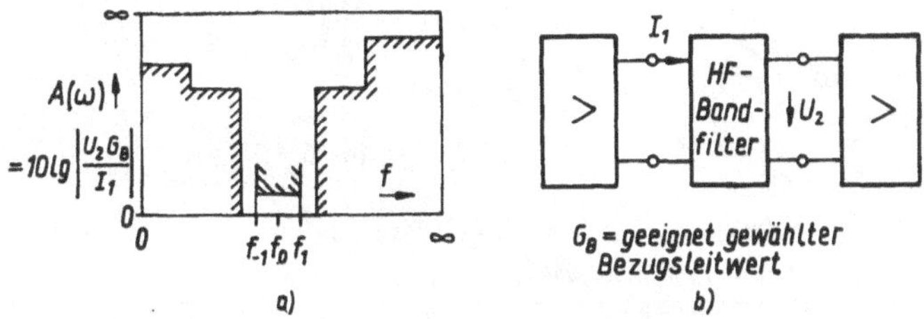

Abb. 6.1. **HF-Bandfilter**

a) Dämpfungs-Toleranzfeld
b) prinzipielle Betriebsanordnung

6.1. *Einkreisige HF-Bandfilter*

Nach Abb. 6.2 gilt für die auf G_0 bezogene Eingangsleitwertfunktion (= Sonderfall einer „Übertragungs"-funktion)

$$\frac{1}{T(p)} = \frac{I_1(p)}{U_1(p)\,G_0} = \frac{G_0 + pC + \dfrac{1}{pL}}{G_0}$$

$$= 1 + \frac{C\omega_0}{G_0}\left(\frac{p}{\omega_0} + \frac{\omega_0}{p}\right). \tag{6.2}$$

Daraus sind die System-Charakteristiken sofort ableitbar.
Betrag:

$$|T(j\omega)| = \left|\frac{U_1(j\omega)\,G_0}{I_1(j\omega)}\right| = \frac{1}{\sqrt{1 + \dfrac{C^2}{G_0^2}\left(\dfrac{\omega^2 - \omega_0^2}{\omega}\right)^2}}$$

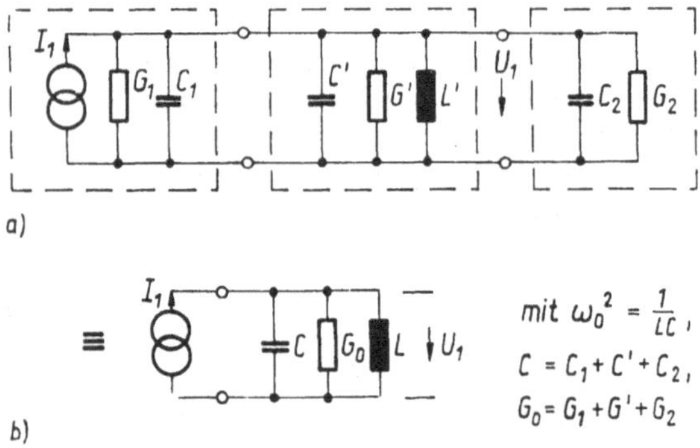

Abb. 6.2. HF-Einzelkreis
a) detaillierte Ersatzschaltung
b) zusammengef. Ersatzschaltung

oder

$$|T(j\Omega)| = \frac{1}{\sqrt{1 + \Omega^2}} \tag{6.2a}$$

mit

$$\Omega = \frac{C}{G_0} \frac{\omega^2 - \omega_0^2}{\omega} = Q \frac{\omega^2 - \omega_0^2}{\omega\omega_0}, \tag{6.2b}$$

und $$Q = \frac{\omega_0 C}{G_0} = \text{Kreisgüte}. \tag{6.3}$$

Der zugehörige Kennlinienverlauf ist in Abb. 6.3 skizziert.

Wird die *frequenzlineare Näherung*

$$\Omega \approx Q \cdot \frac{2(\omega - \omega_0)}{\omega_0} \tag{6.4}$$

(gültig in Resonanznähe bei großen Kreisgüten) eingeführt, so gilt bei $\Omega = 1$ speziell auch

$$\frac{\Delta\omega_{3dB}}{\omega_0} = \frac{\Delta f_{3dB}}{f_0} = \frac{1}{Q_0} \tag{6.5}$$

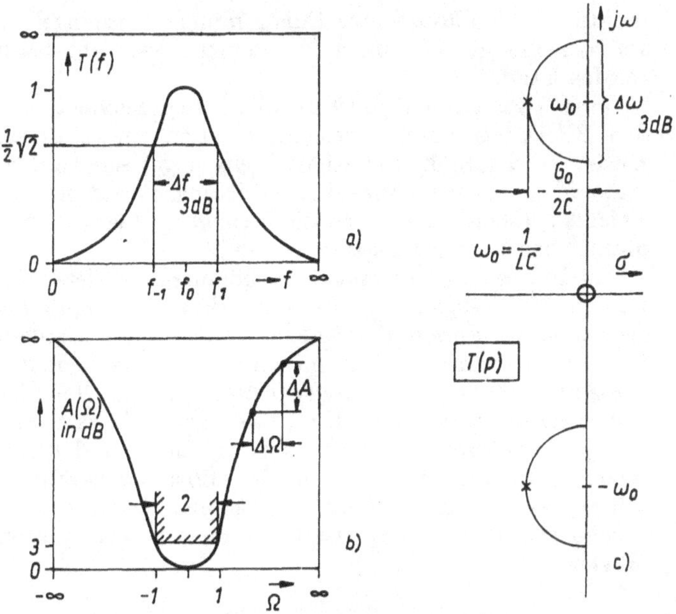

$$\text{mit Weitabanstieg} = \frac{\Delta A}{\Delta \Omega} = \frac{6\,\text{dB}}{\text{Oktave in } \Omega}$$

Abb. 6.3. Frequenzgänge und PN-Plan des Einzelkreises
a) amplitudennormierte Betragscharakteristik
b) Dämpfungscharakteristik über Ω
c) PN-Plan

Dämpfung:

Definitionsgemäß gilt

$$A(\Omega) = -20 \lg |T(j\Omega)| = 10 \lg (1 + \Omega^2). \qquad (6.6)$$

Das ist die vertraute TP P n = 1, A_{max} = 3-dB-Charakteristik, wenn statt der bisherigen „TP-Normierung" ω die „BP-Normierung" Ω zugrunde gelegt wird. Der zugehörige Kennlinienverlauf ist in Abb. 6.3b skizziert.

Feststellung: Die Dämpfungsdarstellung gibt gut über die Weitabselektion Auskunft, während die Betragsfunktion — bei konstanter Einströmung — unmittelbar als Meßergebnis an einem Spannungsmesser abgelesen werden kann.

Der PN-Plan von $T(p)$ ist in Abb. 6.3c gezeichnet. Aus den PN-Daten kann insbesondere durch eine einfache *Kreiskonstruktion* die 3-dB-Bandbreite abgelesen werden.

Aus dem zuvor entwickelten Gleichungsvorrat sind in Tafel 6.1 (oben) die Dimensionierungsgesetze für den praktischen Entwurf zusammengestellt.

Soll die absolute Spannungsüberhöhung besonders groß werden (d. h. zugleich große Verstärkung), so muß bei gegebener Bandbreite C möglichst klein gewählt werden. Die Praxis wünscht aber ein großes C (das bedeutet Abstimmsicherheit bei Transistorwechsel bzw. bei der Änderung der parasitären Einflüsse). Es ist deshalb eine Kompromißlösung notwendig, die von der Art der Anwendung abhängt. Beim Aufbau ist unbedingt darauf zu achten, daß ein *Abgleich* auf die Resonanzfrequenz notwendig ist, da parasitäre Einflüsse eingemessen werden müssen.

6.2. Zweikreisige HF-Bandfilter

Die Siebwirkung kann wesentlich durch eine zweikreisige Anordnung erhöht werden. Gehen wir von der in Abb. 6.4 skizzierten Struktur aus (sie ist am besten für Meßzwecke und für die kommerzielle Technik geeignet), so gilt für die auf

$$R_0 = \frac{1}{G_0} = \frac{1}{\sqrt{G_{0_1} G_{0_2}}}$$

bezogene Übertragungsfunktion $Z_{\ddot{U}}(p)$, wenn mit den Kurzschlußleitwerten

$$Y_{11} = Y_1 + Y_k \quad \text{und} \quad Y_{22} = Y_2 + Y_k \tag{6.7}$$

gerechnet wird,

$$\frac{Z_{\ddot{U}}(p)}{R_0} = \frac{U_2(p)}{I_1(p)\, R_0} = T(p) = \frac{\sqrt{G_{0_1} G_{0_2}} \cdot Y_k}{Y_{11} Y_{22} - Y_k^2}. \tag{6.8}$$

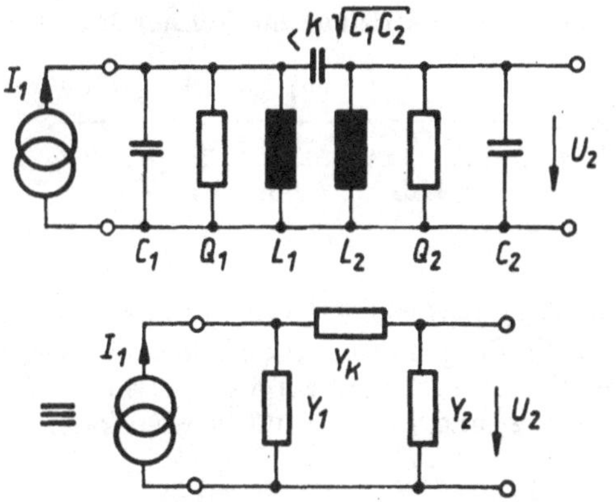

Abb. 6.4. Zweikreis-HF-Bandfilter
(mit C-Kopplung) einschließlich Ersatzschaltung

Beschränken wir uns auf die — im Schmalbandfall als konstant ansetzbare — kapazitive Kopplung

$$Y_k = jk\,\omega_0 \sqrt{C_1 C_2} = jk \sqrt{Q_1 Q_2 G_{01} G_{02}} \tag{6.9}$$

und führen in Anlehnung an die Ergebnisse betreffend den Einzelkreis für die Kurzschlußleitwerte mit (6.2) die Darstellungen

$$Y_{11,22} = G_{01,2}\left[1 + Q_{1,2}\left(\frac{p}{\omega_0} + \frac{\omega_0}{p}\right)\right]$$

ein, so gilt auch wegen (4.1) in der Form $\delta_{BP} P = \frac{p}{\omega_0} + \frac{\omega_0}{p}$ für wählbare δ_{BP}

$$Y_{11,22} = G_{01,2}[1 + Q_{1,2}\delta_{BP} P]. \tag{6.10}$$

Diese „TP-Darstellung" des Einzelkreises führt eingesetzt in (6.8) auf die „TP-Form" des Zweikreisfilters

$$T(P) = jk\sqrt{Q_1 Q_2}\,\frac{1}{1 + \delta_{BP}(Q_1 + Q_2)\,P + \delta_{BP}^2 Q_1 Q_2 P^2 + k^2 Q_1 Q_2} \tag{6.11}$$

oder, wenn der höchste Koeffizient im Nenner Eins sein soll, auf

$$T(p) = \frac{jk}{\delta_{\mathrm{BP}}^2 \sqrt{Q_1 Q_2}} \frac{1}{\dfrac{1 + k^2 Q_1 Q_2}{\delta_{\mathrm{BP}}^2 Q_1 Q_2} + \dfrac{Q_1 + Q_2}{\delta_{\mathrm{BP}} Q_1 Q_2} P + P^2}, \tag{6.11a}$$

d. h.,

> $T(p)$ ist eine Polynomform 2. Grades, die abgesehen von einem für die Frequenzcharakteristik unwichtigen Konstanten Vorfaktor, bei vorgeschriebenem δ_{BP} durch Q_ν $(\nu = 1, 2)$ und k beeinflußt werden kann.

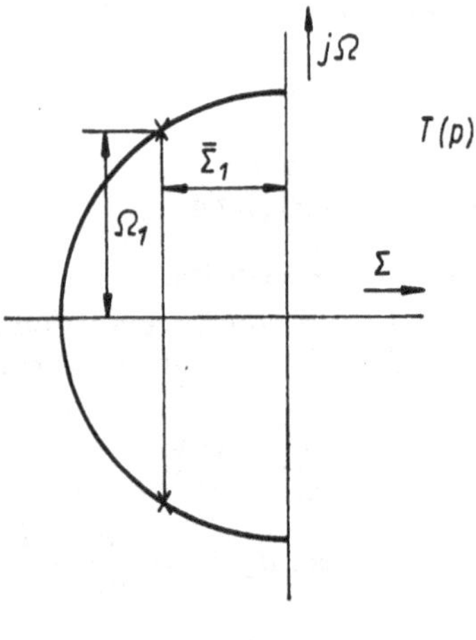

Abb. 6.5.
TP-PN-Plan gehörend zum Zweikreis-HF-Bandfilter

Am einfachsten vergleichen wir (6.11a) mit allgemeinen unbestimmten PN-Daten (Abb. 6.5), die zur Form

$$T(P) = K \frac{1}{\overline{\Sigma}_1^2 + \Omega_1^2 + 2\overline{\Sigma}_1 P + P^2} \tag{6.12}$$

gehören. Wir erhalten so die Terme

$$2\overline{\Sigma}_1 = \frac{Q_1 + Q_2}{\delta_{\mathrm{BP}} Q_1 Q_2}; \quad \overline{\Sigma}_1^2 + \Omega_1^2 = \frac{1 + k^2 Q_1 Q_2}{\delta_{\mathrm{BP}}^2 Q_1 Q_2}, \tag{6.13}$$

die wir nach praktischen Gesichtspunkten auswerten wollen. (Die vorkommenden drei unbekannten Größen Q_1, Q_2 und k können dadurch reduziert werden, daß — wie das bei wirklichen Schaltungen stets zutrifft — zusätzlich ein Gütewert vorgeschrieben wird.)

Besonders wichtig ist die Feststellung, daß

die ausgewählte HF-*Bandfilterschaltung* durch eine *äquivalente* TP-*Systemfunktion* beschrieben wird, die keine endlichen Übertragungsnullstellen und zwei Pole besitzt.

Damit können wir alle Approximationsansätze, die auf solche Funktionen führen (das trifft insbesondere zu für die Fälle TP P n = 2, TP T_1 n = 2 und TP B n = 2), anwenden.

Als praktische Lösung erhalten wir wegen (6.13) bei $Q_1 = Q_0 = Q_{max}$ = Leerlaufgüte gegeben und Q_2 und k gesucht die Bestimmungsgleichungen

$$Q_2 = \frac{1}{2\bar{\Sigma}_1\delta_{BP} - \dfrac{1}{Q_0}} \frac{1}{\bar{\Sigma}_1\delta_{BP}} \tag{6.14}$$

und

$$k = \sqrt{\delta_{BP}^2\Omega_1{}^2 + \left(\frac{Q_0 - Q_2}{2Q_0Q_2}\right)^2}. \tag{6.15}$$

(6.14) und (6.15) sind zwei nützliche Endformeln. Die bei der ersten Beziehung genannte Schranke ist durch die Praxisbedingung $Q_2 \leqq Q_0$ bedingt.

Lösung für Grenzfälle:

$$Q_0 = Q_2 = Q_{min} \leqq \frac{1}{\bar{\Sigma}_1 \cdot \delta_{BP}} = \text{minimale Kreisgüte}$$

$$\text{mit} \quad k = k_{min} = \delta_{BP} \tag{6.16}$$

und

$$Q_0 = \infty, Q_2 = \frac{1}{2\bar{\Sigma}_1\delta_{BP}} \text{ mit } k = k_{max} = \delta_{BP}\sqrt{\bar{\Sigma}_1{}^2 + \Omega_1{}^2}. \tag{6.17}$$

Aus dem vorhandenen Gleichungsvorrat lässen sich nunmehr leicht die Dimensionierungsgesetze für den praktischen Entwurf (Tafel 6.1, unten) aufschreiben.

Hinweis: Die Verstärkung wird groß, wenn entweder bei gegebener Bandbreite und festliegender Steilheit die Kapazität klein gewählt wird oder das Verhältnis $\frac{Q_0}{Q_2}$ als große Zahl verwirklicht werden kann.

Beispiel 6.1

Entwurf eines zweikreisigen TSCHEBYSCHEFF-HF-Bandfilters.

Gegeben: $A(\omega)$-Kennlinienform und Betriebsanordnung, wie in Abb. 6.6a und b skizziert, mit $Q_0 = 150$ und $C = 30$ pF.

Tafel 6.1
Entwurfsgesetze für Ein- und Zweikreisige HF-Bandfilter

Einkreisiges HF-Bandfilter

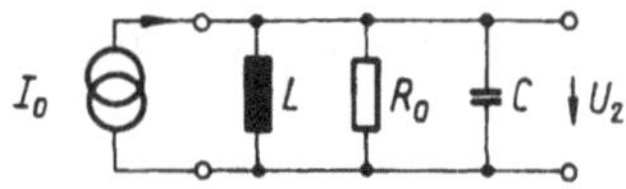

Gegeben: $\delta_{BP} = \frac{\Delta f_{3dB}}{f_0} C$

Gesucht: $L = \frac{1}{\omega_0^2 C}$, $Q = \frac{1}{\delta_{BP}} = \frac{f_0}{\Delta f_{3dB}}$ oder $G_0 = \frac{1}{R_0} = \frac{\omega_0 C}{Q_0}$

Zweikreisiges HF-Bandfilter

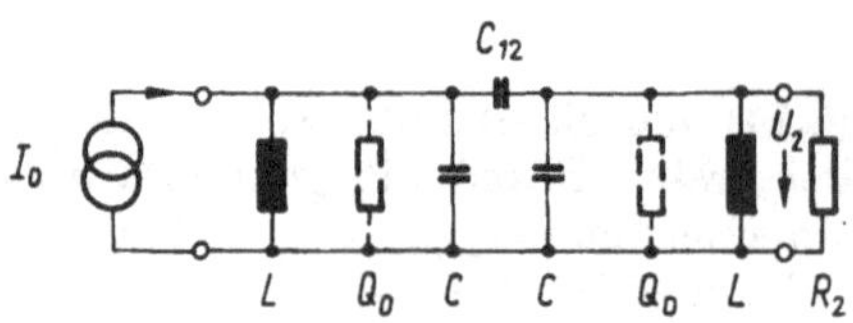

Gegeben: δ_{BP}, ω_0, C, Q_0

Zunächst prüfen, ob

$Q_0 \geq \frac{1}{\overline{\Sigma}_1 \delta_{BP}}$ erfüllt ist,

sonst Bandbreite vergrößern!

Gesucht: $L = \frac{1}{\omega_0^2 C}$, $Q_2 = \frac{1}{2\overline{\Sigma}_1 \delta_{BP} - \frac{1}{Q_0}}$, $R_2 = \frac{Q_0 Q_2}{Q_0 - Q_2} \frac{1}{\omega_0 C}$

$$k = \sqrt{\delta_{BP}^2 \Omega_1^2 + \left(\frac{Q_0 - Q_2}{2 Q_0 Q_2}\right)^2}, \quad C_{12} = kC$$

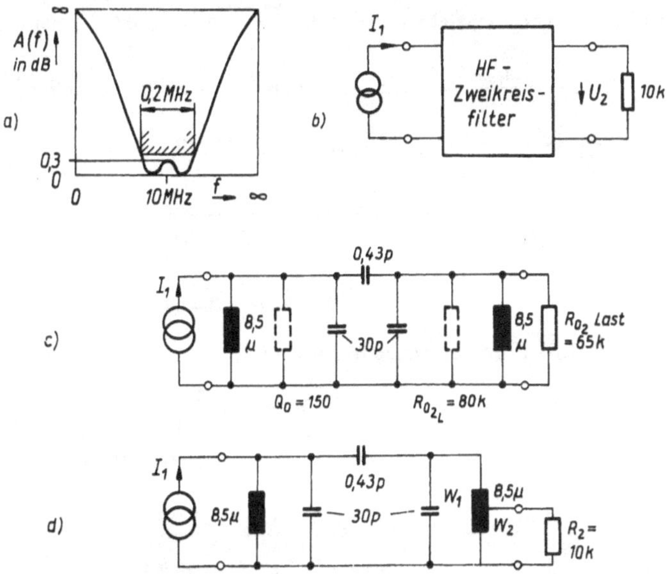

Abb. 6.6. Entwurf eines Zweikreis-HF-Bandfilters

a) Dämpfungsvorschrift (Δf_{3dB} = 0,2 *MHz*)
b) Betriebsanordnung
c) Schaltung mit R_2 = 65 kΩ
d) Schaltung mit R_2 = 10 kΩ

Gesucht:

1. $T(P)$ als Formel und PN-Plan und die daraus ableitbare Beziehung $A(\Omega)$.
2. Schaltung:

Lösung:

Zu 1. Mit der HF-Normierung (Tafel 2.6) erhalten wir mit den expliziten Beziehungen für die PN-Daten bei $n = 2$

$$\bar{\Sigma}'_1 = \tanh\left(\frac{1}{2}\sinh^{-1}\frac{1}{\delta}\right)\sin\frac{1}{2}\frac{\pi}{2} = 0{,}54285,$$

$$\Omega_1' = \cos\frac{1}{2}\frac{\pi}{2} = 0{,}707,$$

wobei, wie vorgeschrieben $\delta = \sqrt{10^{0,1A_{\max}} - 1} = 0{,}26743$ gesetzt wird.

Mit $\delta_{BP} = \dfrac{\Delta f_{3dB}}{f_0} = 0{,}02$ oder 2% ist auch die Testgleichung $Q_0 = \dfrac{1}{\bar{\Sigma}_1' \cdot \delta_{BP}} = 93 \leqq 150$ erfüllt. Damit gilt

$$T(P) = \frac{K}{P^2 + 2\bar{\Sigma}_1'P + \bar{\Sigma}_1'^2 + \Omega_1'^2} = \frac{K}{P^2 + 1{,}0857P + 0{,}79469}.$$

Die 0,3-dB-Approximationsgrenze wird

$$\Omega_g = \sqrt{1 - \tanh^2 v_0} \approx 0{,}64080,$$

wobei $v_0 = \dfrac{1}{2} \sinh^{-1} \dfrac{1}{\delta}$ schon zahlenmäßig bekannt ist. Aus

$$\frac{1}{|T(j0)|^2} = 1 + \delta^2 = \frac{(\bar{\Sigma}'^2 + \Omega_1'^2)^2}{K^2}$$

bestimmen wir $K = 0{,}76771$, und können damit schreiben

$$A(\Omega) = 10 \lg \frac{1}{|T(j\Omega)|^2} = 10 \lg (1{,}0715 - 0{,}6967\Omega^2 + 1{,}6967\Omega^4).$$

Zu 2. Schaltungsdimensionierung. Wir finden aus den Vorgaben mit Tafel 6.1

$$L = \frac{1}{\omega_0^2 C} = 8{,}5\ \mu\text{H}, \quad Q_2 = \frac{1}{2\bar{\Sigma}_1'\delta_{BP} - \dfrac{1}{Q_0}} = 68,$$

$$R_{02} = \frac{Q_2}{\omega_0 C} = 36\ \text{k}\Omega.$$

Mit $R_{02\text{Leerlauf}} = R_{02L} = 80\ \text{k}\Omega$ errechnen wir

$$R_{02\text{Last}} = \frac{R_{02L} \cdot R_{02}}{R_{02L} - R_{02}} = 65\ \text{k}\Omega. \qquad \text{(Abb. 6.6c)}$$

Vorgeschrieben ist aber $R_2 = 10\,\text{k}\Omega$, d. h. wir müssen die letzte Spule anzapfen mit einem Windungsverhältnis

$$\frac{w_2}{w_1} = \sqrt{\frac{R_2}{R_{02\text{Last}}}} \approx 0{,}4 \quad \text{oder etwa } 40\%. \qquad \text{(Abb. 6.6d)}$$

Schließlich wird

$$k = \sqrt{\delta_{\text{BP}}^2 \Omega_1{}^2 + \frac{1}{4}\left(\frac{1}{Q_2} - \frac{1}{Q_0}\right)^2} \approx 1{,}43\%$$

und $\qquad C_k = kC \approx 0{,}43\,\text{pF}.$

6.3. *Dreikreisige HF-Bandfilter*

Für eine maximalflache Charakteristik — im höhergradigen Fall ist nur eine solche sinnvoll, weil die endlichen „Spulengüten" im Regelfall keine Welligkeit im DB zulassen — ist es praktisch, von einer TP-Schaltung auszugehen, die schließlich zu einer HF-günstigen Struktur führt. Als Musterform kann die in Beispiel 5.1 abgewandelte Aufgabe angesehen werden.

In Tafel 6.2 sind die Entwurfsgesetze zusammengestellt, die sich radikal (gegenüber der allgemeinen Bemessung in Beispiel 5.1) vereinfachen, weil δ_{BP} voraussetzungsgemäß $\ll 1$ gewählt werden kann. Aus praktischen Gründen rechnen wir mit den Abkürzungen

$$L = \frac{2}{3\delta_{\text{BP}}} \frac{R}{\omega_0}, \quad C = \frac{3}{2\delta_{\text{BP}}} \frac{1}{R\omega_0} \tag{6.18}$$

und mit der vertrauten Beziehung

$$LC = \frac{1}{\omega_0{}^2}. \tag{6.19}$$

Die Koppelkondensatoren drücken wir als $f(\delta_{\text{BP}}, C)$ aus und finden

$$C_{12} = \sqrt{2}\,\delta_{\text{BP}}\,C \quad \text{und} \quad C_{23} = \sqrt{6}\,\delta_{\text{BP}} C. \tag{6.20}$$

Tafel 6.2
Entwurfsgesetze für das Dreikreisige HF- (Potenz-) Bandfilter

Dreikreisiges HF-(Potenz-)Bandfilter

Gegeben: $\delta_{BP} = \frac{\Delta f_{3dB}}{f_0}$

$\omega_0, C, Q_1 = Q_2 = Q_0$

Zunächst prüfen, ob

$Q_3 = \frac{1}{2\left(\delta_{BP} - \frac{1}{Q_0}\right)} \le \frac{1}{2} Q_0,$

sonst Bandbreite vergrößern!

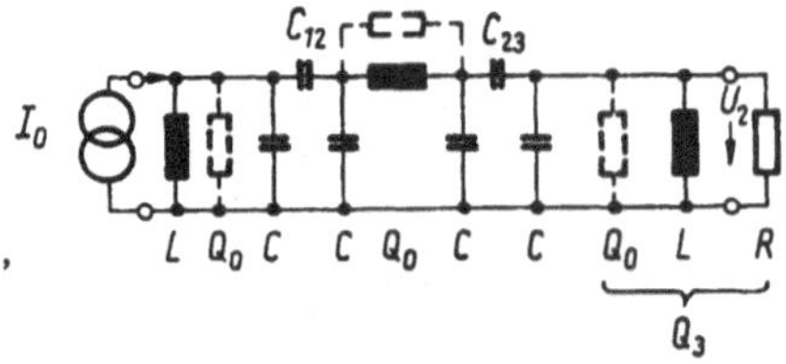

Gesucht: $L = \frac{1}{\omega_0^2 C}$, $R_3 = \frac{Q_0 Q_3}{Q_0 - Q_3} \frac{1}{\omega_0 C}$

$C_{12} = \sqrt{2}\,\delta_{BP} C$, $C_{23} = \sqrt{6}\,\delta_{BP} C$

Da theoretisch nur der letzte Kreis bedämpft ist, gilt vorerst

$$Q_{ges} = \omega_0 RC = \frac{1}{2\delta_{BP}}. \tag{6.21}$$

Praktisch hat aber jeder Kreis eine nicht überschreitbare Leerlaufgüte. Falls $Q_0 \gg Q_{ges}$ ist (praktisch genügt es, wenn mindestens der doppelte Zahlenwert vorliegt, so ist die Testgleichung für Q_L entstanden), können wir näherungsweise schreiben

$$\frac{1}{Q_{ges}} = \frac{2}{Q_0} + \frac{1}{Q_L} \quad \text{oder} \quad Q_L = \frac{1}{2\left(\delta_{BP} - \frac{1}{Q_0}\right)}, \tag{6.22}$$

d. h., Q_L wird größer als Q_{ges}, weil die anderen beiden Kreise keine unendliche hohe Güte besitzen, wie das im „Modell" der Reaktanzschaltung zunächst der Fall war. Durch die Parallelwiderstände R_0 — hervorgerufen durch die Leerlaufgüte Q_0 – und $R_L = \frac{Q_L}{\omega_0 C}$ ergibt sich für den einzubauenden Widerstand

$$R_2 = \frac{Q_0 Q_L}{Q_0 - Q_L} \cdot \frac{1}{\omega_0 C} > \frac{1}{2\delta_{BP}} \sqrt{\frac{L}{C}}. \tag{6.23}$$

Drei resonanzfähige Kombinationen sind danach wirksam (Anfangs- und Endkreis sowie die Längsspule mit der Reihenschaltung der beiden anliegenden Kapazitäten, die Resonanzfrequenz ist für alle drei Kreise gleich $\omega_0 = \frac{1}{LC}$).

Abgleichregel. Alle Kreise müssen im Betriebszustand, d. h. unter Berücksichtigung parasitärer C und dämpfender Ohmwiderstände, abgeglichen werden, wobei immer die *Kurzschlußleitwerte auf die Mittenfrequenz* abzustimmen sind. Das geschieht durch hinreichendes Bedämpfen der Nachbarkreise. Im dreikreisigen Fall beginnen wir mit dem Anfangs- und Endkreis und stimmen zuletzt durch die Längsspule auf ein deutliches Spannungsmaximum ab, sonst ist die Schaltung nicht richtig dimensioniert.

Hinweis: Ein schädliches C, parallel zur Längsspule ($\triangleq$ unvermeidbare Wicklungskapazität), wird, so lange es hinreichend klein bleibt, u. a. begrüßt, da hierdurch die obere Flanke des Filters verbessert wird.

Diese Anwendungsvariante wurde bewußt aus den vielen Berechnungsmöglichkeiten ausgewählt, da sie pädagogisch wertvoll ist. Damit kommt treffend die Verwandtschaft aller „Filtertheorien“ zum Ausdruck. Außerdem kann die gefundene Struktur in der Praxis gut realisiert und abgeglichen werden.

Ergänzungsliteratur

Bücher: [F 1], [F 2], [F 3], [F 6].

7. Mehrpolentwurf (Ausblick)

Bestimmte Selektionsaufgaben in der kommerziellen Übertragungstechnik und in der elektronischen Meßtechnik verlangen z. B. die Trennung von Frequenzbändern aus einem Frequenzgemisch. Ein sehr einfaches Beispiel dafür aus der Klangübertragungstechnik ist die Tief-Hoch-Weiche für den Tiefton- und den Hochtonlautsprecher. Dabei kommt es darauf an, die am Verstärkerausgang (= Sender) verfügbare Wirkleistung möglichst ohne Verluste den beiden Lautsprecher(wirk)-widerständen zuzuführen.

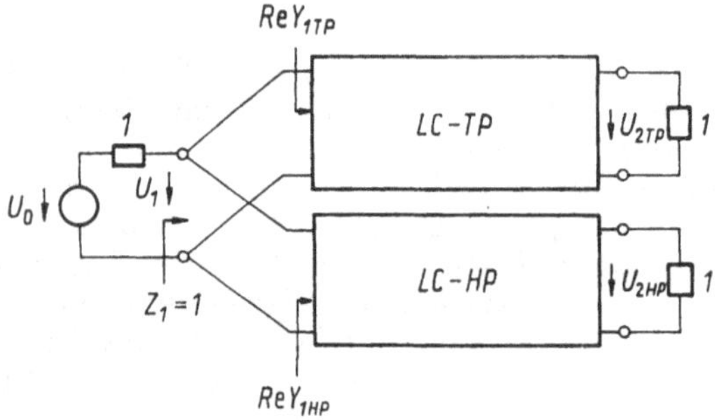

Abb. 7.1. Betriebsanordnung einer „strengen“ Tief-Hoch-Weiche

Tief-Hoch-Weiche mit konstanter Eingangsimmittanz. Darunter verstehen wir die in Abb. 7.1 skizzierte Betriebsanordnung, die wir auch als „*strenge* Tief-Hoch-*Weiche*“ bezeichnen. Aus dem damit festgelegten Modell lesen wir ab, daß mit

$$Z_1 = \frac{U_1}{I_1} = 1 \quad \text{auch} \quad U_0 = 2U_1 . \tag{7.1}$$

Es ist zweckmäßig, die beiden Einzelvierpole als einseitig belastet aufzufassen und zunächst mit

$$T_{\mathrm{UTP}} = \frac{U_{2\mathrm{TP}}}{U_1} \quad \text{bzw.} \quad T_{\mathrm{UHP}} = \frac{U_{2\mathrm{HP}}}{U_1} \tag{7.2}$$

zu rechnen. Bekanntlich (Tafel 1.3) sind mit $|T_U(j\omega)|^2$ Realteilcharakteristiken von $Y_1(j\omega)$ verknüpft. Da wegen (7.1) speziell auch

$$\mathrm{Re}\, Y_{1\mathrm{TP}}(j\omega) + \mathrm{Re}\, Y_{1\mathrm{HP}}(j\omega) = 1 \tag{7.3}$$

(die Imaginärteile kompensieren sich wegen der Frequenzreziprozität) gilt, können wir schreiben

$$|T_{\mathrm{UTP}}(j\omega)|^2 + |T_{\mathrm{UHP}}(j\omega)|^2 = 1. \tag{7.4}$$

Abb. 7.2 veranschaulicht diesen Zusammenhang für die spezielle Form $\mathrm{Re}\, Y_{1\mathrm{TP}}(j\omega) = \dfrac{1}{1+\omega^{2n}}$. Führen wir formal

$$|T_{\mathrm{U}}(j\omega)|^2 = \frac{1}{1+|D|^2} \tag{7.5}$$

ein, so ist auch

$$\frac{1}{1+|D_{\mathrm{TP}}|^2} + \frac{1}{1+|D_{\mathrm{HP}}|^2} = 1 \tag{7.6}$$

gültig. Da es sich sowohl für den TP als auch für den HP um Filterrealisierungen handelt, drücken wir (7.4) bzw. (7.6) zweckmäßig durch einen Zusammenhang zwischen der TP-Dämpfung A_{TP} und der HP-Dämpfung aus. Da allgemein

$$A(\omega) = -20 \lg |T(j\omega)|^2 \tag{7.7}$$

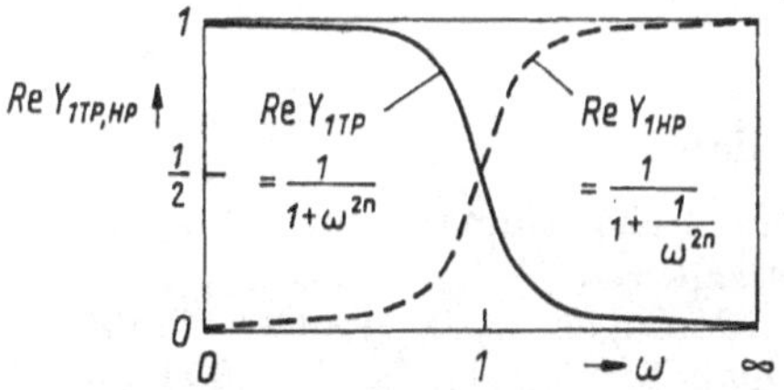

Abb. 7.2. **Realteilcharakteristiken einer strengen Tief-Hoch-Weiche mit Potenzverhalten**

definiert ist, heißt das eingesetzt in (7.4)

$$10^{-0,1A_{TP}} + 10^{-0,1A_{HP}} = 1 \tag{7.8}$$

oder aufgelöst

$$A_{HP,TP} = -10 \lg (1 - 10^{-0,1A_{TP,HP}}), \tag{7.9}$$

d. h.

‖ bei einer strengen Tief-Hoch-Frequenzweiche sind A_{TP} und A_{HP} wechselseitig verknüpft.

Beim Vergleich von (7.8) mit

$$10^{-0,1A_E} + 10^{-0,1A_B} = 1 \tag{7.10}$$

(aus Tafel 1.5) stellen wir fest, daß formal

$$\varrho^2_{HP,TP} = 10^{-0,1A_{TP,HP}} \tag{7.11}$$

formuliert werden kann und gesetzmäßig A_E in gleicher Weise mit A_B, wie $A_{TP,HP}$ mit $A_{HP,TP}$, verknüpft ist.

Zur Größenvorstellung ist es nützlich, folgende Zahlenwerte zu kennen:

$\varrho_{TP,HP}$ in %	$A_{TP,HP}$ in dB	$A_{HP,TP}$ in dB
0,1	0,000004343	60
1	0,000434	40
10	0,043648	20
10	0,043648	20
31,6	0,457575	10
70,7	3	3

Daraus ersehen wir, daß

— grundsätzlich ein Schnittpunkt von $A_{TP}(\omega)$ mit $A_{HP}(\omega)$ bei 3 dB vorliegt und

— üblichen Sperrforderungen (z. B. 40 dB) vergleichsweise geringe Durchlaßdämpfungen (z. B. 0,000434 dB) bzw. umgekehrt üblichen Durchlaßdämpfungen vergleichsweise geringe Sperrdämpfungen zugeordnet sind.

Da aus (7.6) die Beziehung

$$|D_{TP}| = \frac{1}{|D_{HP}|} \tag{7.12}$$

folgt, haben wir die Möglichkeit, einfach zulässige Approximationsansätze herzuleiten.

In Tafel 7.1 sind Kennfunktionen zusammengestellt, die auf den Grundformen in Abschn. 2.2.1.1 basieren. Danach sind die Kombinationen

- TP P n und HP P n,
- TP T_1 n und HP T_2 n,
- TP T_2 n und HP T_1 n sowie
- TP C n und HP C n

brauchbar, wenn wir gleichzeitig (7.9) für die Approximationseckwerte $A_{\min TP,HP}$ bzw. $A_{\max HP,TP}$ beachten. Wiederum ist der CAUER-Fall am effektivsten. Der Leser wolle bemerken, daß damit bekannte $T_{UTP}(p)$ bzw. $T_{UHP}(p)$ nach den in Abschn. 3.1.1. vermittelten Methoden zu realisieren sind.

Beispiel 7.1

Vertrautwerden mit dem Entwurf einer Potenzweiche.

Gegeben: Vorschriften und Betriebsanordnung, wie in Abb. 7.3a skizziert.

Gesucht: Realisierende Potenzweiche.

Lösung:

Aufwandbestimmung. Mit (7.9) errechnen wir zunächst die „konjugierten" Durchlaßdämpfungen zu

$$A_{\max TP} = -10 \lg (1 - 10^{-0,1 A_{\min HP}}) = 0{,}110483 \text{ dB}$$

bzw.

$$A_{\max HP} = -10 \lg (1 - 10^{-0,1 A_{\min TP}}) = 0{,}010923 \text{ dB}.$$

Wir stellen fest, daß die Vorschriften im DB (gefordert war $A_{\max} < 0{,}2$ dB) erfüllt sind. Anderenfalls müßte aus der schärferen DB-Forderung ein zugehöriges $A_{\min}$ ebenfalls mittels (7.9) bestimmt werden.

Tafel 7.1 Dämpfungscharakteristiken parallel zu schaltender TP und HP, die auf strenge Frequenzweichen führen

a) Kombination TP P n und HP P n, b) Kombination TP T_1 n und HP T_2 n, c) Kombination TP T_2 n und HP T_1 n, d) Kombination TP C n und HP C n

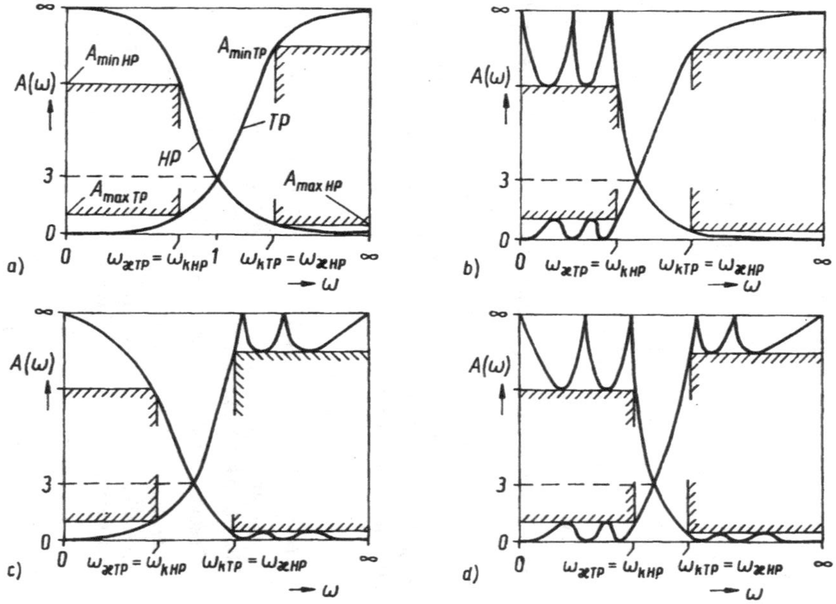

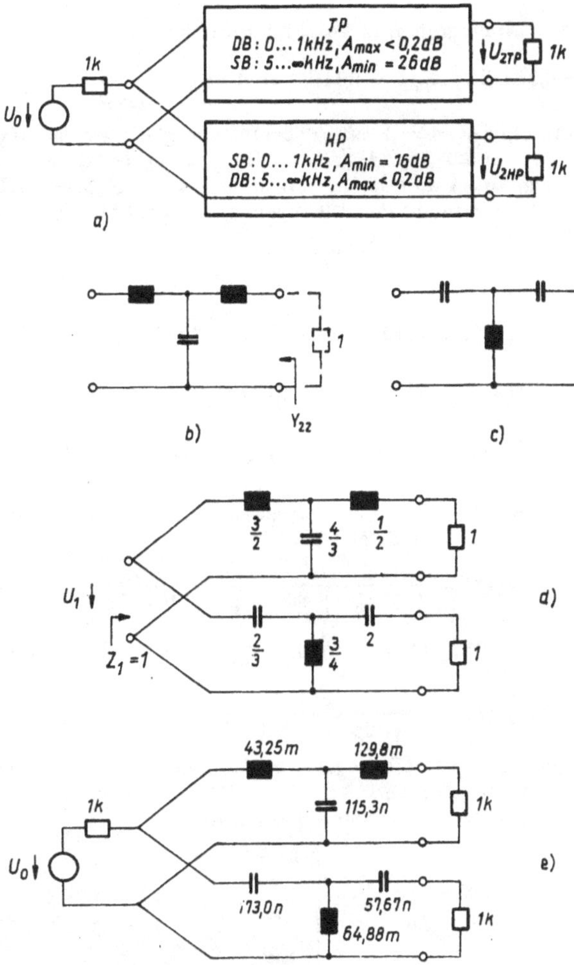

Abb. 7.3. Zum Entwurf einer Potenzweiche
a) Vorschriften
b) normierte TP-Teilvierpolstruktur
c) normierte HP-Teilvierpolstruktur
d) normierte Frequenzweiche
e) tatsächliche Ausführung

Aus dem Nomogramm in Tafel 2.2 lesen wir mit

$$A_{\max} = 0{,}11\ \mathrm{dB}, \quad A_{\min} = 26\ \mathrm{dB} \quad \text{und} \quad \omega_k = \frac{f_{k\mathrm{TP}}}{f_{k\mathrm{HP}}} = 5$$

ein erforderliches $n = 3$ ab. (Theoretisch gleichwertig sind Daten $A_{\max} = 0{,}0109$, $A_{\min} = 16$ dB und $\omega_k = 5$.) Es ist zweckmäßig, so zu normieren, daß zu $\omega = 1$ ein $A(1) = 3$ dB gehört (= Schnittpunkt der zulässigen $A(\omega)$-Kennlinien, s. auch Abb. 7.3a). Mit

$$\delta = \sqrt{10^{0,1A_{\max\mathrm{TP}}} - 1}$$

gilt wegen

$$A(1) = 10 \lg \left(1 + \frac{\delta^2}{\omega_\varkappa{}^6}\right) = 3\ \mathrm{dB}$$

$$\omega_\varkappa = \sqrt[n]{\delta} = 0{,}543469$$

oder

$$f_\mathrm{B} = \frac{1}{\omega_\varkappa}\, 1\ \mathrm{kHz} = 1{,}8400\ \mathrm{kHz}$$

Realisierung der normierten Potenzweiche. Mit $A_{\mathrm{TP}}(1) = 3$ dB folgt aus Tafel 2.3 und Tafel 1.2

$$T_{\mathrm{UTP}}(p) = \frac{1}{1 + 2p + 2p^2 + p^3} = \frac{-Y_{21}}{1 + Y_{22}}.$$

Der „konjugierte" HP mit $D(p) = \dfrac{1}{p^3}$ hat nach Beispiel 3.6 ein

$$T_{\mathrm{UHP}}(p) = \frac{p^3}{1 + 2p + 2p^2 + p^3} = \frac{-Y_{21}}{1 + Y_{22}}.$$

Auf Grund der Sperrstellen gehören dazu Netzwerkstrukturen nach Abb. 7.3b (TP) und Abb. 7.3c (HP). Formelmäßig gilt nach Tafel 1.3 für die Kettenbruchschaltung

1. Art (TP)	2. Art (HP)
$Y_{22} = \dfrac{G_g}{G_u} = \dfrac{2p^2 + 1}{p^3 + 2p}$	$Y_{22} = \dfrac{G_u}{G_g} = \dfrac{p^3 + 2p}{1 + 2p^2}$
und	und
$\dfrac{1}{Y_{22}} = \dfrac{1}{2}p + \cfrac{1}{\cfrac{4}{3}p + \cfrac{1}{\cfrac{3}{2}p}}$	$\dfrac{1}{Y_{22}} = \dfrac{1}{2p} + \cfrac{1}{\cfrac{4}{3p} + \cfrac{1}{\cfrac{3}{2p}}}$

Abb. 7.3d zeigt die normierte Form der Potenzweiche. Diese Schaltung kann auch als Realisierung einer Funktion

$$T_{\mathrm{UTP}} = \frac{U_{2\mathrm{TP}}}{U_1} = \frac{1}{1 + 2p + 2p^2 + p^3}$$

mit ***konstanter Eingangsimmittanz*** angesehen werden. Gegenüber dem Resultat in Abb. 3.18c ist diese Ausführung vorteilhafter, weil außer 6 Reaktanzelementen nur 2 Ohmwiderstände benötigt werden.

Tatsächliches Netzwerk. Mit $R_B = 1\,\mathrm{k\Omega}$ und $f_B = 1{,}8400\,\mathrm{kHz}$ errechnen wir

$$L_B = \frac{R_B}{2\pi f_B} = 86{,}5\,\mathrm{mH} \quad \text{und} \quad C_B = \frac{1}{2\pi f_B R_B} = 86{,}5\,\mathrm{nF},$$

und wir erhalten die in Abb. 7.3e eingetragene Bemessung.

Durch nur näherungsweise Realisierung kann die „strenge“ Nebenbedingung (7.9) umgangen werden. Einzelheiten dazu s. [C 2].

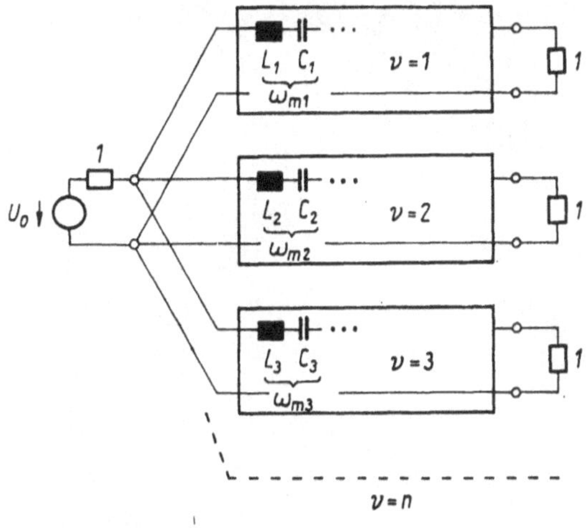

Abb. 7.4. Wirkprinzip zum Aufbau einer Bandpaß-Weiche aus Einzelfiltern

In der Praxis sind noch *Bandpaßweichen* im Einsatz. Wenn die zu trennenden Frequenzbänder nicht zu dicht benachbart sind und hinreichend große Kennwiderstände $\sqrt{\frac{L_\nu}{C_\nu}}$ verwirklicht werden können, sind Bandpässe mit der in Abb. 7.4 dargestellten Art „störungsarm" parallelschaltfähig. Da außerhalb der jeweiligen Resonanzfrequenz $\omega_{m\nu}$ alle anderen Eingangs-Reihenkreise verstimmt sind und dabei einen Widerstandsbetrag $\gg 1$ aufweisen, beeinflussen sie den Übertragungsprozeß des betrachteten Einzelfilters ν nur unwesentlich. Damit ist es oft ausreichend, Bandpässe als Einzelfilter mit vorgeschriebenen Eigenschaften zu entwerfen und durch Zusammenschaltung in der genannten Weise Weichenanordnungen zu verwirklichen.

Ergänzungsliteratur

Bücher: [C 1], [C 2], [F 1].

Literaturverzeichnis[1])

A. Bücher

[B 1]* Bosse, G.: Synthese elektrischer Siebschaltungen mit vorgeschriebenen Eigenschaften, Hirzel-Verlag, Stuttgart, 1963.

[B 2]* Bessonow, L. A. (Бессонов, Л. А.): Линейные электрические цепи, Высшая Школа, Москва, 1974.

[C 1]* Cauer, W.: Theorie der linearen Wechselstromschaltungen, Akademie-Verlag, Berlin, 1954

[C 2] Christian, E., Eisenmann, E.: Filter Design Tables and Graphs, J. Wiley, New York, 1966.

[C 3]* Chen, W. H.: Linear Network Design and Synthesis, McGraw-Hill, New York, 1964.

[C 4] Carrère, A.: Synthèse des Circuits Passifs, Masson et Cie, Paris, 1974.

[F 1]* Fritzsche, G.: Entwurf linearer Schaltungen, VEB Verlag Technik, Berlin, 1962.

[F 2] Fritzsche, G.: Informationsübertragung (Wissensspeicher), VEB Verlag Technik, Berlin, 1977.

[F 3] Fritzsche, G.: Theoretische Grundlagen der Nachrichtentechnik, VEB Verlag Technik, Berlin, 1976.

[F 4]* Fritzsche, G.: Netzwerke (Bd. I: Grundlagen und Entwurf passiver Analogzweipole), Akademie-Verlag (WTB-Reihe), Berlin, 1978.

[F 5] Fernmeldewerk Leipzig (Hrsgb.): Katalog normierter Cauer-Parameter-Tiefpässe m. Berücksichtigung der Verluste, Eigenverlag, Leipzig, 1964.

[1]) Sowohl bei speziellen Textstellen als auch am Ende jedes Hauptabschnittes wird eine Literatur*auswahl* zitiert. Die Hinweise sind durch den Anfangsbuchstaben des Autors und eine fortlaufende Zahl (1···9 für Bücher; 10···20 für Originalaufsätze) gekennzeichnet. Innerhalb der Anfangsbuchstaben sind sie nicht alphabetisch geordnet. Zusätzlich werden Bücher mit einem umfangreichen Literaturverzeichnis mit einem Stern * versehen, damit der Leser rationell zum Quellenstudium vordringen kann.

[F 6] Feldtkeller, R.: Hochfrequenz-Bandfilter, Hirzel-Verlag, Stuttgart, 1961.

[G 1]* Guillemin, E. A.: Synthesis of passive networks, J. Wiley, New York, 1957.

[G 2] Glowatzki, E.: Sechsstellige Tafeln der Cauerparameter, Verlag der Bayrischen Akademie der Wissenschaften, München, 1955.

[G 3] Glowatzki, E.: Sechsstellige Tafeln der transformierten Cauerparameter, Verlag der Bayrischen Akademie der Wissenschaften, München, 1955.

[H 1] Herrero, J. L., Willoner, G.: Synthesis of Filters, Prentice-Hall, Englewood Cliffs, 1966.

[H 2] Hansel, G. E.: Filter Design and Evaluation, van Nostrand, New York, 1969.

[K 1] Kotschanow, N. S. (Кочанов, Н. С.): Основы синтеза линейных электрических цепей во времнной области, Связъ, Москва, 1967

[K 2] Kuo, F. F.: Network Analysis and Synthesis, John Wiley and Sons, New York, 1962.

[K 3] Kuh, E. S., Pederson, D. O.: Principles of Circuit Synthesis, McGraw-Hill, New York, 1954.

[L 1] Laurent, T.: Vierpoltheorie und Frequenztransformationen, Springer-Verlag, Berlin, 1956.

[M 1] Matchanow, P. N. (Матханов, П. Н.): Основы синтеза линейных электрических цепей, Высшая Школа, Москва, 1976

[M 2] Meinardus, G.: Approximation von Funktionen und ihre numerische Behandlung, Springer-Verlag, Berlin, 1964.

[O 1] Ortusi, J.: Syntěse des Circuits, Masson et Cie, Paris, 1967.

[R 1]* Rupprecht, W.: Netzwerksynthese, Springer-Verlag, Berlin, 1972.

[S 1] Sauer, R., Szabo, I. (Hrsg.): Mathematische Hilfsmittel des Ingenieurs, Teil III, Springer-Verlag, Berlin, 1968.

[S 2] Saal, R.: Der Entwurf von Filtern mit Hilfe des Katalogs normierter Tiefpässe, Backnang/Württemberg, Telefunken GmbB., 1961.

[S 3] Sobenin, J. A. (Собенин, Я. А.): Расчёт полиномиальных фильтров, Связьиздат, Москва, 1963

[T 1] Truxal, J. G.: Entwurf automatischer Regelsysteme, R. Oldenbourg Verlag, München, 1960.

[U 1]* Unbehauen, R.: Synthese elektrischer Netzwerke, R. Oldenbourg Verlag, München, 1972.

[V 1]* van Valkenburg, M. E.: Modern Network Synthesis, J. Wiley, New York, 1960.

[W 1]* Weinberg, L.: Network Analysis and Synthesis, J. Wiley, New York, 1960.

[Z 1] Zverev, A. I.: Handbook of filter synthesis, J. Wiley, New York, 1967.

B. Originalaufsätze

[A 10] Abele, T.-A.: Übertragungsfaktoren mit Tschebyscheffscher Approximation konstanter Gruppenlaufzeit, AEÜ **16** (1962), S. 9–18.

[B 10] Buchholz, G.: Ein Beitrag zum Approximationsproblem im Zeitbereich für *RC*-Vierpole, Dissertation HfV Dresden, 1970.

[B 11] Bader, W.: Kopplungsfreie Kettenschaltungen, Telegr. Fernspr. Tech. **31** (1942), S. 177–189.

[B 12] Bader, W.: Polynomvierpole mit gegebenen Verlusten und vorgeschriebener Frequenzabhängigkeit, Arch. Elektrotechnik **36** (1942), S. 97–114.

[B 13] Belevitch, V., Goethals, J.-M., Neirynck, J.: Darlington Filters with Unequal Uniform Dissipation in Inductors and Capacitors, Philips Res. Rep. **19** (1964), S. 441–468.

[D 10] Darlington, S.: Synthesis of reactance-four-poles with produce prescribed insertion loss characteristics, J. Math. Phys. **30** (1939), S. 257–353.

[D 11] Dasher, B. J.: Synthesis of *RC* Transfer Functions as Unbalanced Two Terminal-pair Networks, Trans. IRE Professional Group on Circuit Theory, PGCT **1** (1952), S. 20–34.

[F 10] Fialkow, A., Gerst, I.: The Transfer Function of Networks without Mutual Reactance, Quart. Appl. Math. **12** (1954), S. 117–131.

[F 11] Fritzsche, G., Buchholz, G.: Filterkatalog und Anwendungen, Nachrichtentechnik **14** (1964), H. 4 bis 15 (1965), H. 2.

[F 12] Fritzsche, G., Buchholz, G.: Filterkatalog (2. Serie), Nachrichtentechnik **15** (1965), H. 5 bis **16** (1965) H. 9 (ausgenommen H. 8, 1965).

[F 13] Fetzer, V.: Explizite Berechnungsformeln für Filterschaltungen mit allgemeinen Parametern, AEÜ **8** (1954), S. 31–46.

[F 14] Fritzsche, G.: Entwurf von Laufzeitgliedern mit einer Schmalbandcharakteristik, WZ HfV **18** (1971), S. 123 bis 142.

[F 15] Fritzsche, G.: Approximationsmethoden im Frequenzbereich, Acta Polytechnika 1966, Prag, S. 37–56.

[F 16] Fritzsche, G.: Vereinfachte Approximationsverfahren für vorgeschriebene Betragseigenschaften von Zweipolen und Entzerrern WZ HfV **13** (1966), S. 391–397.

[F 17] Fritzsche, G.: Netzwerke mit vorgeschriebener Wurzelcharakteristik in einem breiten Frequenzband, Hochfr. Techn. u. E.-Akustik **72** (1963), S. 87–93.

[F 18] Fritzsche, G.: Entwurf von Kabelnachbildungen in einem breiten Frequenzband, Nachrichtentechnik **13** (1963), S. 89–95.

[F 19] Feistel, K. H., Unbehauen, R.: Tiefpässe mit Tschebyscheff-Charakter der Betriebsdämpfung und maximal geebneter Laufzeit, Frequenz **19** (1965), S. 265–282.

[F 20] Fritzsche, G., Buchholz, G., Kress, D.: *RC*-Filterkatalog, Nachrichtentechnik **17** (1967), S. 425/26, 431/32; Nachrichtentechnik **18** (1968), S. 17/18, 23/24, 57/58, 63/64, 137/38, 143/44.

[G 10] Geissler, E.: Approximation von Dämpfungs-Toleranzschemata, Dipl.-Arbeit, HfV Dresden, 1969.

[G 11] Guillemin, E. A.: Synthesis of *RC*-Networks, J. Math. and Phys. **28** (1949), S. 22–42.

[K 10] Kautz, W. H.: Network Synthesis for Specified Transient Response, Techn. Rep. No. 209, Res. Lab. for Elec., MIT, 1952.

[K 11] Kuntermann, J., Pfleiderer, H.-J., Unbehauen, R.: Über die Tschebyscheff-Approximation vorgegebener Laufzeitfunktionen, Frequenz **23** (1969), S. 120–126.

[K 12] Kulla, K.: Beitrag zur Approximation des frequenzlinearen Phasenverlaufes elektrischer Netzwerke, Dissertation, HfV Dresden, 1969.

[M 10] MING, NAI-TA: Zur Theorie der Realisierung linearer Vierpolschaltungen mit vorgeschriebener Betriebsübertragungsfunktion bei Vorhandensein von Verlustelementen, Hochfrequenztechn. und Elektroakustik **68** (1960), S. 190–193.

[M 11] MECKLENBRÄUKER, W.: Ein Beitrag zur Theorie verlustbehafteter Vierpole, AEÜ **24** (1970), S. 283–290.

[P 10] PILOTY, H.: Über die Realisierbarkeit der Kettenmatrix von Reaktanzvierpolen, Telegr. Fernspr. Tech. **30** (1941), S. 217–223.

[R 10] RUMPELT, E.: Über den Entwurf elektrischer Wellenfilter mit vorgeschriebenem Betriebsverhalten, Dissertation TH München, 1947.

[S 10] SAAL, R., ULBRICH, E.: On the Design of Filters by Synthesis, IRE Trans. C. T. **5** (1958), S. 284–327.

[S 11] SCHWARZIG, A: Synthese von Reaktanzvierpolen, Diplomarbeit, HfV Dresden, 1977.

[S 12] SAAL, R.: Ein Beitrag zur Synthese von Reaktanz-Allpaß-Schaltungen, Dissertation, TH München, 1963

[U 10] ULBRICH, E., PILOTY, H.: Über den Entwurf von Allpässen, Tiefpässen und Bandpässen mit einer im Tschebyscheffschen Sinne approximierten konstanten Gruppenlaufzeit, AEÜ **14** (1960), S. 451–467.

[U 11] UNBEHAUEN, R.: Über den Entwurf von Vierpolen mit vorgeschriebenem Einschwingverhalten, Arch. Elektrotechnik **49** (1964), S. 18–31.

[U 12] UNBEHAUEN, R., HOHNEKER, W., LAMPERT, E.: Über die Synthese elektrischer Vierpole mit vorgeschriebener Impulsantwort, AEÜ **19** (1965), S. 339–349.

[U 13] UNBEHAUEN, R.: Die Approximationsaufgabe in der Netzwerksynthese und ihre Lösung, NTZ **21** (1968), S. 593–602.

[Z 10] ZDUNEK, J.: Generation of Filter Functions from a given model, Proc. IEEE, Bd. **110** (1963).

Symbolverzeichnis

Schreibweise der Größen und Funktionen

u, i	bezogene (komplexe) Amplituden
$u(t)$, $i(t)$, $f(t)$	zeitabhängige Funktionen
U, I	(i. allg. komplexe) Effektivwert-Amplituden, herrührend von der symbolischen Wechselstromrechnung
U^*, I^*	konjugiert komplexe Amplituden
$U(\omega)$, $I(\omega)$, $F(\omega)$, $N(\omega)$	(komplexe) Amplitudendichte-Funktionen, herrührend von $\mathcal{F}\{u(t)\}$, $\mathcal{F}\{i(t)\}$, ...
$U(p)$, $I(p)$, $F(p)$, $N(p)$	(komplexe) Bildfunktionen, herrührend von $\mathcal{L}\{u(t)\}$, $\mathcal{L}\{i(t)\}$, ...
$F(j\omega)$, $N(j\omega)$, $T(j\omega)$	stationäre (komplexe) Frequenzfunktionen
$R(\omega)$, $G(\omega)$, $A(\omega)$, $B(\omega)$	reelle Frequenzgänge (Teilfunktionen)
V	(komplexe) Leistungswellen
$\boldsymbol{Z} = \begin{pmatrix} Z_{11} & Z_{12} \\ Z_{21} & Z_{22} \end{pmatrix}$	Matrizen
Δ, ΔZ	Determinanten
Ge, z. B. Ge $f(t) = f_g(t)$ Ge $N(p) = N_g(p)$	Gerader Teil von ...
Un, z. B. Un $f(t) = f_u(t)$ Un $N(p) = N_u(p)$	Ungerader Teil von ...
Re, z. B. Re $Z(j\omega) = R(\omega)$	Reeller Teil von ...
Im, z. B. Im $Y(j\omega) = S(\omega)$	Imaginärer Teil von ...

Alle Signal- und System- bzw. Netzwerkgrößen werden bei üblichen Bezeichnungen *normiert* dargestellt, d. h. ohne physikalische Einheiten. (Ausnahme: Mit Einheiten ausgewiesene tatsächliche Ausführungen, z. B. Abb. 4.2e.)

Formelzeichen — Lateinische Buchstaben

$A(p)$	Polynomfunktion
$A(\omega)$	Dämpfung, Dämpfungs-Charakteristik
$A_B(\omega)$	Betriebsdämpfung, Betriebsdämpfungs-Charakteristik
$\boldsymbol{A}$, $A_{\mu\nu}$	Kettenmatrix, Kettenparameter
$\boldsymbol{A}'$, $A'_{\mu\nu}$	Inverse Kettenmatrix, Inverse Kettenparameter
arc	Bogenmaß, Winkel
$B(p)$	Polynomfunktion
$B(\omega)$	Phase, Phasen-Charakteristik
$B_B(\omega)$	Betriebsphase, Betriebsphasen-Charakteristik
$\boldsymbol{B}$, $B_{\mu\nu}$	Betriebskettenmatrix, Betriebskettenparameter
C	Kapazität
$D(p)$	Drosselungsfunktion, Charakteristische Funktion
$D(\omega)$	Drosselung, Drosselungs-Charakteristik
$E(p)$	Polynomfunktion
f	Frequenz
$f(t)$	Zeitfunktion
F	Korrespondenzfunktion zu $f(t)$
$F(p)$	Polynomfunktion
$g(t)$	Gewichtsfunktion
G	(komplexer) Leitwert
$G(p)$	Polynomfunktion
$G(\omega)$	Realteilfunktion von $Y(j\omega)$
$h(t)$	Kausale Zeitfunktion
$H(p)$	Bildfunktion, Polynomfunktion
i	bezogener Strom
$i(t)$	Stromzeitfunktion
I	Korrespondenzfunktion zu $i(t)$
k	Kopplungsfaktor
K	Konstante

L	Induktivität
L_ν	Abhängige Veränderliche der allg. *VP*-Gleichungen
m	Grad, Anzahl der unabh. Maschen
M	Gegeninduktivität
M_ν	Lastimmittanzen bei Vierpolen
n	Grad, Anzahl der unabhängigen Knotenpunktpotentiale
N_ν	Betriebsimmittanzen bei Vierpolen
p	komplexe (Kreis-) Frequenz
P	Wirkleistung, komplexe (Kreis-) Frequenz bei der Bandfilter-Normierung
Q	Güte, Gütefaktor
R	Ohmscher Widerstand
R_1, R_2	(komplexe) Lastwiderstände bei Vierpolen, (komplexe) Widerstände
R_B	(reeller) Bezugswiderstand
$R(\omega)$	Realteilfunktion von $Z(j\omega)$
$\mathbf{S}$, $S_{\mu\nu}$	Streumatrix, Streuparameter
t	Zeit
T	Übertragungsfunktion, Übertragungsfaktor, Korrespondenzfunktion von $g(t)$
T_B	Betriebsübertragungsfunktion, Betriebsübertragungsfaktor
$T_{gr}(\omega)$	Gruppenlaufzeit, Gruppenlaufzeit-Charakteristik
T_0	Periodendauer
$T_{ph}(\omega)$	Phasenlaufzeit, Phasenlaufzeit-Charakteristik
u	bezogene Spannung
$u(t)$	Spannungszeitfunktion
U	Korrespondenzfunktion von $u(t)$
$ü$	Übersetzungsverhältnis
$ü(t)$	Übergangsfunktion
V_e, V_a	Leistungswelle (einlaufend, auslaufend)
$X(\omega)$	Imaginärteil von $Z(j\omega)$
Y	(komplexer) Leitwert
Y_1, Y_2	Betriebsleitwerte eines VP
$\mathbf{Y}$, $Y_{\mu\nu}$	Leitwertmatrix, Leitwertparameter

Z	(komplexer) Widerstand
Z_1, Z_2	Betriebswiderstände eines VP
$\mathbf{Z}$, $Z_{\mu\nu}$	Widerstandsmatrix, Widerstandsparameter

Formelbuchstaben — Griechische Buchstaben

δ	Kennwert für die Approximation im DB, Abweichung, Kennwert für die relative Bandbreite
$\delta(t)$	Einheitsstoßfunktion, DIRAC-Impuls
Δ	Determinante, Fehlerfunktion, Kennwert für die Approximation im Sperrbereich (SB)
Δf	Kennwert für die absolute Bandbreite
η	Ausnutzungsfaktor (der T_{gr}-Fläche)
$\Theta = \sin^{-1} \frac{1}{\omega_k}$	Modulwinkel
λ	Abkürzung für $j\omega$ (bei der stationären Analyse), natürliche Zahl
Π	Produktzeichen
ϱ	Betrag des Betriebsreflexionsfaktors
σ	Realteil der komplexen (Kreis-) Frequenz p
$\bar{\sigma} = \|\sigma\|$	Betrag von σ
$\sum$	Summenzeichen, Realteil von P
τ_0	(Laufzeit-) Konstante
φ	Nullstellenwinkel beim AP
$\Phi(\omega)$	Winkel, Winkel-Charakteristik
ω	Kreisfrequenz, Imaginärteil von p
ω_B	Bezugs(kreis)frequenz
ω_0	Grund(kreis)frequenz
Ω	Imaginärteil von P

Abkürzungen

Anti-H-Polynom	Anti-HURWITZ-Polynom
AP	Allpaß
BP	Bandpaß
BS	Bandsperre
dB	Pseudoeinheit von 20 lg
DB	Durchlaßbereich

$\mathscr{F}$	FOURIER-Transformation
$\mathscr{F}^{-1}$	Inverse FOURIER-Transformation
HF	Hochfrequenz
HP	Hochpaß
H-Polynom	HURWITZ-Polynom
$\mathscr{L}$	LAPLACE-Transformation
$\mathscr{L}^{-1}$	Inverse LAPLACE-Transformation
LF	Leitwertfunktion
LHE	Linke Halbebene
lg	Zehnerlogarithmus
ln	Natürlicher Logarithmus
N	Nullstelle
Np	Neper
NW	Netzwerk
P	Pol
PF	Positive Funktion
Res	Residuum
RHE	Rechte Halbebene
SB	Sperrbereich
TP	Tiefpaß
TP B n	Tiefpaß-BESSEL-Filter *n*-ten Grades
TP P n	Tiefpaßpotenzfilter *n*-ten Grades
TP T_1 n	Tiefpaß-T_1-Filter *n*-ten Grades
TP T_2 n	Tiefpaß-T_2-Filter *n*-ten Grades
TP C n	Tiefpaß-CAUER-Filter *n*-ten Grades
ü	Idealer Übertrager
VP	Vierpol
WF	Widerstandsfunktion
ZP	Zweipol
ZT	Zweitor

Sachwortverzeichnis

Der Verfasser

- **beschreibt Synthesemethoden für passive Analbgvierpole**
- **stellt Gesetze für zulässige Funktionen und Approximationen zusammen**
- **entwickelt praktische Realisierungen für wichtige Vierpolklassen einschließlich Hochfrequenzbandfilter**
- **zeigt die Wirksamkeit der dargelegten Methoden an ausgewählten Beispielen**
- **wendet sich an Interessenten der Wissensgebiete der Elektronik, Elektrotechnik, Nachrichtentechnik, Physik und Mathematik**

WISSENSCHAFTLICHE TASCHENBÜCHER

FSC
www.fsc.org
MIX
Papier | Fördert gute Waldnutzung
FSC® C083411

Zeitfracht Medien GmbH
Ferdinand-Jühlke-Straße 7
99095 Erfurt, Deutschland
produktsicherheit@kolibri360.de